基于林改的森林资源可持续经营技术研究系列丛书

总主编　宋维明

林改区域典型树种
森林碳储量监测技术研究

孙玉军　王新杰　马　炜　等　著

U0311239

中国林业出版社

图书在版编目（CIP）数据

林改区域典型树种森林碳储量监测技术研究/ 孙玉军，王新杰，马炜等著 . —北京：中国林业出版社，2014. 12

（基于林改的森林资源可持续经营技术研究系列丛书/宋维明总主编）

ISBN 978-7-5038-7771-1

Ⅰ.①林…　Ⅱ.①孙…　②王…　③马…　Ⅲ.①森林 – 树种 – 碳 – 储量 – 监测 – 技术方法 – 中国　Ⅳ.①S79

中国版本图书馆 CIP 数据核字（2014）第 286820 号

策划编辑　　徐小英

责任编辑　　徐　平　　梁翔云

美术编辑　　赵　芳

出版　中国林业出版社（100009　北京西城区刘海胡同 7 号）

网址　lycb. forestry. gov. cn

E-mail　forestbook@ 163. com　**电话**　010-83143515

发行　中国林业出版社

印刷　北京中科印刷有限公司

版次　2014 年 12 月第 1 版

印次　2014 年 12 月第 1 次

开本　787mm × 960mm　1/16

印张　19. 5　　彩插 8 面

字数　381 千字

印数　1 ~ 1000 册

定价　80. 00 元

基于林改的森林资源可持续经营技术研究系列丛书
编撰委员会

总主编　宋维明

主　编　孙玉军　赵天忠　张　颖　徐基良

　　　　胡明形　程宝栋

编　撰　王新杰　刁　钢　栾晓峰　李媛辉　金　笙

　　　　杨桂红　陈文汇　刘俊昌　蓝海洋　陈飞翔

　　　　曾　怡　王海燕　李　维　高险俊

《林改区域典型树种森林碳储量监测技术研究》
作者名单

主要著者　孙玉军　王新杰　马　炜

著　　者　（以姓氏笔画为序）

　　　　　王秀云　王天博　王轶夫　王雪军　巨文珍

　　　　　方　景　付　尧　关海玲　许俊利　许　昊

　　　　　刘凤娇　衣晓丹　张　俊　闫志强　何齐发

　　　　　李璐一　吴明钦　杨俊玲　郭孝玉　唐晓川

　　　　　梅光义　韩爱慧　董　宇　董云飞　蔡兆炜

　　　　　魏晓慧

内容简介

本书以代表性区域的杉木、马尾松、毛竹（东南武夷山脉）和落叶松（东北小兴安岭南坡）为研究对象，提出森林碳汇计量的示范性方法体系；利用建立生物量模型以及测定评估参数，全面估算森林生物量；结合含碳率和土壤有机碳测定结果，较为准确地计算碳储量和固碳释氧量，从而掌握典型树种森林生物量和碳储量的空间分布格局，以及随林龄等林分因子变化的动态规律；最终构建一个以地面样地调查为主体、以生物量和遥感模型估算为补充的碳汇功能计量和评价体系，实现与国际森林生物量和碳储量监测技术的接轨。全书共分9章。第1章综述了森林生物量和碳储量的研究背景、研究对象和方法以及存在问题和发展趋势；第2章综述了杉木、马尾松、落叶松和毛竹4个典型树种的资源分布、特征及其经营现状；第3章详尽地论述了研究材料以及样地、生物量、碳储量等调查和研究方法的共性技术；第4章、第5章、第6章和第7章分别介绍了杉木、马尾松、落叶松和毛竹4个典型树种，估算了它们的生物量、含碳系数和碳储量等指标，探讨了这些指标获取的个性技术及其空间分布规律，并揭示了这些指标在不同年龄和林分密度等条件下的动态变化；第8章研究了基于遥感信息的森林生物量估测技术；第9章对杉木、马尾松、落叶松和毛竹的生物量、碳储量以及固碳释氧能力进行了比对，总结了4种典型树种的碳汇功能。

本书可供林学、生态学以及其他相关学科的科技工作者和高等院校有关专业师生参考，也适用于从事林业生产或管理的工作者阅读。

总　序

被誉为中国农村"第三次土地革命"的最新一轮集体林权制度改革是一场举世瞩目的深刻变革。我国于 2003 年启动了该项工作的试点，在 2008 年开始全面推进，至今已有十余年。如今，我国集体林权制度改革工作已经取得显著进展，对推动农村社会经济发展和提高居民生产生活水平具有重要价值，在建设生态文明和美丽中国中也具有重要作用。

十余年栉风沐雨。我国这一轮集体林权制度改革的十余年，也是一个不断探索、不断发展、不断完善的过程。集体林区一直是我国重要的木材资源供应基地之一，也是我国珍稀濒危及特有野生动植物的重要分布范围。林改后，森林资源经营管理方式发生了显著改变，许多新问题也由此而来，特别是如何在坚守生态红线的前提下提高集体林区资源培育、经营与保护效率，在当前也十分具有挑战性。因此，集体林权制度改革的发展给相关的技术革新和政策体系建设提出了新的需求。

为此，我们实施了林业公益性行业科研专项项目"基于林改的森林资源可持续经营技术研究"，从森林资源培育—生产经营—保护—服务及相关平台建设角度为集体林权制度改革提供全方位理论及技术支撑，开展了六个方面研究，即基于林改的森林多功能经营技术研究与示范、基于林改的资源供给与规模化经营模式研究、基于林改的野生动植物生境保护技术研究与示范、林权改革后森林资源经营的改变对环境的影响及其优化技术研究、集体林区政策性森林灾害保险制度设计与保费精算技术研究、基于林改的信息服务体系及综合信息服务平台建设。

依据这六个研究方面，项目组成员对项目成果进行了精心凝练，并整理形成了本系列丛书，共包括 6 册专著，即《林权制度改革对环境的影响及其经营优化研究》《林权制度改革后南方集体林经营管理模式与机制研究》《基于林改的资源供给与规模化经营模式研究》《基于林改的野生动物保护技术与对策研究》《林改区域典型树种森林碳储量监测技术研究》《面向林改的林业信息服务体系及平台构建》。其中,《林权制度改革对环境的影响及其经营优化研究》探讨了林权制度改革后对森林生态环境的影响以及环境影响评价、优化技术与制度保障体系;《林权制度改革后南方集体林经营管理模式与机制研究》选择南方集体林权制度改革的典型区域,从林农角度对森林资源经营管理的方案编制、经营合作组织、经营管理人力资源和融资等四个方面进行了深入调查分析,对南方集体林区林权制度改革后经营管理的现状和未来发展进行了深入探讨;《基于林改的资源供给与规模化经营模式研究》探讨了我国木材供需预测分析、林权制度改革对我国集体林区木材供给的影响、南方集体林区速生丰产用材林经营模式以及集体林权制度改革后林农合作组织;《基于林改的野生动物保护技术与对策研究》涉及我国野生动物及栖息地保护相关政策评估,林权改革对野生动物种群、行为和栖息地的影响,林改后野生动物栖息地保护与补偿调查,以及林改后我国野生动物栖息地保护技术与政策保障等;《林改区域典型树种森林碳储量监测技术研究》以杉木、马尾松、毛竹和落叶松为研究对象,提出森林碳汇计量的示范性方法体系,利用建立生物量模型以及测定评估参数,全面估算森林生物量,从而掌握典型树种森林生物量和碳储量的空间分布格局,以及随林龄等林分因子变化的动态规律,最终构建一个以地面样地调查为主体、以生物量和遥感模型估算为补充的碳汇功能计量和评价体系;《面向林改的林业信息服务体系及平台构建》从应用的角度对林改后基层林业单位对信息服务的需求进行深入细致的分析和研究,建立了相应的实用型系统并构建了信息服务平台。

虽然每册专著各有侧重,保持了各自的内涵、外延与风格,但它们也相互联系,具有理论性、知识性、经验型和政策性的共同特点,旨在全面介绍我国集体林权制度改革工作的发展背景、历程与现状,从森林资源培育、生产经营、生物多样性保护、环境保护、信息服务体系与相关平台建设等方面提出完善我国集体林权制度改革工作的技术与政策体系,为各级

政府部门、林业生产经营与保护单位提供决策参考与工作指南，以推动我
国集体林权制度改革工作的健康有序发展，并促使其在建设生态文明中发
挥更大的作用。

　　本系列丛书的出版，得到林业公益性行业科研专项项目"基于林改
的森林资源可持续经营技术研究"（NO. 200904003）的资助。感谢国家
林业局有关领导对本项目和本系列丛书的关心、支持与指导！感谢项目组
的所有成员！感谢所有关心与支持本项目、本系列丛书的专家、学生和
朋友！

　　由于时间与编撰水平限制，这套丛书在理论观点、知识体系、论据资
料、引证案例或其他方面可能还有错误、疏漏和不当之处，恳请广大读者
批评指正。

2014 年 11 月

前　言

　　人们已经广泛认识到气候变暖的主要驱动力是大气中 CO_2 浓度的升高，这对生态系统产生的影响日趋严重，已成为国际社会普遍关注的政治、经济焦点，许多科学家早就开始进行陆地碳的平衡、存储及分布等方面的相关研究。森林作为全球陆地生态系统的主体，是陆地碳循环最重要的碳库，在全球碳平衡中起着巨大的作用。联合国粮食和农业组织发表的《世界森林状况报告》指出，全世界有近40亿公顷的森林，约占陆地面积的30%，而森林的生物量、生产量和碳储量分别约占整个陆地生态系统的90%、70%和46%。因此，森林生态系统的"碳汇"功能在降低 CO_2 等温室气体浓度，减缓气候变暖以及调节全球碳平衡过程中起着重要的作用。中国森林在20世纪末的20年内仅蓄积量增加所吸收的 CO_2 就有 $0.021 \times 10^9 \, tC \cdot a^{-1}$，起到了巨大的"碳汇"的作用，据此可吸收中国燃烧矿物燃料所释放的 CO_2 总量的21%左右。

　　政府间气候变化专门委员会（IPCC，Intergovernmental Panel on Climate Change，2006）提出的《国家温室气体指南（National Green Gas Inventory Guideline）》也得到了广泛认同，在世界范围内普遍应用。值得一提的是，《京都议定书》第12条确立了"清洁发展机制（CDM）"，为了保护大气生态环境，降低全球温室效应的重点就是减少 CO_2 的排放量，而大力发展"碳汇"林业，用植树造林方式将大气中的气态碳变成固态碳，降低大气中 CO_2 的浓度，正是治理全球大气生态环境恶化的重要途径之一。2003年，第九次《联合国气候变化框架公约》缔约方大会通过《CDM造林再造林项目活动的简化方式和程序》，森林"碳汇"贸易成为林业投融资的新渠道，也被认为是实现森林生态效益价值补偿的有效方式。为进一步加强林业建设和发展，我国实施了"退耕还林"和"防护林建设"等林业工程，促进了森林面积蓄积的增加，森林在 CO_2 吸收和固定等方面的作用越来越得到国家重视。因此，对森林"碳汇"功能的研究已成为林学及生态环境领域的最重要内容之一。

林业承担着经营管理森林资源、向社会提供森林服务的历史重任。如何合理保护和利用森林资源，提高林地生产力，加强森林"碳管理"成为当前林业的首要任务之一。森林，特别是人工林是目前陆地"碳汇"增长最主要的媒介之一，其碳库变化对大气 CO_2 浓度产生重要影响，会因为采伐、破坏、土地利用变化等过程而使森林面积、生物量、森林土壤有机质等急剧减少，使森林生态系统表现净碳释放而成为"碳源"；也会因为造林、更新恢复、生长等过程使森林面积与生物量增加，森林土壤有机质积累，表现出碳的净吸收而成为"碳汇"。提高森林经营水平，加强森林生态系统碳的研究，对预测和维护其生产力，以及在《京都议定书》的框架范围内进行"碳汇"贸易、谈判具有重要意义。

本书的宗旨，是从监测不同区域森林生态状况和功能的需要出发，以生物统计学、生态学、林学等为理论基础，综合运用基础数据采集与处理技术以及 3S 系统，以样地调查为主体，采集森林生物量和碳储量基本信息，采用样地实测、遥感监测、定点监测、模型估测、实验分析等方法，进行数据采集与测定，通过基础调查产出的计量模型和功能参数，结合固定样地调查产出的面上信息，利用统计汇总、分析评价、综合评估，产出反映区域以及各森林类型碳汇方面的功能计量评价参数以及变化状况监测等成果。具体而言：

首先，规范森林生物量和碳库层分类，划分为乔木层、林下灌草层、残体和土壤。

其次，基于地面调查结合遥感反演等 3S 技术，在典型树种的代表性分布区域设置样地，野外全面调查森林植被的组成、结构及生物量蓄积、土壤碳库等因子，为准确估算森林生态系统碳平衡提供必要的基础数据。

第三，分别主要乔木树种、竹种、下木种、灌木种和草本种等森林植物，采伐收获它们的各部位满足数量要求的样本以建立单木或样方生物量模型，测定含碳系数，计算土壤碳储量，以准确估算生物量、碳储量以及固碳释氧量。

最后，探讨森林生态系统碳储量的空间分布格局，以及碳固定、累积过程和动态变化规律，分析相关因素的影响作用，为其它相关研究提供理论参考价值。

我国杉木、马尾松、落叶松等典型针叶树种和毛竹森林资源丰富，具有分布广、易栽植、成活率高、生长快、成材早、树干通直圆满以及自然整枝性良好等优点，是主要造林树种，也是重要的用材林。特别是它们速生丰产的特性对于提高我国森林生态系统"碳汇"水平，探讨碳汇林的营造具有重要意义。本书总结了近年来我们在森林碳汇方面的研究成果，论述了在东北小兴安岭和南方武夷山等代表性区域，监测并估算的杉木、马尾松、落叶松和毛竹4种典型树种的森林生态系统生物量与碳储量，探讨其时空分布以及动态的累积、变化规律，评估做为建群种组成的典型森林类型的碳存储能力，形成了一套规范、可操作的技术规程。这些是森林生态及森林经理的重要任务，也是本书作者致力研究的重点。

希望我们的研究成果，能作为森林"碳汇"研究的一项实践，为规范森林碳汇监测技术（包括森林碳库分类、地面和遥感监测方法以及碳库动态变化等）和森林资源与生态状况的综合监测评价工作提供参考，为全球气候变化监测提供一些基础数据。

本书主要是依据林业公益性行业科研专项经费（200904003－1）的研究成果，同时，吸收了国家自然科学基金（30571492）、国家自然科学基金（30940014）、国家林业局948项目（2008－4－48）和高等学校博士学科点专项科研基金（20060022009）等课题的部分成果撰写而成。在本书出版之际，衷心感谢我的研究生们。本书主要内容的素材源于十多届毕业研究生的学位论文和他们在期刊上发表的文章。感谢课题组所有成员和项目示范地，将乐国有林场和东折棱河经营所，谢汝根、穆景森、何学凯等为野外调查工作提供了大力帮助。感谢本书引用文献的作者，感谢关心和支持本书出版的专家、学生和朋友！

由于作者水平有限，书中会存在一些不足，恳请读者批评指正。

孙玉军

2014 年仲夏于北京

目　录

总　序
前　言

第1章　森林碳储量及其研究进展 ·· （1）
　　1.1　森林碳储量研究背景 ·· （1）
　　1.2　森林生物量和碳储存库层 ·· （5）
　　1.3　森林生物量估测 ·· （6）
　　　　1.3.1　平均生物量法 ··· （6）
　　　　1.3.2　生物量转换因子法 ··· （9）
　　　　1.3.3　遥感信息模型法 ·· （11）
　　　　1.3.4　其他方法 ··· （19）
　　1.4　森林碳汇计量 ·· （20）
　　　　1.4.1　含碳率测定 ·· （20）
　　　　1.4.2　森林碳储量计算 ·· （20）
　　　　1.4.3　森林固碳释氧量计算 ·· （22）
第2章　杉木、马尾松、落叶松和毛竹森林资源分布特征 ························· （23）
　　2.1　杉木、马尾松和落叶松 ·· （23）
　　　　2.1.1　优势地位 ··· （24）
　　　　2.1.2　分布情况 ··· （26）
　　2.2　毛　竹 ··· （30）
第3章　研究材料数据获取及分析方法 ··· （34）
　　3.1　研究地概况 ·· （34）
　　　　3.1.1　将乐国有林场 ··· （34）
　　　　3.1.2　东折稜河经营所 ·· （36）

3.2　资源现状及经营区划 ……………………………………（38）
　　3.2.1　森林资源及经营现状 ……………………………（39）
　　3.2.2　综合区划 …………………………………………（40）
3.3　标准地布设及调查 ………………………………………（42）
　　3.3.1　标准地选取与设置 ………………………………（42）
　　3.3.2　标准地调查 ………………………………………（42）
　　3.3.3　标准木解析 ………………………………………（49）
3.4　森林生物量估算 …………………………………………（49）
　　3.4.1　乔木生物量 ………………………………………（49）
　　3.4.2　林下植被生物量 …………………………………（58）
　　3.4.3　残体生物量 ………………………………………（61）
3.5　数据处理及实验分析 ……………………………………（64）
　　3.5.1　数据处理 …………………………………………（64）
　　3.5.2　实验分析 …………………………………………（64）
　　3.5.3　数据统计与汇总 …………………………………（66）
3.6　土壤碳储量 ………………………………………………（66）
3.7　森林碳储量计量 …………………………………………（66）
第4章　杉木林生物量和碳储量的估算 …………………………（68）
4.1　杉木林样本数据 …………………………………………（68）
　　4.1.1　杉木林类型 ………………………………………（68）
　　4.1.2　杉木标准地及样木 ………………………………（69）
4.2　杉木单木生物量分配 ……………………………………（71）
4.3　杉木生物量模型构建 ……………………………………（71）
　　4.3.1　独立模型的建立 …………………………………（71）
　　4.3.2　相容性模型的建立 ………………………………（79）
4.4　杉木林生物量 ……………………………………………（86）
　　4.4.1　乔木层 ……………………………………………（86）
　　4.4.2　林下植被层 ………………………………………（89）
　　4.4.3　残体层 ……………………………………………（91）
4.5　杉木林碳储量 ……………………………………………（92）
　　4.5.1　乔木层 ……………………………………………（92）
　　4.5.2　林下植被层 ………………………………………（94）
　　4.5.3　残体层 ……………………………………………（95）
　　4.5.4　土　壤 ……………………………………………（96）

第5章　马尾松林生物量和碳储量的估算 ···················· （99）

　5.1　马尾松林样地和标准木 ························· （99）

　5.2　马尾松单木生物量 ·························· （100）

　　5.2.1　各器官含水率 ························· （100）

　　5.2.2　各器官生物量分配 ······················ （101）

　5.3　马尾松生物量估测模型 ························· （103）

　　5.3.1　自变量的设定与选取 ····················· （103）

　　5.3.2　模型类型 ··························· （104）

　　5.3.3　模型的检验 ························· （104）

　　5.3.4　不同方程对拟合效果的影响 ·················· （105）

　　5.3.5　最优方程 ··························· （106）

　　5.3.6　误差检验结果分析 ······················ （108）

　5.4　马尾松林生物量 ·························· （108）

　　5.4.1　生物量与蓄积关系 ······················ （108）

　　5.4.2　生物量的时间变化规律 ·················· （109）

　　5.4.3　生物量的径阶分配特点 ·················· （110）

　　5.4.4　乔木层净生产力分析 ····················· （111）

　5.5　马尾松林碳储量 ·························· （112）

　　5.5.1　乔木层含碳率 ························ （112）

　　5.5.2　碳储量及分配 ························ （113）

第6章　落叶松林生物量和碳储量的估算 ···················· （115）

　6.1　落叶松林分和标准地 ························· （115）

　6.2　落叶松林乔木层生物量与碳储量 ····················· （116）

　　6.2.1　乔木生物量模型构建及估算 ·················· （116）

　　6.2.2　乔木各器官含碳率 ····················· （124）

　　6.2.3　乔木碳储量 ························· （125）

　6.3　落叶松林林下植被层生物量与碳储量 ·················· （130）

　　6.3.1　林下植被层生物量 ······················ （130）

　　6.3.2　林下植被含碳率 ······················ （133）

　　6.3.3　林下植被碳储量 ······················ （134）

　6.4　落叶松林残体层生物量与碳储量 ··················· （137）

　　6.4.1　残体生物量 ························· （137）

　　6.4.2　残体含碳率 ························· （138）

　　6.4.3　残体碳储量 ························· （139）

6.5　落叶松林土壤碳储量 ································ (142)

　　6.5.1　土壤基本理化性质 ······················ (142)

　　6.5.2　土壤碳储量 ······························· (143)

6.6　落叶松林生物量变化规律 ···················· (147)

　　6.6.1　不同林龄的分布 ························ (147)

　　6.6.2　不同林分密度的分布 ·················· (149)

　　6.6.3　与物种多样性的关系 ·················· (155)

6.7　落叶松林碳储量 ································· (164)

　　6.7.1　落叶松林平均含碳率 ·················· (164)

　　6.7.2　落叶松林碳储量 ························ (166)

　　6.7.3　落叶松林碳汇 ·························· (171)

第7章　毛竹林生物量和碳储量的估算 ········· (175)

7.1　毛竹林样地和样木 ····························· (175)

7.2　毛竹单木生物量 ································· (177)

　　7.2.1　单木生物量及分配 ····················· (177)

　　7.2.2　不同年龄和胸径单木生物量分布 ····· (178)

7.3　毛竹林生物量模型构建 ························ (180)

　　7.3.1　模型变量相关分析 ····················· (181)

　　7.3.2　模型构建与结果分析 ·················· (183)

　　7.3.3　最优模型 ······························· (189)

7.4　毛竹林分生物量 ································· (191)

7.5　毛竹林碳储量 ··································· (192)

第8章　基于遥感信息估测森林生物量 ········· (195)

8.1　利用多元回归分析法估测落叶松林生物量 ··· (195)

　　8.1.1　研究数据及相关资料的获取 ··········· (195)

　　8.1.2　遥感影像处理 ·························· (198)

　　8.1.4　遥感因子线性模型应用 ··············· (203)

8.2　利用多元回归分析法估测将乐县森林生物量 ··· (203)

　　8.2.1　研究数据及相关资料的获取 ··········· (204)

　　8.2.2　遥感影像处理 ·························· (206)

　　8.2.3　生物量遥感模型的建立 ··············· (209)

　　8.2.4　森林生物量时空变化规律 ············· (219)

8.3　利用人工神经网络法估测将乐县森林生物量 ··· (223)

　　8.3.1　研究数据及相关资料的获取 ··········· (223)

　　8.3.2　遥感数据预处理 ···（223）

　　8.3.3　基于 BP 神经网络的单木生物量模型构建 ··········（224）

　　8.3.4　基于 BP 神经网络的森林生物量模型构建与应用 ·······（229）

第 9 章　森林生物量和碳储量的比对研究 ·······················（236）

　9.1　不同树种生物量比较 ······································（236）

　　9.1.1　落叶松林 ···（236）

　　9.1.2　杉木、马尾松和毛竹林 ······························（242）

　9.2　不同树种含碳率比较 ······································（244）

　9.3　不同树种碳储量比较 ······································（246）

　　9.3.1　生态系统碳储量 ······································（246）

　　9.3.2　碳年均固定量 ··（250）

　　9.3.3　固碳释氧量 ··（253）

附件 1　缩写语 ···（256）

附件 2　森林生物量和碳储量监测技术规程 ······················（258）

参考文献 ··（279）

彩图 1　我国南方杉木林(孙玉军摄)

Fig.1　Landscape of *Cunninghamia lanceolata* stand in south of China

彩图 2　我国南方马尾松林(马炜摄)

Fig.2　Landscape of *Pinus massoniana* stand in south of China

彩图 3　我国东北落叶松林（马炜摄）

Fig.3　Landscape of _Larix_ spp. stand in north of China

彩图 4　我国南方毛竹林（马炜摄）

Fig.4　Landscape of _Phyllostachys pubescens_ stand in south of China

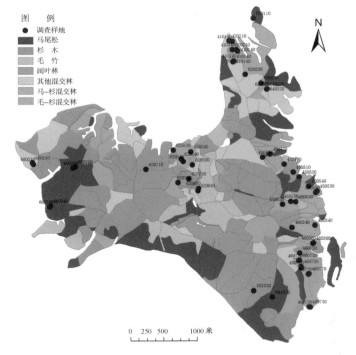

彩图 5　示范区森林类型分布图

Fig.5　Forest type distribution of experimental area

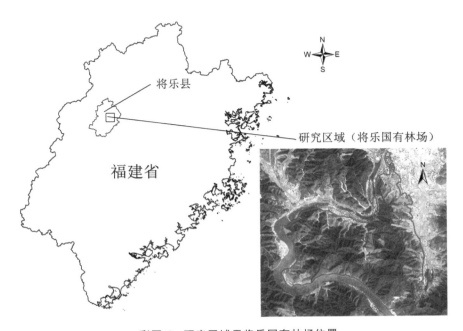

彩图 6　研究区域于将乐国有林场位置

Fig.6　Study location inJiangle forest farm, Fujian, southeast of China

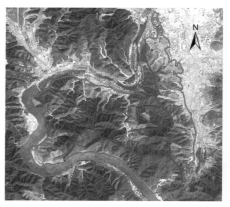

彩图 7　试验示范区森林区划图

Fig.7　Forest division of experimental area

杉木纯林

马尾松纯林

彩图 8　杉木和马尾松纯林分布

Fig.8　Pure planation distribution of *Cunninghamia lanceolata* and *Pinus massoniana*

图　例

针叶林

阔叶林

彩图 9　研究区内针阔林分布区域

Fig.9　Regional distribution of coniferous broad−leaved forest

图　例

■ 落叶松分布范围

彩图 10　研究区内落叶松分布区域

Fig.10　Regional distribution of the study area _Larix_ spp.

图　例

▢ 0~40t・hm⁻²
▨ 40~80t・hm⁻²
▩ 80~120t・hm⁻²
▦ 120~140.8t・hm⁻²

彩图 11　东折稜河林场落叶松生物量分布

Fig.11　Distribution of larch biomass in Dongzhenglenghe forest farm

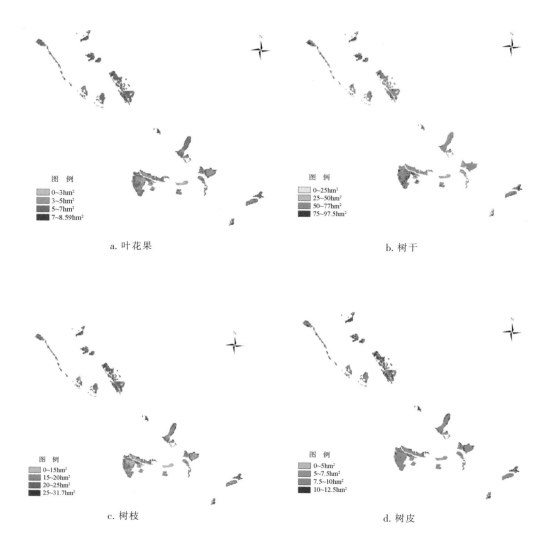

图 例
0~3hm²
3~5hm²
5~7hm²
7~8.59hm²

a. 叶花果

图 例
0~25hm²
25~50hm²
50~77hm²
75~97.5hm²

b. 树干

图 例
0~15hm²
15~20hm²
20~25hm²
25~31.7hm²

c. 树枝

图 例
0~5hm²
5~7.5hm²
7.5~10hm²
10~12.5hm²

d. 树皮

彩图 12 东折稜河林场落叶松各组分生物量分布
Fig.12 Distribution of biomass for larch compartment in Dongzhelenghe forest farm

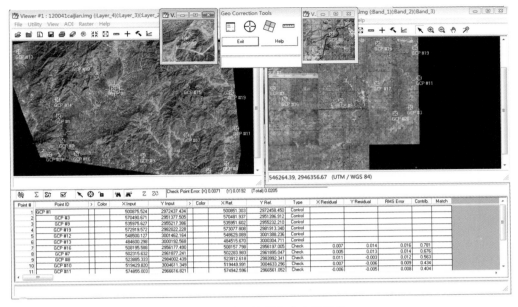

彩图 13　地面控制点分布及误差

Fig. 13　Distribution and error of GCP

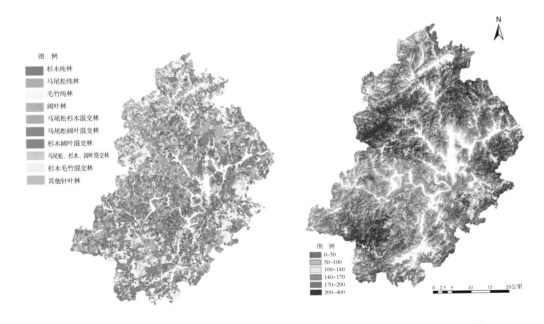

彩图 14　将乐县森林类型分类

Fig.14　Forest type map in Jiangle County

彩图 15　将乐县森林生物量分布

Fig.15　Forest biomass distribution in Jiangle County

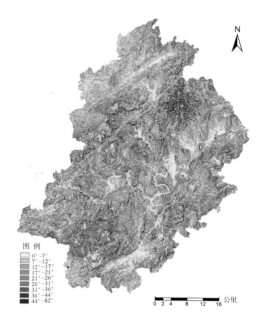

彩图 16　将乐县坡度分级

Fig.16　Slope level of Jiangle County

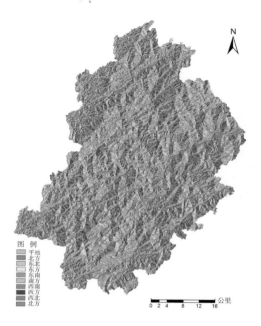

彩图 17　将乐县坡向分级

Fig.17　Aspect level of Jiangle County

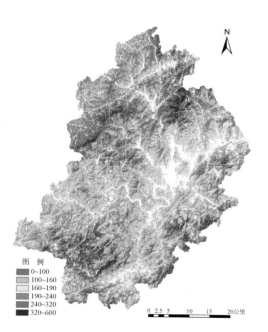

彩图 18　将乐县 2001 年森林生物量分布

Fig.18　Distribution of forest biomass (2001)

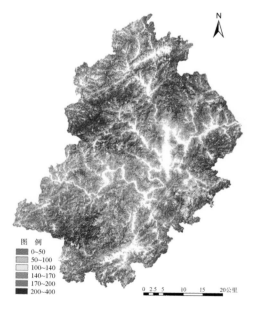

彩图 19　将乐县 2010 年森林生物量分布

Fig.19　Distribution of forest biomass (2010)

第 1 章

森林碳储量及其研究进展

1.1　森林碳储量研究背景

　　森林是陆地生态系统的主体，在生物地球化学过程中起着重要的"缓冲器"和"阀"的功能，是地球上最大的"碳汇"，它在减少碳收支不平衡中起着关键作用(蒋有绪，1996)。森林的固碳释氧与涵养水源、保育土壤、净化大气和保护生物多样性并称森林的五大生态功能，是森林生态功能的首要体现，其重要性不言而喻(张俊红，2004；国家环保总局，2005；国家林业局，2008)。我国广东省的森林固碳释氧效益占总效益的 57.2%；浙江省重点公益林的森林固碳释氧效益占总效益的 40.8%。森林碳储量是计算固碳释氧量的主要依据，对森林生态系统碳储量的研究也有近半个世纪之久，开展森林碳汇的研究和监测，对于评估森林储碳释氧等功能及效益具有重要作用，成为 21 世纪和当今林业生产和科研的热点问题。事实上，在全球气候变化的背景下，不论从应对全球气候变化、履行《联合国气候变化框架公约》和《京都议定书》等国际公约的角度考虑，还是从加强生态建设、发展现代林业的需求出发，都需要及时提供并掌握我国典型树种对全球碳循环的贡献以及二氧化碳(CO_2)等温室气体的排放和吸收情况，着力强化碳汇监测和功能效益评价，切实增强样地和遥感等多种调查方法技术体系的综合监测和信息服务能力。近几年，2007 年巴厘岛路线图的提出、2009 年哥本哈根气候变化峰会和 2011 年德班联合国气候变化大会的召开，无疑都是国际社会对碳循环影响全球气候变化的响应。

　　森林生态系统碳库由植被、残体和土壤 3 部分组成，碳储量大小与各库层的碳密度、不同森林类型的面积和立地条件等相关。森林生态系统碳储量是森林生态系统与大气间碳交换研究的一个基本参数(Dixon *et al.*，1994)，也将为人工调控碳循环提供支持，所以碳储量的测定是研究森林生态系统的基础工作。森林植物生物量是指植物在一定时间内所积累的有机干物质的重量，是森林生态系统的最基本数量特征。同时因为光合作用吸收 CO_2 能有效固定和储存碳，所以生物量也是碳储量计算的最为重要的基础指标，是森林固碳能力的重要标志及评估森林碳收支的重要参数(Brown *et al.*,1996;Brown *et al.*,1999;Zheng,2004)。在当今森林资源监测中,森林生物量和碳储量作为重要监测项目已在全球范围内得到普遍承认,并被国际林联(IUFRO)在《国际森林资源监测大纲》中列为最主要的监测项目之一(舒清态等,2005)。近十几年来,生物量研究主要用于衡量森林生态系统的生产能力大小(国庆喜等,2003),揭示生态系统能量平衡、能量流动和养分循环等功能过程的变化规律,进一步为生态系统的碳汇和碳素循环研究提供关键数据(Dixon *et al.*,1994;Cower *et al.*,1997)。近年来,科学地估测森林潜在生物量,评判森林生态系统的"碳源/汇"作用,以及研究由人类、自然干扰引起的动态变化成为新的热点(Garkoti,2008;Jenkins *et al.*,2003;IPCC,2006)。同时,人们开始深入研究将遥感与其他方法相结合,以充分发挥模型的过程机理、定量化和遥感信息的宏观、动态的长处,快速获取和估计森林碳储量和碳汇值及其空间分布(张慧芳等,2007)。

　　森林生态系统碳储量的增减,会影响到大气中 CO_2 浓度的变化。即森林在生长过程中从大气中吸收并固定大量的碳,又会将其贮存的碳释放到大气中,既可能成为碳汇,又可能成为碳源。除了自然因素(光合作用、病虫害和死亡等),森林生态系统也受地类变化、毁林开荒、采伐收获和造林再造林等人为干扰,碳储量也相应增加或减少。以我国为例,方精云等(1996)利用野外实测数据及森林资源清查资料,研究了我国50多年来(1949~1998)森林碳库、平均碳储量的变化和森林植被的 CO_2 源汇功能,认为20世纪70年代中期以前,由于森林砍伐等人为作用,我国森林碳储量减少了0.62 PgC,年均减少约0.024 PgC;此后,主要由于人工林增加(气温上升和高浓度 CO_2 的施肥效应也可能促进了森林生长),森林碳库从70年代末的4.38 PgC增加到1998年的4.75 PgC,年平均增加0.022 PgC。周玉荣等(2000)也证实我国森林生态系统明显表现出"碳汇"功能,年碳通量达到 4.80×10^8 t之多。方精云等(2001)进一步推算,中国森林在20世纪末的20年仅凭蓄积量增加所吸收的 CO_2 就有 0.021×10^9 tC·a^{-1},起到了"碳汇"的作用。总体而言,我国森林主要分布于北半球中纬度地区,森林"碳汇"作用与其他北半球国家和地区相比就相对显得弱(沈文清,2006)。然而,王效科等(2000)认为目前中国森林生态系统实际的碳储量仅为植物潜在碳储量的一半,固碳潜力巨大,未来必将成为一个最重要的"碳汇"。事实上,对森林"碳汇/源"作用作出定量评价和估计,为制订减缓与适应气候变化的措施提供科学依据,具有重要意义。

　　森林的生长和发展直接影响了碳储量,因此其各组分(如活立木、枯立木和粗木质物残体等)的碳储量信息可用于定量评价林分究竟是碳源还是碳汇,这将有助于林分作为用材林或生态效益林的营林方向的定位。为更好地发挥森林的碳汇作用，必须深入了解、掌握自然和人工经营管理活动干扰对森林固碳量的影响。首先，保护森林可以显著增加森林固碳量，而造林再造林作为一种土地利用变化方式，对陆地"碳汇"的影响是通过造林后植被碳和土壤碳的变化相互作用的结果。目前，人工林碳库已被广泛认识到是陆地"碳汇"增长的主要载体，而且通过合理经营人工林能够有效固定大气 CO_2，达到控制全球变暖的目的（史军等，2004；冯瑞芳等，2006；胡会峰等，2006）。IPCC 指出，在 1995 至 2050 的 50 余年间，陆地上有 344 M hm^2 无林地适宜造林，固碳潜力在 60 ~ 87 GtC 范围内（热带 70%、温带 25% 和寒带 5%），年平均固碳率可以达到 1.1 ~ 1.6 GtC（潘家华，2003）。同时，提高森林经营水平，加强森林生态系统碳的研究，对预测和维护其生产力，以及在《京都议定书》的框架范围内进行"碳汇"贸易、谈判具有重要意义（张国庆等，2007）。例如，新造乡土适合树种的人工混交林，有助于提高林地土壤的"碳汇"功能（郭家新等，2008）；营造薪炭林，进一步倡导薪材替代化石燃料的行为，更能发挥森林"碳汇"的作用（胡会峰等，2006）。事实上，针对当前我国人工林幼龄林和中龄林的比重较大，且林木质量相对较差、幼龄林和残次林较多、单位面积生物量较低的现状，采用何种抚育管理措施来增加森林碳库的容量，并最大限度地发挥森林"碳汇"的功能，是迫切需要解决的问题。

在全球的碳循环中，令科学家困惑的问题依然是对全球陆地生态系统"碳通量/储量"和"碳汇/源"的估计以及区域分布的研究结果还存在着极大的不确定性（Tans et al.，1990；Ciais et al.，1995；IPCC，2002）。正因为碳储量研究结果缺乏必要的精度支持和可比性，难以确定某一国家对碳汇的贡献具体有多大，无法为 CO_2 减排以及维护全球气候平衡等方面提供有效支持。例如，森林凋落物和木质物残体是森林生态系统的重要组分。但传统上森林凋落物主要被放在生态系统养分循环的背景下进行研究，近十几年凋落物研究才主要被放在全球气候变化的背景下进行探讨。而目前地面凋落物积累已被看作是一个重要的碳汇（彭少麟等，2002；Borwn et al.，1996）。同样，林下灌草对生态系统碳的循环速率等方面发挥的重要作用逐步得到重视（林开敏等，1999）。Martin 等人（2001）总结回顾了温带森林"碳汇"研究的具体组分、和估算方法一些不确定的影响因素。可见，只有加强森林生态系统碳储量的取样方法和研究方法的研究，在特定研究范围内采用统一的研究方法，提高森林生态系统碳循环研究的精度，掌握森林碳储量大小、分布、"碳汇/源"功能，才能满足现实科学研究需要，对于制定相关"碳汇"政策、建设"碳汇"工程和推进国际碳汇项目发展，以改善生态环境和缓解全球气候变化具有重要意义。

森林碳汇是森林植被通过光合作用吸收二氧化碳并固定碳的过程和机制，而森林碳汇监测是为了掌握不同时期森林碳库的动态消长变化。对于碳储量变化的测定是研究森林碳源汇功能的主要手段之一，是计算林业活动所引起的森林源汇功能的变化、评价和监测的主要方法，也是进行国际碳交易的依据。

从区域尺度而言，森林碳储量变化的测定，一般可分为连续动态监测和空间代替时间测定（或者生态学上称之为"静态演替分析法"）两种方法：

（1）连续动态监测法　通过对同一森林生态系统不同时期的碳储量进行定位测定，分析碳储量的变化特点。森林中林木生长以及林业的生产周期长，进行长期定位观测以便为短期科研活动提供支持明显存在困难（王光华，2012）。因此，通常采用临时标准地数据，结合少量固定标准地数据，按立地归类的方法建立林分生长与收获模型，从而实现对未来可能发展进行预测（马炜，2013）。

（2）空间换时间测定法　利用同一时期不同演替阶段或林龄阶段的森林生态系统的碳储量变化来研究其可能的变化趋势，即把不同林分按立地或年龄排列，建立模型，从中得出林分动态发育过程的规律（袁渭阳，2008）。这样明显缩短了动态研究所需的时间，但是精确程度却必然不如定位调查研究。

事实上，因为不同林分的自然稀疏完全不同，即便两个林分的立地条件完全相同，它们在生长发育过程中表现的动态变化规律也不尽相同，特别是存在林分密度上的差异。但在立地条件、造林初植密度和经营管理措施基本一致的前提下，空间换时间测定法能够很好地反映林分生长发育过程，并在一定程度上揭示了内在规律（Carolina & Belén，2005；张俊，2008）。

目前，以空间换时间的专项测定是一般的科研及生产中最常采用的监测方法。以空间换时间的专项监测作为一种为特定调查目的和对象服务的调查方式，是通过有针对性地选择一些受关注的区域或需要重点了解的典型森林植被类型对象，综合采用地面调查和遥感监测等多种方法，进行周密、系统的调查，以获取关注区域或了解对象的整体情况，并掌握其变化趋势，具有调查范围相对较小、针对性强、高效深入等特点。

本研究采取该种监测方法，监测的一般模式为：首先，通过固定样地调查获取森林资源宏观信息和反映生态状况的具体生态因子；其次，利用相关模型和计量参数，结合森林资源信息和样地因子，评估各类生态功能和效益。为了更好地研究森林生态系统碳储量的动态变化，还按照梯度变化原则选择了一系列不同林龄、林分密度等的林分，以设置研究标准地。

由于我国森林生物量和碳汇计量体系还未完全构建完成，为巩固并改善森林生态系统的"碳汇"作用，而依据森林资源实际条件和预期目标及时提出森林经营和调整方案还比较困难。为适应气候变化提供科学依据，使研究结果最大可能真实地反映出自然状况，森林生态系统碳平衡的研究在研究方法和内容上需要不断改进和完善。

1.2　森林生物量和碳储存库层

在森林生物量的组成上，研究一定区域内或某种森林类型的生物量，不论采用地面调查还是遥感手段方法，由于受到调查时间以及人财物等诸多因素的影响，对乔木的研究较多，对灌草的研究较少；对乔木地上部分的研究较多，对地下部分的研究较少。这样导致了样地实测生物量数据数量十分有限的问题。建模及检验样本尽管覆盖了主要森林类型，但代表性仍可能不强，仍会对整体模型拟合精度以及检验造成一定的误差。需获取更丰富的样地资料，使模型更接近实地情况。虽然乔木地上生物量是森林生物量的主体，但灌草生物量和乔木地下生物量也是其重要组成部分，不容忽视。

对于森林生物量，普遍理解的是森林植物活体部分所有干物质重量，包括乔木、灌木（含下木）、草本及层间藤本植物体的生物量，一般也将枯枝落叶等死亡残体的储量认为是生物量。因此，森林生态系统碳库可由 3 个层次部分组成，即植被、枯落物和土壤。由于不同的研究者所选的研究地点、林分类型、研究尺度大小以及具体生物量测定方法的不同，使得碳储量的估算方法和结果也有一定的差异。IPCC（2004）将森林生态系统碳循环的碳库定义为：植被地上生物量、植被地下生物量、枯落物死生物量、粗木质残体死生物量（枯立木）和土壤五大库层。根据典型树种人工林林分的结构及组成特征，结合国际上成熟的划分标准（Woodbury, et al., 2007；Smith, et al., 2006），本书将森林生态系统碳储存库层划分为：

（1）活立木　包括树根、树干、树枝和花、叶、果。

（2）林下植被层　包括幼苗木、草本和灌木的根系、主干、枝条和花、叶、果。

（3）枯立木　包括枯死的直立乔木残余的根系、树干和树枝。

（4）粗大木质残体　指倒落林下的木质物残体，包括粗木质物残体（含枯倒木）和剩余堆积物。

（5）细小木质残体和凋落物　指植被凋落到地表的残体，是土壤以上的有机物层，包括细木质物、凋落物 L 层（Litter）和 D 层（Duff）。

（6）土壤　腐殖质、地下土壤层（深度 1m）中的碳以及上述库层中未包括的其他有机物碳，但不包括活根系。

根据对森林各个碳储存库层的定义，可以把它们归纳为乔木层、林下灌草层、残体层和土壤四大部分，或者简单分为非土壤和土壤两种碳库。特别要说明的是，土壤作为陆地生态系统中最大且周转时间最慢的碳库，由有机碳库和无机碳库两大部分组成，而土壤无机碳库占的比例较小（Johnetal，2008），一般不考虑。土壤中的有机碳一般包括动植物和微生物的遗体、排泄物、分泌物，以及部分分解产物和进入土壤的腐殖质。由于土壤是一个不均匀的三维结构体，在空间上呈现复杂的镶嵌性，且受到系统内部种类组成以及不同尺度的生态学过程（气候以及陆地植被和生物发生复杂的相互作用）的影响，土壤碳储量存在极大的空间变异性，这反映出土壤有机碳储量估算的困难和不确定性程度。

此外，森林资源在生长周期内要进行多次抚育间伐直至主伐收获。被移除而转变为各种木产品的木材中储存的碳也应是森林碳的重要组成部分。树干被移除出林分，而枝叶、树桩、根系和其他不可用剩余物则余留在林分内，转变为倒落木质物残体和地表枯落物，或进入土壤。

1.3　森林生物量估测

植被生物量（主要包括乔木和林下灌草）、凋落物和土壤有机质决定了森林生态系统的碳储量和碳循环。对于森林生物量和碳储量，其相关模型和生态功能参数获取的主要方式是以地面样地和遥感的专项调查，以及室内实验测定方法。据此，具体应用于森林生态系统碳储量测定的方法一般包括平均生物量法、生物量转换因子法和遥感信息模型法。其他二氧化碳平衡法、微气象场法和生理生态模型模拟法等，需通过建立定位观测点进行长期观测，或采用相关行业技术标准等来确定，成本高，且较为复杂。对于森林生物量的估测，不可能采用直接测量的方法，因而通过建立生物量模型估测森林生物量是目前最有效的途径。实际上，目前国内外对于森林碳储量的估算，无论在森林群落或森林生态系统尺度上，还是在区域、国家尺度上，都普遍通过样地实测得到平均生物量，然后生物量再乘以含碳率得到碳储量，再加上土壤有机碳储量即为整个森林生态系统碳储量。其大小决定于植被类型、林分面积、立地条件和自然环境等因素（刘华等，2005）。对此，本书根据森林生物量的调查、估算方法以及从样地实测到区域推算的转换方式，着重介绍了平均生物量法、生物量转换因子法和遥感信息模型法3种（方精云，2000；ChojnackyDC，2002；马炜，2013）方法。

1.3.1　平均生物量法

平均生物量法以野外调查的数据（包括生物量测定数据）为基础，探讨生物量和其他相关变量的关系，并在空间层面上扩展某点或小面积单元上的碳估计值，可以进行大尺度森林生物量的估算，是传统的估测方法（马炜，2013；张俊，2008）。其中，平均生物量法的生物量测定是依据样地的测树资料，利用"直接收获法"进行。直接收获法切实可行，是目前最广泛应用于森林群落的传统研究方法，一般通过直接收获一定面积样地里的乔木、灌木、草本的地上和地下部分，取样测定含水率，再计算单位面积各层次和各器官组分的生物量（查同刚，2007；王光华，2012）。

基于乔木生物量的测定，根据取样和收获的具体方法不同，平均生物量法又分为皆伐法、平均木法和相对生长法（方精云，2002）。其中，皆伐法的精度高，但工作量大，而且会破坏森林，一般只用于对其他方法精度的检验。平均木法和相对生长法，有着较高的精度，但是资料数据少，而且常因为人为主观选择生长较好的林分调查，造成生物量估计偏大。

1.3.1.1　皆伐法

皆伐法是将样地内乔木全部伐倒后，测定树干、枝、叶和根系等器官的干重，然后求和即为单株树木的生物量，加和所有林木得到样地内乔木生物量，即：

$$W = \sum_{i=1}^{n} W_i \qquad (1\text{-}1)$$

式中：W 为样地生物量，W_i 为第 i 单株生物量，n 为样地内株数。

1.3.1.2　平均木法

平均木法是通过样地调查，按照林木径级分布和各径级的平均胸径、平均树高进行取样，伐取具有林分平均胸径和树高的若干株样木做标准木，以它的生物量作为样地平均木的生物量，乘以林分密度，即可推算得到区域内相同森林植被类型的单位面积林分乔木层的生物量及吸碳放氧量。或者依据分层林木法，依直径级、树高级或材积将全林分为几个层次，依据各层次中的林木比率（可能相同或不同），从各层次中选取平均木或随机抽取标准木，计算对应各径阶林木的生物量，加和得到整个样地的生物量。

$$W = w \times n \qquad (1\text{-}2)$$

$$W = \sum_{j=1}^{k} w_j \times n_j \qquad (1\text{-}3)$$

式中：W 为林分生物量；w 为平均木生物量；w_j 为第 j 径阶平均木生物量；k 为径阶数，n_j 为第 j 径阶株数。

1.3.1.3　相对生长法

现实林分中，林分大小不一，用平均木代表所有林木的生物量会造成一定误差。所以，建立生物量估测模型逐渐成为研究生物量的有效手段。关于林木生物量模型的方程很多，主要有线性和非线性两种基本类型。一般有 4 种形式：一元线性模型、对数模型、相对生长模型和多项式模型。以非线性模型应用最为广泛，尤其是相对生长模型(allometric growth equation)是所有模型中应用最为普遍的模型。

利用相对生长模型估计林木器官(树干、树枝、树叶、树根)生物量一般通过实测样本数据，根据林木的各器官生物量与某一测树学指标之间的相关关系，利用数理统计方法，进行回归拟合，建立各器官组分生物量和与之存在内在关系的、一个或几个易测树因子的回归方程，最后以实测的测树学指标估算林分的生物量(刘志刚等，1992；Brown *et al.*，1999；胥辉，2003；胥辉，1997)。唐建维等(1998)等以林分平均胸径、林分平均高和年龄为自变量建立林分生物量模型，不仅研究了林分生物量与胸径、树高的关系，还分析了林分生物量随年龄的变化。闵志强等(2010)以林分平均胸径、林分平均高和树冠指数为自变量，地上部分总生物量为变量，建立回归模型(估测精度达到94.33%)，还有其他许多应用林分调查因子建模的研究(张慧芳等，2007；周群英等，2010)。

一般采用胸径(D)作自变量，但一些研究表明用胸径作为自变量建立的模型仅适用于立地条件相同的生态系统，树高在一定程度上能反映立地条件的差异，因此用胸径的平方乘树高(D^2H)作为自变量被认为将会更合适。

$$W = a(D^2H)^b \tag{1-4}$$

$$\log W = \log a + \log D^2H \tag{1-5}$$

$$W = a D^b \tag{1-6}$$

式中：W 为各部位器官的重量(也可以是整个树木器官的总重量)；D 为胸高直径；H 为树高；a 为系数；b 为常数项。

据此，可以建立乔木树种、下木类和竹种各器官的生物量与测树因子的关系，灌木种模型按样方总重量与平均高、覆盖度、平均地径建立模型，草本按样方总重量与平均高、覆盖度建立物量模型。利用林木易测因子来推算难于测定的林木生物量，从而减少测定生物量的外业工作，以样方内乔灌草各层植物生物量结合面积比例推算定点监测样地的生物量，结合区域内森林植被类型面积数据推算大尺度区域总生物量。在实际应用过程中，由于树高的测定比较困难，误差也较大，因此以胸径为自变量的回归方程(1-6)实用性比较强。

可见，相对生长法是目前比较流行的方法，一旦建立回归模型就可以在一定精度保证下应用于森林生物量的调查研究。利用多元统计软件，完成生物量模型的分析过程，以最小二乘法拟合求算模型参数。对模型的评价一般是通过从模型的合理性、模型的可靠性和模型的实用性等3个方面来综合评价的，以全面地反应模型的优劣。模型的合理性主要通过模型残差分析来评价，模型的可靠性主要通过模型的精度来反映，模型的实用性是以模型的参数系数能否通过自然规律得到合理的解释来说明。一般认为生物量模型的精度要求是，乔木树种、下木类、竹种生物模型精度在90%以上，灌木和草本生物量模型精度在85%以上。

总体而言，开展生物量监测是实现森林资源和生态状况综合监测的关键，而建立生物量模型是测算森林碳储量和评估森林的固碳释氧效益的重要基础。虽然采用平均木实测法也能估算森林植物生物量，但用定位观测样地的平均生物量来推算各森林类型和区域生物量，既可能产生较大误差，也不利于连续的动态估测。建立通用性植物生物量模型以后，可以利用样地每木检尺和树高调查结果，计算得出每株样木的生物量，在数据统计分析中具有很高的实用性和灵活性。在不增加外业调查工作量的前提下，就可直接算出各样地的生物量，保证生物量动态变化监测的精度。而且，建立生物量模型所需的伐倒木样本，还可同时作为测定植物体含碳系数、储能系数的样品，从而避免了多项工作重复取样，既减少了伐木取样对森林资源的消耗，又节省了经费支出。因此，回归估计法通过样本观测值建立植物生物量与调查因子之间关系数学表达式，从而达到用易测因子的调查结果来估计不易测因子的目的，利用单株生物量模型进行乔木层生物量高效、实用、可行地测算，是现阶段最适合森林植物生物量的监测的方法之一。

1.3.2 生物量转换因子法

森林资源清查数据包括从幼小到成熟林木的几乎所有的人工和天然森林类型，具有分布合理、范围广，测量因子易获得和时间连续性较强的优点，是最有代表性、详细性和权威性的森林资源基础数据库。国内外研究普遍认为通过它可以估计森林生物量及土壤碳库，并认为是估计国家或地区森林碳储量与碳平衡的最好方法，获得了诸多成果（Brown *et al.*，1996；Schroeder，1997）。同时，有研究表明，与森林生物量直接相关的因子主要是树种、蓄积、干形等。从生物量组成来看，生物量由地上和地下两部分组成，地下部分是指根重量；地上部分则包括树干、树枝、树叶和花、果的重量等。其中，树干生物量约占乔木生物量的65%～75%。树干生物量是乔木生物量的主要部分，而蓄积是树干生物量的主要影响因子。生物量转换因子法是一种基于森林蓄积量，研究生物量与蓄积量之间换算关系的生物量估测方法，实质上是通过生物量转换因子实现对森林固碳量的估测（方精云，2002；马炜，2013）。生物量转换因子法的基本内容为：以森林蓄积量为计算基础，通过蓄积扩大系数计算树木（包括枝、树根）生物量，然后通过容积密度（干重系数）计算生物量干重，再通过含碳率计算其固碳量，即林木生物量固碳量（续珊珊等，2009；Baker，2008；Brown & Lugo，1984）。

1.3.2.1 蓄积推算法

蓄积推算法是基于森林资源清查资料这一数据源，以生物量与蓄积量的转换关系为基础的方法，计算公式为：

$$B = V \times W' \tag{1-7}$$

式中：B 为生物量；V 为蓄积量；W' 为蓄积量与生物量的转换系数。

通过测树学方法测算出蓄积量，再用生物量转换因子法和转换因子连续函数法得到蓄积量与生物量的转换系数（Smith *et al.*，2003）。

但根据清查数据转换森林碳储量的方法还需要改进。一般在森林生物量和碳储量研究中，是以森林资源清查数据为基础，再利用样地实测与清查样地数据相结合的方法建立森林生物量估测模型（Smith *et al.*，2003）。但该方法仍存在争议的一点是林分生物量与蓄积量的估算是否为一种简单的线性关系。王玉辉等（2001）在总结前人研究的基础上，利用全国 34 组实测地的总生物量和蓄积量数据，进一步改进了蓄积量与生物量关系的模型：

$$B = V/(0.9399 + 0.0026V)，\quad R^2 = 0.943 \tag{1-8}$$

由于研究者运用该模型研究森林生物量的报告尚较少，模型的适用范围有待进一步验证。

1.3.2.2 生物量转换因子法

生物量转换因子法也称为材积源生物量法或林分材积平均比值法（Brawn & Lugo，1984）。该法是利用林分生物量与木材材积比值的平均值，乘以该森林类型的总蓄积量，得到该类型森林的总生物量的方法。发现不同树种在不同的生境中树干的生物量占整个组分的比例有较大差别。因此在测定生物量时，应考虑树木的枝、叶、根等组分的生物量；同时发现树干生物量和其他组分的生物量和林木的蓄积有良好的相关性。因此，在研究森林的生物量时可以用林木的蓄积量来推算（方精云等，1996）。

$$\text{BEF} = W/V \tag{1-9}$$

$$W = V \times D \tag{1-10}$$

式中：BEF 为生物量转换因子；W 为林分生物量；V 为蓄积量；D 为木材密度。

生物量转换因子法是推算大尺度森林生物量的简易方法，但其将生物量与蓄积量之比作为常数处理，估算精度不高。

1.3.2.3 生物量转换因子连续函数法

为了克服生物量转换因子法将生物量与蓄积量的比值作为常数的不足，研究者提出了生物量转换因子连续函数法，将单一不变的 BEF 改为分龄级的转换因子，以体现生物量和林龄等其他生物学特征及立地条件的密切相关性，从而更准确地估算国家或地区尺度的森林生物量（Brown & Lugo，1992）。

方精云等（1996）基于收集到的全国各地生物量和蓄积量的 758 组数据，对其中一部分缺少的数据(地下生物量、蓄积量)利用已有完整的数据进行补缺，并对我国各森林类型的生物量(B)与蓄积量(V)进行分析，计算出各森林类型的生物量、蓄积关系式。发现生物量与蓄积量有明显的线性关系，即：

$$B = a + b/V \qquad\qquad (1\text{-}11)$$

式中，a、b 均为参数。这一数学关系符合生物相对生长的理论，具有普遍性，可以简单地实现由样地调查向区域推算的尺度转换，从而为推算区域尺度的森林生物量提供了理论基础和合理的方法。但由于其研究存在样本不足的问题，关于 B 的估算能否认为是一种简单的线性关系也存在争议。

1.3.3 遥感信息模型法

卫星遥感具有丰富的信息和实时数据处理与传输能力，利用遥感技术(RS)和地理信息系统(GIS)等计算机辅助手段，可以用来监测森林资源现状及消长变化情况(董宇，2012)。近十几年来，许多学者开始采用遥感技术来代替传统的研究方法进行森林生物量的估测，以及时、动态地反映大尺度宏观生态系统的生物量变化过程，实现小到林分，大到区域等不同空间尺度的森林生物量计算(马炜，2013)。估测方法主要是利用红波段和近红外波段的组合即植被指数(vegetation indices，VI)和叶面积指数(leaf area index，LAI)及植被覆盖度等的关系，建立植被指数与生物量之间的生物量模型，如经验模型、物理模型、半经验模型和综合模型等，反演估算出森林生物量(张佳华等，1999)。遥感信息模型法成为目前生物量研究中最重要的方法之一。遥感信息模型法不仅适用于小区域生物量估测，而且在大区域生物量估测上表现出很好的效果。根据利用遥感估测森林生物量的机理不同，可以分为多元回归分析拟合关系法、人工神经网络法等(闵志强等，2010)。随着遥感技术的不断进步，模型应用范围、结果估测精度和实时性都有了很大的提高，国外研究者也开始利用较长时间序列的遥感数据提取宏观大尺度范围内森林植被的动态(如叶面积指数、生物量等)来研究植被碳储量空间分布、碳循环的过程和碳平衡的动态变化(徐天蜀等，2007；徐小军等，2008；徐新良，曹明奎，2006)。结合了遥感信息、植被信息以及气象因子等的综合模型是今后的主要发展方向，能够充分发挥模型的过程机理、定量化和遥感信息的宏观、动态的长处，快速获取和定量估计森林碳储量和碳汇值及其空间分布(张慧芳等，2007；Potter *et al.*，2003)。

1.3.3.1 利用遥感模型估测生物量的基本原理

植物生物量的产生和增加都是通过光合作用转化为有机质来完成的。而植物光合作用主要是对红光和蓝紫光的强烈吸收来进行的，对该波段的吸收使其反射光谱曲线表现为在该部分波段呈波谷形态。这种反射光谱曲线特征反应在遥感图像上就称为植被的遥感图像信息。根据植物的遥感反射光谱特征信息我们可以监测到植物的叶绿素含量和分布状况。而叶绿素含量与叶生物量相关，叶生物量又与群落生物量相关。因此，我们可以借助定量反演的方法，从森林进行光合作用的机理出发，分析森林植被对太阳辐射的吸收、反射、透射及其辐射在植被冠层内及大气中的传输过程，结合植被生产力的生态环境影响，来建立遥感光谱信息与实测生物量之间的相关数学模型，反演估算出森林生物量（张佳华等，1999）。

这里值得强调的是，遥感估测需要建立数学模型，但与基于数学模型估算的森林生物量是有明显区别的。数学模型是在抽象的数学空间内完成计算的，不一定与遥感图像信息有关（徐小军，2008）。遥感信息模型则是与图像有关的模型，是在数学模型的基础上按像元计算能提供地学参数地理分布的可视化模型。建立遥感信息模型通常是对遥感信息的独立变量和量纲主成分分析、线性和非线性多元回归分析和按像元计算成图来完成的（马蔼乃，1997）。因此，与数学模型估测相比，遥感信息模型方便进行监测因子筛选和时空格局对比。

例如，以 TM 遥感影像为基础数据，其来源于美国陆地卫星五号（Landsat 5）携带的主题成像传感器（thematic mapper，TM），传感器上 7 个波段的不同组合可以提取不同的植被指数，然后利用植被指数估算区域生物量。利用 TM 数据估算区域生物量时，往往在研究区域内实测生物量或与生物量有密切关系的数据如材积和叶面积指数等，利用 TM 数据的 7 个波段及各波段的组合，如归一化植被指数（normalized difference vegetation index，NDVI）等与生物量或者材积等的关系进行多元回归分析建模。Phua 等（2003）利用 TM 数据的 6 个波段（未使用第 6 波段）及植被指数信息，并结合其他因子，进行多元回归建模和生物量估算，证明 TM 图像虽然时间分辨率差，但具有相对较高的空间分辨率，适合应用于局部地区中小尺度生物量的精确估测。

近年来，许多遥感研究着眼于光谱响应和林木结构因子之间的关系检验，进行森林立木参数的提取。例如应用 TM 影像等光学传感器测定基部面积、生物量、树冠郁闭度、胸径、树高、植物分布密度和叶面积指数。采用遥感数据估测森林立木参数的特性越来越引起自然科学界的兴趣（Ardo，1992）。郑元润和周广胜（郑元润等，2000）根据叶面积指数（LAI）、归一化植被指数（NDVI）建立了中国森林植被净第一性生产力（NPP）模型：

$$NPP = -0.6394 - 67.064 \times \ln(1 - NDVI) \tag{1-12}$$

经我国 13 组森林植被生产力数据的验证表明，该模型的预测结果与实测值相符较好。近年来，各种星载和机载合成孔径雷达（synthetic aperture radar，SAR）数据已被广泛用于估算陆地植物生物量，生物量估算已成为 SAR 数据的重要应用领域之一，使生物量估测精度进一步提高。Hussin（1990）利用星载 SAR

数据对美国佛罗里达的 Baker County 人工松树林的生物量进行了高精度估计，并分析了 SAR 不同的入射角及极化与地上林木生物的关系。

1.3.3.2　利用遥感模型估测生物量的研究对象

目前主要研究的对象尺度一般最小为一个林场或经营所，也可以大到流域、省甚至全国、全球的生物量估测。如方精云等利用新中国大量的生物量实测资料及基于 TM 数据的森林植物碳储量估测方法研究新中国成立以来 50 年的森林资源清查资料，建立了推算区域尺度森林生物量的"生物量换算因子法"，构建了世界上第一个国家尺度的长时间序列的生物量数据库（方精云等，2002）。

研究对象也可以是对范围内的某一种树种或是对森林的各种生物量总体进行估测。吴展波等为了估算鹿门寺林场马尾松林生物量，在利用 GPS 定位进行野外调查的基础上，设立样地，利用 Landsat TM 数据估测了鹿门寺林场的马尾松林的生物量。过程虽然较为简单，但这种方法由于测量区域比较小，环境变化幅度不大，建立的模型适应性好，并且由于只对一种树的生物量估测，模型的精度高（吴展波等，2007）。

另一方面，也可以是对研究区域内的森林生物量进行总体估测。如邢艳秋以吉林省汪清林区为实验基地，将森林生物量分为林木生物量（其中分又为枝、叶、根、干等）、灌木生物量、草本生物量，来估算整个地区森林生物量（邢艳秋，2005）。针对区域内不同森林群落，利用相容性森林生物量模型设计，采用联立方程组为不同森林群落构造了一系列引入林分蓄积因子的相容性生物量模型，并且得到了相当高的预估精度。其中针叶林、阔叶林和针阔混交林群落的森林生物量模型预估精度均在 95% 以上，解决了以往研究中对复杂森林结构估测生物量精度低的缺点。这种对较大区域的总体森林生物量的估测，虽然精度不及小区域单树种的估测，但其生态效益、社会效益和经济效益明显。采用此法，在林业经营管理方面，便于管理者依据不同抚育间伐区、自然保护区和造林区进行森林经营；在区域环境上，便于定性定量地研究森林生态效益。

1.3.3.3　利用遥感手段估测森林生物量方法

根据利用遥感估测森林生物量的机理不同，可以分为主要的 4 种方法：多元回归分析拟合关系法、人工神经网络法、数学建模方法、基准样地法（KNN 法）。各种方法在实际估测中的特点不一样，应结合研究的内容进行择优选择。

（1）多元回归分析拟合关系法　森林生物量的遥感定量反演是通过森林的外部表现（即其光谱响应）来反映森林内部特性（即储碳能力）的。从植物生理学的角度看，具有不同储碳能力的森林的生理结构不同，叶面细胞的结构和组成也不尽相同，从而导致其光谱反射特性的差异。因此，森林生物量与遥感影像各波段的亮度值之间存在着潜在的定量关系，这也是森林生物量遥感定量反演的依据

（Steven M J，2003）。森林生物量与众多因素相关，而多元回归分析可以解决一个因变量与多个自变量（如气象因子、遥感因子、样地环境因子等）之间的数量关系问题，因而被广泛用于森林生物量的遥感估算研究。Foody 等（2001）认为，尽可能多地利用遥感数据的相关波段可提高生物量的估算精度。Benchalli 和 Prapati 利用全色航空摄影像片对印度的 Haliyal 森林的生物量进行预测时，运用多元回归分析和相关分析，建立了估算生物量的模型（Benchalli *et al.*，2004）。郑元润和周广胜根据风云一号极轨气象卫星上 AVHRR 探测仪的第一通道（绿光－红光）、第二通道（近红外）数据计算得到的归一化植被指数（NDVI）和进一步计算得到的叶面积指数（LAI）建立森林植被净第一性生产力（NPP）模型。该模型在与其他模型的比较中和在实际数据检验中均表现出良好的效果（郑元润等，2000）。Hussin 利用星载雷达的数据精确地估测了美国佛罗里达州 Baker 县的松树人工林生物量，并分析了雷达姿态和雷达天线参数对森林生物量估测的影响（Hussin A，2003）。方精云、吴展波、邢艳秋等均借助 Landsat 卫星的 TM 数据的高光谱分辨率和对植被高识别能力，利用其各波段及其衍生波段数据构建森林生物量估测模型，取得了很好的效果。其中方精云等将 TM 数据与中 50 年的生物量实测资料结合，测算了国家尺度的森林生物量（方精云等，2002）。吴展波等将 RS 与 GPS 相结合，利用 GPS 对野外实测样地进行定位，根据遥感影像亮度值与实测生物量之间的关系估测了马尾松林生物量，方法简单且精度高（吴展波等，2007）。邢艳秋以 TM 影像各波段亮度值、3 种植被指数、TM 数据的主成分变换和缨帽变换、地形因子和立地类型 5 类因子为自变量构建了吉林省汪清林区的森林生物量非线性估测模型，并利用此模型系统绘制了森林生物量分布图，分析了海拔、坡度、坡向等环境因子对生物量的影响（邢艳秋等，2005）。

（2）人工神经网络法　人工神经网络（ANN）是模拟人脑智能结构的特点，将问题抽象地简化模拟，将神经原连接成高度相关的多层网络结构、由各神经元构成的并行协同处理的网络系统，从而实现极为丰富的行为，具有独特的信息处理和解决能力（胡上序等，1994）。由于目前的遥感生物量估测方法大多基于回归分析，需要预先假设、事后检验，仅为经验性的统计模型。神经网络的分布并行处理、非线性映射、自适应学习和容错等特性，使其具有独特的信息处理和计算能力。神经网络所涉及的网络模型有：线性网络、后向（BP）神经网络、径向基函数网络和回归网络等（沈清等，1995）。随着人工智能的观念越来越被学术界和大众所接受，ANN 也越来越多地被应用到各个领域。在林业研究与生产实践中，ANN 与遥感信息相结合的优势也越来越多地被林业工作者和学者们所关注，因其强大的非线性拟合能力，正可用于构建森林生物量遥感信息估测模型。但由于 ANN 无法从逻辑上给出自变量与 W 变量之间的关系，被认为是"黑箱操作"，因此限制了其在大尺度上的拓展应用。

　　BP 神经网络也被称为差反向传播网络。BP 神经网络是由非线性变换单元组成的前馈网络，其实质是求解误差函数的最小值问题。利用它可实现多层前馈神经网络权值的调节（范文义等，2011）。从结构上讲，BP 网络是一种分层型的典型多层网络，具有输入层、隐含层和输出层，层与层之间多采用全连接的方式，同一层的单元之间不存在相互连接。从学习方式上讲，BP 神经网络是典型的有导师学习网络。它的学习训练分为 4 个过程："模式顺传播""误差逆传播""记忆训练""学习收敛"。BP 学习算法采用均方差作为性能指标，对于每个样本，将网络输出与目标输出相比较，调整网络权值以使均方差最小化。BP 神经网络的分布并行处理、非线性映射、自适应学习和容错等特性，使其具有独特的信息处理和计算能力，在机制尚不清楚的高维非线性系统体现出强大优势，可以用于遥感生物量估测（王立海等，2008；王淑君等，2007）。王淑君（2007）等在野外调查的基础上，尝试应用 BP 网络和 RBF 网络技术，建立广州 TM 遥感影像数据与森林样方生物量实测数据之间的神经网络模型，通过训练和仿真，与生物量实测数据进行比较。结果表明，在独立样地估测中，人工神经网络估测的相对误差均小于 15.18%，可以获得很高的精度。而 RBF 网络与 BP 网络相比，在识别精度上、稳定性、速度上，均优于 BP 网络，其最大相对误差不超过 10.12%，平均相对误差为 4.76%。虽然神经网络具有多元回归无法取代的优点，但由于人工网络神经的机理尚不清楚，采取的是黑箱操作，难以描述变量和输出数据之间的关系，因此限制了其在区域尺度上的应用。在实际工作中也发现，即使模型拟合十分精确，但其外延性仍很差。根本原因在于预测因子选择。在遥感影像估测生物量中，对影像的影响因素很多很复杂，因此预测因子的选择要依据大量的实际调查资料，通过多次测算获得。

　　（3）数学建模方法　　估算区域生物量还可以通过数学方法建模实现，不同的森林类型和树种类型，所建立的数学模型不尽相同。Houghion 等（2001）结合前人的研究成果，比较了几种不同的生物量估算模型，对它们各自的优缺点进行了评估，发现一个通用的生物量模型始终是不存在的。

　　利用遥感数据对生物量进行估算不是直接进行的，而是利用遥感数据计算植被指数、叶面积指数、材积等，然后利用这些因子与生物量的密切关系估算区域的生物量。如 Hame 等（1997）估算以针叶为主的北方森林时，利用地面调查数据、高分辨率 TM 数据和低分辨率 AVHRR 数据，鉴于针叶树种和阔叶树种的反射光谱特征的差异，根据光谱信息估算阔叶树种和针叶树种所占比例，然后利用材积和生物量的关系，建立估算生物量的数学模型。Haripriya（2000）在估算印度的生物量时，利用几个州样区的森林清查材积数据，引入生物量换算因子（biomass expansion factor，BEF），将材积转换为地上部分的生物量。需要注意的是，由于缺乏充分的资料，他对不同林龄和不同类型的所有森林都使用同一的 BEF，这是不准确的。Fang 等（2001）在估算中国 1949~1998 年森林生物量时，也利用了生物量换算因子（BEF），但其换算因子是连续变化的。

Baccini 等（2004）利用一般加法模型 GAM（generalized additive model）和决策树模型（tree-based model）建立了哥伦比亚森林生物量模型，获得了较高的精度。但是在基于样地数据估算区域尺度上的森林生物量时，决策树模型都不适用。

（4）基准样地法（KNN 法） KNN（k-nearest neighbor）法，即 K 最近邻分类法，也被称为基准样地法，最初是由 Cover 和 Hart 于 1968 年提出的，是一个理论上比较成熟的方法。该方法的思路非常简单直观，如果一个样本在特征空间中的 K 个最相似（即特征空间中最邻近）的样本中的大多数属于某一个类别，则该样本也属于这个类别。该方法在定类决策上只依据最邻近的一个或者几个样本的类别来决定待分样本所属的类别。KNN 方法虽然从原理上也依赖于极限定理，但在类别决策时，只与极少量的相邻样本有关。因此，采用这种方法可以较好地避免样本的不平衡问题。

基于 KNN 方法的森林生物量估算，是在综合考虑某一像元（pixel）最邻近的 K 个实测样点生物量影响权重的基础上计算的。Heather 等（2002）采用 K 最近邻分类法对芬兰的森林材积和林分年龄等进行了估算。Fazakas 等（1999）采用该方法对瑞典 Nopex 地区的森林生物量和材积进行了估算。从不同学者对 KNN 方法估算森林生物量的检验结果看，KNN 方法在像元尺度上对生物量的估算误差较大，但是在较大的尺度上，如估算面积大于 $100hm^2$，估算效果较好，误差仅为 10%。因此可以看出 K 基准样地法比较适合区域森林生物量的研究。

由于 KNN 方法主要靠周围有限的邻近的样点观测数据来估算森林生物量，因此样点的分布将直接影响估算结果的准确性。另外的不足之处是计算量较大，因为对每一个待估算的像元点都要计算它到全体已知样点的距离，才能求得它的 K 个最近邻点（徐新良等，2006）。

1.3.3.4 遥感估测森林生物量的影响因素

（1）遥感图像的质量 在利用遥感手段监测森林生物量时，需要收集以下基本数据：遥感影像图、DEM 高程图、适当比例尺的地形图。其中遥感影像图受天气和卫星轨道等的影响明显，所以遥感影像数据来源和质量效果的好坏直接决定了研究结果的精度。在使用遥感影像数据时应注意以下几个方面：

一是遥感影像的选择。研究区内无云，无掉包，太阳高度角最大为最佳，如果达不到，则需要后期处理时进行校正，根据遥感卫星的特点选择适当的遥感图像（国庆喜等，2003）。

二是选择适合影像判读的样地。在选择样地大小时，像元误差要求最好保持在一个像元内。且为了在图像上区分样地，需要样地之间的间隔在理论上要大于一个像元的大小，且 50m×50m 的范围内要求为均值地段，按照所在地点像素及其周围经线、纬线方向 4 个像素的灰度值，求出其平均值作为样地遥感信息源（刘卫国等，2006）。

三是遥感影像的处理。遥感影像通常需要进一步处理方可使用，用于该目的的技术称之为图像处理。图像处理包括各种可以对像片或数字影像进行处理的操作。这些包括图像压缩、图像存储、图像增强、处理、量化、空间滤波以及图像模式识别等，还有其他更加丰富的内容。在遥感图像中，地形因素不仅会造成几何畸变，而且使得遥感多波段图像阴坡和阳坡的亮度显著不同，致使同一种地物图像色调差异很大。同类地物由于所处山坡位置的不同，其阴坡和阳坡的光谱特性就有很大的差异，即同物异谱；不同的地物由于地形的影响而具有相同的光谱特性，即同谱异物。因此需要根据 DEM 图像将地形因子考虑在内，同时对遥感影像图进行校正处理。主要采用的校正有：遥感影像的配准校正。以 TM 为例，主要有地形图校正和影像校正方法，可以避免扫描地形图等造成的误差、通过 ERDAS 或 PCI 软件来根据已知控制点校正影像（葛忠强，2006）；还有就是采取暗目标法的大气校正。由于缺乏卫星过境时详细的大气剖面资料（如气溶胶和水汽含量等），大气校正时可以采用暗目标法，计算出地物的真实反射率。该方法的基本原理就是在假定待校正的遥感图像上存在黑暗像元区域，地表为朗伯面反射，大气性质均一，大气多次散射辐照作用和邻近像元漫反射作用可以忽略的前提下，反射率或辐射亮度很小的黑暗像元由于大气的影响，而使得这些像元的亮度值相对增加。可以认为，这部分增加的亮度是由于大气的程辐射影响产生的。利用黑暗像元值计算程辐射，并代入适当的大气校正模型，获得相应的参数后，通过计算就得到了地物真实的反射率（郑伟等，2005）。

（2）植被遥感模型中变量的选择　目前的研究中广泛使用的自变量可以根据性质分为以下几类：

①样地实测因子：海拔高度、坡度、坡向、土壤厚度、林分平均年龄和郁闭度等；

②气象因子：气温、降雨量、太阳总辐射量等；

③遥感因子：NDVI、RVI、VI3、DVI、PVI、SAVI 等。

$$\text{NDVI（归一化差值植被指数）} = (\text{TM}_4 - \text{TM}_3)/(\text{TM}_4 + \text{TM}_3) \qquad (1\text{-}13)$$

$$\text{RVI（比值植被指数）} = \text{TM}_4/\text{TM}_3 \qquad (1\text{-}14)$$

$$\text{VI3（中红外植被指数）} = (\text{TM}_4 - \text{TM}_5)/(\text{TM}_4 + \text{TM}_5) \qquad (1\text{-}15)$$

$$\text{DVI（差值植被指数）} = \text{TM}_4 - A \times \text{TM}_3 \qquad (1\text{-}16)$$

$$PVI(垂直植被指数) = （TM_4 - A × TM_3\text{-}B）/SQRT(1 + A2) \qquad (1\text{-}17)$$

$$SAVI(土壤调整比植被指数) = （TM_4 - TM_3）（1 + L）/（TM_4 + TM_3 + L）$$
$$(1\text{-}18)$$

$$SLAVI(有效叶面积植被指数) = TM_4/（TM_3 + TM_5） \qquad (1\text{-}19)$$

式中：A，B 经验系数，参考 MSS、TM 取值，取值一般为，$A = 0.96916$ 土壤线斜率；$B = 0.08473$ 土壤线截距；L 为土壤调节参数，取值范围 0～1，一般为 0.5。还有 EVI（环境植被指数）和 LAI（叶面积指数）等。

在筛选出自变量因子与因变量因子构建模型时，需要考虑到各种因子在研究中的影响因素。选择较多因子虽然可以确保体现森林生物估算中生物及非生物因子的共同作用，但也有不足之处，如计算量大、变量间的相关、模型普适性和预测精度低等。因此，选择出最合适的自变量对建立生物量估算模型至关重要。

(3) 植被遥感模型的选择　　在生物量估计的研究中，模型的选择是影响生物量估算精度的因素之一。国内外学者已开发出多种植被遥感模型，主要有：主成分分析（PCA）；缨帽转换；植被指数（VI）等。其中 PCA 方法在应用方面比较多。如徐天蜀等（2007）以高黎贡山自然保护区常绿阔叶林为研究对象，利用地面样地胸径每木调查数据，结合生物量相对生长式，得出样地的生物量；利用 2006 年印度卫星（IRS）数据，包括 $B2$、$B3$、$B4$、$B5$ 4 个波段，提取 DVI、NDVI、PVI、RVI、VI3、SLAVI 6 种植被指数，利用 DEM 提取海拔、坡度、坡向值共13 个遥感及地学因子。在此基础上，提取 13 个因子的主成分，第一主成分至第五主成分的累计贡献率达 98.7%；以前 5 个主成分值作自变量，建立主成分与地面生物量的回归模型。

在与森林生物量相关的多个遥感及地学因子中，利用主成分分析方法，提取主成分，再利用主成分值与森林生物量建立估测模型，既可保留多个遥感及地学因子的主要信息，又可避免因子间共线性的问题，还能起到降维、简化模型的作用，是提取与森林生物量相关的遥感及地学因子、估测生物量的一种有效方法。

主成分分析 PCA 和缨帽转换都是通过数学模型转换将多光谱影像数据信息按类型压缩到新波段中。这两种模型都能产生一个反映绿度的波段，对植被的变化比较敏感。其中，缨帽转换是多光谱的线性变换，可以计算出植被的亮度、绿度和湿度。而 VI 是利用植被在红和近红波长范围内的反射和吸收差异创立的植被遥感模型，被认为是获取大范围植被信息非常有效的方法，与植被的盖度、生物量等有较好的相关性。根据不同的研究目标，灵活地选择适合的植被遥感模型，被认为可以提高估测的精度（Colwell，1974；Asrar *et al.*，1984）。

1.3.4 其他方法

(1)二氧化碳平衡法 二氧化碳平衡法又称为涡动相关法。此法是将森林生态系统的叶、枝、干和土壤等组分封闭在不同的气室内，根据气室内 CO_2 浓度变化计算各个组分的光合速率与呼吸速率，进而推算出整个生态系统 CO_2 的流动和平衡量。由于测定对象被套装在一个封闭的系统中，其所处的环境条件，如温度、湿度等因子发生改变，促使植被的光合、呼吸速率的差异，导致测定结果误差较大(吴家兵等，2003；王秀云，2011)，在林木 CO_2 通量测定上较少应用此方法。

(2)微气象场法 微气象场法又称为气体交换法。此法结合风向、风速和温度等因子的测定结果，测定从地表到林冠上层 CO_2 浓度的垂直梯度变化，进而估算生态系统 CO_2 的输入和输出量(吴家兵等，2003)。利用微气象原理和技术测定 CO_2 通量的方法，1997 年实施了国际通量观测网络 FLUX NET 这一大型的世界碳通量观测网络项目，其网络由 AMERI FLUX（南北美洲通量网）、EURO FLUX（欧洲通量网）、MEDE FLUX（地中海通量网）、ASIA FLUX（亚洲通量网）和 OZFLUX（大洋洲通量网)5 个区域性网络和其他地区 150 多个的独立站点组成，为全球森林生态系统的碳交换过程研究提供了良好的科学平台。我国于 2002 年正式启动了中国陆地生态系统碳通量观测项目，目前已在长白山、千烟洲、鼎湖山和西双版纳 4 个典型森林生态系统设立了 CO_2 通量定位观测站。

(3)生理生态模型法 气候是决定植被类型及分布的最主要因素；植被是气候最鲜明的反映和标志。植被分布与气候关系的研究一直是气候变化研究的核心问题之一。纵观国外学者对森林碳储量的研究，他们基于包括全球、国家和地区等尺度上不同类型森林生态系统碳储量的估计，将其与诸多生态学过程和生态因子的变化相联系，建立了经验模型、半经验半机制模型和过程机制模型 3 大类生理生态模型，具体包括 TEM 模型、CASA 模型、CENTURY 模型、BIOME-BGC 模型等(韩爱慧，2009)。应用生理生态模型是在大范围或洲际尺度上研究植被生产力和碳汇功能主要的手段，这是国内进行有关碳储量研究时较少使用的方法。由于生理生态模型的参数因子一般难以获取，也缺乏良好的模型操作接口，在森林经营管理过程中较少使用。

1.4   森林碳汇计量

1.4.1   含碳率测定

森林植被碳储量主要是通过直接或间接方法测定森林植被的生物量,再利用生物量干物质中碳的含量推算得到。因此,不但基于平均生物量法和蓄积推算法估算的生物量会直接影响到碳储量的估算精度,含碳率也是影响碳储量的关键因素(马钦彦等,2002)。在进行碳储量计算前,应该确定含碳率。需采用实验分析方法,测定森林主要树种或植物种的含碳系数,含碳系数测定样本来自森林植物生物量模型的建模样本。

过去的国内外研究大多采用 0.5 来作为所有森林类型的平均含碳率(方精云等,2000b;刘国华等,2000;Houhgton *et al.*,2000),或者采用 0.45(周玉荣等,2000;王效科等,2001)。相对于生物量和碳储量的大量研究,国际上仅有极少数根据不同森林类型采用不同含碳率。例如 Birdsey(1992)以针叶林含碳率 0.521 和阔叶林 0.491 来估算美国森林生态系统碳储量;Shvidekno 等人(19%)在估算俄罗斯北方森林碳储量时,对于木质植物生物量采用 0.5 的平均含碳率,其余非木质生物量成分按 0.45 计算。国内针对含碳率测定的报道较少见(李铭红等,1996;阮宏华等,1997;吴仲民等,1998;方运霆等,2002),而且存在较大差异。事实上,生物体中既有低碳组织,又有高碳组织。不同植被个体或残体在不同生境条件下其生物学特性有一定的差异,即使同一树种因其群落组成、年龄结构、林分起源的差异,含碳率也存在差异,难以满足精确估算碳储量的要求。虽然马钦彦等通过对不同森林类型碳含量的研究表明以 0.5 作为碳转换系数估算碳储量的结果优于以 0.45 作为转换系数的估算结果。但不同器官组织含碳率之间是存在差异的,以常数值来计算碳必将造成误差(Tolunay,2009;Zhang,2009)。Zhang 等人(2009)认为这样的误差在 6.7% ~7.2% 之间,不可忽视。

为了能更准确地估算不同森林碳储量,应该分类型而采用不同的含碳量转换系数。对此,IPCC(2006)认为林木碳率为 0.47 或者 0.5;林下植被含碳率为 0.45;而残体为 0.37。这几个常数值也得到了广泛应用。

1.4.2   森林碳储量计算

森林碳储量的计算通常采用野外实地调查林分内乔木(活立木)、林下植被(幼苗木、灌木、草本)、残体(枯立木、粗木质物、剩余堆积物、细木质物、地表枯落物)和土壤这些组分,采集实验数据和样品,用以估算森林碳储量。野外调查结果结合室内测定数据，并利用相关文献数据，进行森林生物量的估测，再将生物量转化为碳储量的方法估算森林碳储量。简而言之，植被生物量一般通过构建生物量方程估算得到，或采用完全收获法获取。残体生物量则要先根据外形特征或厚度估算不同腐烂等级的蓄积量，再通过体积密度转化为生物量。

在森林植物生物量模型基础上开展森林植被碳储量监测，要根据估算的森林群落中样地的现存生物量（森林植物生物量和死亡残体储量）乘以测定的含碳率值转换得到林分尺度上单位面积的平均碳储量，再乘以该类型森林面积，即可得到森林生物量总碳储量。其中，在样地与林分尺度转换上，一般根据样地面积，也有用树冠投影面积（马炜，2013）。以生物量推算碳储量的计算公式如下：

$$C = W \times c \times S \qquad (1\text{-}20)$$

式中：C 为总碳储量；W 为生物量；c 为生物量中的碳含率；S 为森林类型面积。

同时，精确的计算方法是进行土壤碳储量计算的基础。计算土壤碳储量所采取的主要方法有两种：①土壤类型法。即选择每种土壤类型的一些样点进行有机碳的测定。由于同种土壤类型所处的气候等自然条件以及土壤发生过程比较一致，可以由点及面进行外推，进行区域或全球范围碳储量的计算。与此法类似的还有植被类型法或者生态类型法等。②模型估算法。即通过实测土壤碳含量数据，建立拟合模型，再用模型来计算未测土壤的碳储量。现在流行的主要为碳平衡模型（通过净初级生产力 NPP 来估算碳储量）和生物地球化学模型（较成熟的有 CENTURY、DNDC 等）。事实上，一般对土壤有机碳库的估计都是首先计算单个土壤剖面或土体的碳蓄积量，即土壤有机碳密度，经过不同土壤、植被或生命地带等类型土壤剖面碳密度的聚合，采用一定的加权平均形成土壤亚类、植被亚类、生态系统亚类的分布面积，然后统计本亚类的土壤有机碳蓄积量。方精云等（1996）根据 725 个土壤剖面数据计算得到中国土壤碳储量为 185PgC。而大尺度的土壤有机碳的研究则基本是以土壤普查资料作为基础的。森林生态系统土壤碳储量因地区和生态系统而异，需针对不同的研究范围及目的来确定森林土壤有机碳储量的估算方法。一般在确定森林植被类型和土壤类型前提下，采用剖面法测定土壤碳储量，并可进一步描述土壤碳库不同层次的属性和分布特征。因此，简而言之，通过土壤体积乘以有机质含量乘以土壤容重再乘以有机碳含量，可以计算得到土壤碳储量，而土壤中的有机碳密度可直接通过样品测定推算。

不同林龄或生长阶段的森林植被、残体和土壤中的碳储量加和可得到整个生态系统的碳储量。由此，得到森林碳储量的现状和时空分布规律，还可采用碳年净增量指标进行评价，即通过净增加碳储量的年均值来表示碳的累积速率。

1.4.3 森林固碳释氧量计算

森林固碳释氧量是以森林植被碳储量为基础计算的。而森林植被碳储量是通过植物生物量乘以含碳系数进行推算。在测得植物体的含碳系数后，可通过二氧化碳分子式关系，推算出固碳系数和释氧系数。简单而言，森林固碳量可以通过森林植物生物量乘以固碳系数 1.6123 计算；森林释氧量可以通过森林植物生物量乘以释氧系数 1.1724 计算。如此，即可以森林植物生物量进而推算出森林植物吸收二氧化碳量和释放氧气量，评价森林植被的固碳能力。根据第八次全国森林资源清查成果的报道，我国森林植被总生物量 157.72 亿吨，森林植被总碳储量 78.11 亿吨，森林生态系统年固碳量 3.59 亿吨，年吸收二氧化碳量 13.15 亿吨，年释氧量 12.24 亿吨。

第 **2** 章

杉木、马尾松、落叶松和毛竹森林资源分布特征

在发展森林碳汇的背景下，根据区域生态建设、物种资源保护和林业产业发展的信息需求，本书选取我国杉木、马尾松、落叶松和毛竹4个典型的主要树种（组）开展森林碳汇的专项监测研究，根据它们的分布特征，综合应用地面样地调查和遥感调查技术手段，采用样地推算和遥感信息反演的方法，获取区域范围内森林生物量分布与动态变化信息，评估森林碳汇功能的现状与发展趋势，为区域经济社会发展和生态环境建设以及典型植被类型保护提供决策支持。因此，本书首先综合我国第六、第七和第八等多次全国森林资源清查结果报告等有关资料，结合相关科研成果，统计分析了典型森林植被类型的数量、质量、结构以及分布状况信息，初步掌握了杉木、马尾松、落叶松和毛竹4个主要树种资源的特征、地位和主要分布区域。据此，对其代表性分布区域（东北小兴安岭南坡和东南武夷山脉）内的群落类型、环境条件和分布情况等进行踏查，为选取代表性地段来设置样地以进行现地调查提供依据。

2.1 杉木、马尾松和落叶松

杉木（*Cunninghamia lanceolata*）为我国特有树种，栽培历史悠久，一般发展速生用材林，是我国的重要商品材树种之一。杉木主要分布于湖南、湖北、广东、广西、浙江、安徽、江苏、四川、贵州、江西和福建（彩图1）。因地制宜大力发展杉木林对于扩大森林资源、提供大量商品用材林，具有重要意义。

马尾松（*Pinus massoniana*）是我国分布最广的松属树种，是南方林区常用的造林绿化树种之一，也是荒山造林的先锋树种。马尾松林是东南部湿润亚热带地区分布最广、资源最多的针叶林类型，主要分布于湖南、江西、广东、广西、福建、浙江、江苏、安徽、贵州、四川和湖北等省市，已成为我国最重要的速生丰产通用材和工业用材林（彩图2）。

落叶松（*Larix* spp.）在东北地区集中分布在大、小兴安岭，以及长白山、牡丹江和完达山等林区，是寒温带针叶林的主要建群种之一，并占据优势地位（彩

图 3)。落叶松林生长迅速，林分生产力高，是重要的用材林，也是主要造林树种，多生长于谷地、沿河两岸及沼泽地，对水源涵养、水土保持以及对林区大面积的沼泽地改良、利用均有重要作用。

2.1.1　优势地位

根据"第八次全国森林资源清查结果报告"的最新报道（表 2-1），杉木、马尾松和落叶松 3 种树种在我国森林资源中占据相当重要的地位。

首先，从森林资源总量中优势树种（组）看，在面积排名前 10 位的优势树种（组）中（表 2-1），杉木、马尾松和落叶松 3 种树种（组）面积合计 3166 万 hm³，占全国的 19.24%；蓄积合计 23.18 亿 m³，占全国的 15.68%，是我国乔木林主要的优势树种（组）。

表 2-1　我国乔木林主要优势树种（组）面积蓄积
Table 2-1 Area and volume of dominate trees in China

主要优势树种（组）	面积（万 hm²）	面积比例（%）	蓄积（亿 m³）	蓄积比例（%）
栎类	1672	10.15	12.94	8.76
桦木	1126	6.84	9.18	6.21
杉木	1096	6.66	7.26	4.91
落叶松	1069	6.50	10.01	6.77
马尾松	1001	6.08	5.91	4.00
杨树	997	6.06	6.24	4.22
云南松	455	2.76	5.02	3.40
桉树	446	2.71	1.60	1.09
云杉	421	2.56	9.99	6.76
柏木	366	2.22	2.00	1.35
10 个树种合计	8649	52.54	70.15	47.47
杉木、马尾松和落叶松 3 个树种（组）合计	3166	19.24	23.18	15.68

其次，在人工乔木林中按优势树种（组）分，杉木、马尾松和落叶松 3 个树种（组）面积合计 1515 万 hm²，占人工乔木林面积的 32.18%；蓄积合计 9.81 亿 m³，占人工乔木林蓄积的 39.51%（表 2-2）。其中，杉木在人工林中面积最大，面积所占比例约为五分之一，而蓄积所占比例超过四分之一，地位显著。

表 2-2 人工乔木林主要优势树种(组)面积蓄积

Table 2-2　Plantation area and volume of dominate trees in China

主要优势树种(组)	面积(万 hm²)	面积比例(%)	蓄积(亿 m³)	蓄积比例(%)
杉木	895	19.01	6.25	25.18
杨树	854	18.14	5.03	20.25
桉树	445	9.47	1.60	6.46
落叶松	314	6.66	1.84	7.42
马尾松	306	6.51	1.72	6.91
油松	161	3.42	0.66	2.66
柏木	146	3.11	0.61	2.46
湿地松	134	2.85	0.41	1.63
刺槐	123	2.60	0.27	1.09
栎类	61	1.30	0.13	0.52
10 个树种合计	3439	73.07	18.52	74.58
杉木、马尾松和落叶松 3 个树种(组)合计	1515	32.18	9.81	39.51

　　第三,天然乔木林中按优势树种(组)分,杉木、马尾松和落叶松 3 个树种(组)面积合计 1652 万 hm²,占天然乔木林面积的 14.06%;蓄积合计 13.37 亿 m³,占天然乔木林蓄积的 10.88%(表 2-3)。可见,虽然所占比重低于人工林,但在天然林中,杉木、马尾松和落叶松也是主要的树种(组)。

　　第四,国家级公益林中按优势树种(组)分,面积排名前 10 位的为栎类、桦木、落叶松、云杉、冷杉、马尾松、杉木、杨树、柏木、云南松(面积合计占 55%,蓄积合计占 60%),地方公益林中面积比重排名前 10 位的为栎类、桦木、落叶松、杨树、马尾松、杉木、云杉、柏木、油松、云南松(面积合计占地方公益乔木林的 52%,蓄积合计占 47%),商品林中面积比重排名前 10 位的为杉木、马尾松、杨树、桉树、栎类、落叶松、桦木、云南松、柏木和湿地松(面积合计 3651 万 hm²,占商品乔木林的 56%;蓄积合计 23.73 亿 m³,占商品乔木林的 51%)。杉木、马尾松和落叶松 3 个树种(组)均属于分布面积较大的树种(组),属于典型的优势树种(组)。

　　第五,在第八次清查落叶松蓄积 106469.12 万 m³,第七次为 96190.94 万 m³,增量超过了 1 亿 m³,占全国蓄积净增量的比例达到了 7% 之多,远超过全国森林蓄积量增幅的平均水平。

表 2-3　天然乔木林主要优势树种(组)面积蓄积
Table 2-3　Natural forest area and volume of dominate trees in China

主要优势树种(组)	面积(万 hm^2)	面积比例(%)	蓄积(亿 m^3)	蓄积比例(%)
栎类	1610	13.70	12.81	10.42
桦木	11.12	9.46	9.14	7.43
落叶松	756	6.43	8.17	6.65
马尾松	694	5.91	4.19	3.41
云南松	410	3.49	4.77	3.88
云杉	385	3.27	9.87	8.03
冷杉	308	2.62	11.65	9.47
柏木	220	1.87	1.39	1.13
杉木	202	1.72	1.01	0.82
高山松	156	1.33	349	2.84
10 个树种合计	5853	49.80	66.49	54.08
杉木、马尾松和落叶松 3 个树种(组)合计	1652	14.06	13.37	10.88

2.1.2　分布情况

　　笔者分别对杉木、马尾松和落叶松 3 个树种(组)的大部分代表性分布区域(东南武夷山脉和东北小兴安岭南坡)的所在省统计分析(见表 2-4、表 2-5 和表 2-6),认为:杉木和马尾松在福建省分布较集中,占全国总面积的比例分别为 12.38% 和 8.36%,而蓄积所占比例则分别提升到 18.46% 和 12.22%;落叶松在黑龙江省有大量分布,面积和蓄积均约占全国总量的三成。

　　同时,根据"第八次全国森林资源清查结果报告"的最新报道,东北的小兴安岭和福建的武夷山分布有质量较好的乔木林。而且,黑龙江和福建森林蓄积年均生长量超过 3000 万 m^3(还有云南、广西、四川和广东 4 省,6 省合计有 2.67 亿 m^3,占全国总量的 47%)。

　　综合以上分析,认为福建省东南武夷山脉是杉木和马尾松的主要分布区域;黑龙江省东北小兴安岭南坡是我国落叶松的主要分布区域。

表 2-4 我国杉木主要分布省份的面积蓄积

Table 2-4 Forest area and volume of *Cunninghamia lanceolata* in province of China

类型	统计单位	面积（万 hm²）	面积比例（%）	蓄积（万 m³）	蓄积比例（%）
乔木林	全国	1096. 36	100. 00	72601. 61	100. 00
	湖南	203. 04	18. 52	10903. 57	15. 02
	江西	184. 34	16. 81	8778. 36	12. 09
	福建	135. 69	12. 38	13400. 86	18. 46
	广西	131. 16	11. 96	10450. 72	14. 39
	贵州	90. 63	8. 27	7448. 50	10. 26
	浙江	82. 09	7. 49	4993. 66	6. 88
	广东	71. 94	6. 56	3362. 47	4. 63
	安徽	48. 82	4. 45	3961. 09	5. 46
	云南	41. 73	3. 81	2965. 76	4. 08
	四川	34. 40	3. 14	2394. 68	3. 30
天然乔木林	全国	201. 72	100. 00	10061. 19	100. 00
	江西	75. 53	37. 44	2878. 27	28. 61
	湖南	35. 28	17. 49	1630. 80	16. 21
	福建	23. 57	11. 68	2004. 08	19. 92
	浙江	20. 57	10. 20	875. 87	8. 71
	重庆	16. 51	8. 18	1207. 44	12. 00
	湖北	9. 28	4. 60	302. 34	3. 01
	广东	6. 24	3. 09	233. 04	2. 32
	四川	5. 30	2. 63	356. 01	3. 54
	安徽	4. 96	2. 46	281. 73	2. 80
	陕西	4. 48	2. 22	276. 67	2. 75
人工乔木林	全国	894. 64	100. 00	62540. 42	100. 00
	湖南	167. 76	18. 75	9272. 77	14. 83
	广西	131. 16	14. 66	10443. 54	16. 70
	福建	112. 12	12. 53	11396. 78	18. 22
	江西	108. 81	12. 16	5900. 09	9. 43
	贵州	90. 63	10. 13	7440. 74	11. 90
	广东	65. 70	7. 34	3129. 43	5. 00
	浙江	61. 52	6. 88	4117. 79	6. 58
	安徽	43. 86	4. 90	3679. 36	5. 88
	云南	41. 73	4. 66	2965. 76	4. 74
	四川	29. 10	3. 25	2038. 67	3. 26

表 2-5　我国马尾松主要分布省份的面积蓄积

Table 2-5　Forest area and volume of *Pinus massoniana* in province of China

类型	统计单位	面积（万 hm²）	面积比例（%）	蓄积（万 m³）	蓄积比例（%）
乔木林	全国	1000. 63	100. 00	59099. 93	100. 00
	广西	125. 87	12. 58	7311. 08	12. 37
	江西	115. 22	11. 51	4143. 07	7. 01
	湖北	114. 23	11. 42	6325. 80	10. 70
	湖南	112. 99	11. 29	4639. 59	7. 85
	贵州	89. 34	8. 93	6616. 65	11. 20
	福建	83. 69	8. 36	7221. 27	12. 22
	重庆	83. 12	8. 31	6924. 09	11. 72
	浙江	81. 16	8. 11	3971. 29	6. 72
	广东	65. 24	6. 52	3187. 33	5. 39
	四川	52. 00	5. 20	4443. 34	7. 52
天然乔木林	全国	694. 42	100. 00	41944. 74	100. 00
	江西	101. 78	14. 66	3830. 52	9. 13
	湖北	90. 55	13. 04	5185. 94	12. 36
	湖南	80. 98	11. 66	3626. 40	8. 65
	浙江	70. 40	10. 14	3557. 32	8. 48
	广西	69. 18	9. 96	4448. 77	10. 61
	贵州	67. 88	9. 78	5594. 91	13. 34
	重庆	63. 85	9. 19	5524. 93	13. 17
	广东	38. 37	5. 53	1962. 72	4. 68
	安徽	32. 73	4. 71	1965. 69	4. 69
	四川	32. 08	4. 62	2795. 00	6. 66
	福建	31. 04	4. 47	2678. 65	6. 39
人工乔木林	全国	306. 21	100. 00	17155. 19	100. 00
	广西	56. 69	18. 51	2862. 31	16. 68
	福建	52. 65	17. 19	4542. 62	26. 48
	湖南	32. 01	10. 45	1013. 19	5. 91
	广东	26. 87	8. 78	1224. 61	7. 14
	湖北	23. 68	7. 73	1139. 86	6. 64
	贵州	21. 46	7. 01	1021. 74	5. 96
	四川	19. 92	6. 51	1648. 34	9. 61
	重庆	19. 27	6. 29	1399. 16	8. 16
	安徽	15. 48	5. 06	936. 21	5. 46
	江西	13. 44	4. 39	312. 55	1. 82

表 2-6 我国落叶松主要分布省份的面积蓄积

Table 2-6 Forest area and volume of *Larix* spp. in province of China

类型	统计单位	面积(万 hm²)	面积比例(%)	蓄积(万 m³)	蓄积比例(%)
乔木林	全国	1069.46	100.00	100126.12	100.00
	内蒙古	503.33	47.06	50305.71	50.24
	黑龙江	347.02	32.45	27043.38	27.01
	吉林	64.23	6.01	5045.22	5.04
	辽宁	40.77	3.81	3301.62	3.30
	新疆	35.36	3.31	8021.97	8.01
	河北	26.87	2.51	1198.50	1.20
	四川	22.32	2.09	3129.67	3.13
	山西	10.58	0.99	760.31	0.76
	甘肃	6.04	0.56	139.66	0.14
	湖北	4.48	0.42	191.55	0.19
天然林	全国	755.77	100.00	81711.91	100.00
	内蒙古	447.33	59.19	47493.55	58.12
	黑龙江	239.50	31.69	21063.78	25.78
	新疆	35.36	4.68	8010.70	9.80
	四川	19.40	2.57	3077.71	3.77
	吉林	6.86	0.91	962.29	1.18
	西藏	2.40	0.32	504.76	0.62
	山西	2.37	0.31	305.82	0.37
	云南	1.44	0.19	203.03	0.25
	河北	0.32	0.04	1.78	0.00
	陕西	0.32	0.04	54.27	0.07
人工林	全国	313.69	100.00	18414.21	100.00
	黑龙江	107.52	34.28	5979.60	32.47
	吉林	57.37	18.29	4082.93	22.17
	内蒙古	56.00	17.85	2812.16	15.27
	辽宁	40.77	13.00	3301.62	17.93
	河北	26.55	8.46	1196.72	6.50
	山西	8.21	2.62	454.49	2.47
	甘肃	5.77	1.84	111.20	0.60
	湖北	4.48	1.43	191.55	1.04
	四川	2.92	0.93	51.96	0.28
	宁夏	1.61	0.51	49.57	0.27

2.2　毛　竹

竹资源是森林资源的重要组成部分，适生范围广、生长快、生态效益好、经济价值高、用途广泛、开发利用前景广阔。开展竹林碳汇的专项监测，掌握其数量、质量、结构、分布、生长及动态变化，对于加强保护、大力发展、合理开发竹类资源，全面建设绿色经济，推进林业产业进一步发展具有战略性意义。

我国是世界竹类分布中心，竹资源十分丰富，无论是种类、面积、蓄积量均居亚太地区之首，在世界上也名列前茅。我国的主要竹类有 40 属 400 余种，竹林面积 800 万 hm^2，占世界竹林面积的 40%，占亚太地区竹林面积的 57%。全国主要竹种有散竹、丛生竹和混生竹等，分布于 20 多个省、自治区、直辖市，其中竹林面积最大、竹子资源最丰富的是长江—南岭竹区，主要包括福建、湖南、浙江、江西、广东、四川、广西、安徽等 8 个省份（彩图 4）。

毛竹（*Phyllostachys pubescens*）是我国竹林中分布最广、面积最大和价值最高的经济竹种。根据"第八次全国森林资源清查结果报告"的最新报道（表 2-7），我国竹林面积 601 万 hm^2，分布在 18 个省份，其中 30 万 hm^2 以上的省份有福建、江西、浙江、湖南、四川、广东、广西、安徽等 8 个，合计占全国的 89%。毛竹是我国最主要的竹种，毛竹林 443 万 hm^2，约占竹林总面积四分之三之多（74%）；分布在 13 个省份，其中 70 万 hm^2 以上的有福建、江西、湖南和浙江 4 个省份，合计占全国的 78%。

表 2-7　我国竹林面积株数统计表

Table 2-7　Area and trees of bamboo in China

（单位：万 hm^2，万株）

统计单位	竹林		毛竹					杂竹	
	总面积	所占比例（%）	面积	所占比例（%）	总株数	竹林株数	散生株数	面积	株数
全国	60063	100	44301	100	1121273	909670	211603	15762	7314483
福建	10675	17.77	10026	22.63	268971	225528	43443	649	334254
江西	9989	16.63	9733	21.97	249443	200345	49098	256	124513
浙江	8334	13.88	7160	16.16	202331	170004	32327	1174	238905
湖南	7783	12.96	7527	16.99	169066	127287	41779	256	179389
四川	5490	9.14	726	1.64	17776	13457	4319	4764	2063779
广东	4462	7.43	1727	3.90	39498	34643	4855	2735	780593
广西	3409	5.68	1488	3.36	36875	28153	8722	1921	699667

（续）

统计单位	竹林		毛竹					杂竹	
	总面积	所占比例（%）	面积	所占比例（%）	总株数	竹林株数	散生株数	面积	株数
安徽	3372	5.61	2616	5.91	71273	58486	12787	756	187347
贵州	1569	2.61	640	1.44	10337	8901	1436	929	257046
湖北	1440	2.40	1184	2.67	33618	29454	4164	256	112760
重庆	1363	2.27	1170	2.64	10582	3098	7484	193	510621
云南	1104	1.84	0	0.00	90	0	90	1104	198610
江苏	337	0.56	240	0.54	9174	8486	688	97	49086
河南	274	0.46	64	0.14	1969	1828	141	210	73828
陕西	256	0.43	0	0.00	0	0	0	256	1395866
海南	156	0.26	0	0.00	0	0	0	156	47756
上海	35	0.06	0	0.00	72	0	72	35	15741
山西	15	0.02	0	0.00	0	0	0	15	3159
山东	0	0.00	0	0.00	0	0	0	0	24
西藏	0	0.00	0	0.00	0	0	0	0	38242
甘肃	0	0.00	0	0.00	198	0	198	0	3297

据统计（表2-8、表2-9），我国毛竹总株数约112.13亿株，其中毛竹林株数90.97亿株，占81%；毛竹零散株数21.16亿株，占19%。毛竹总株数中，径阶在8cm以下的占22%；8~10cm的占62%；10cm以上的占16%。其中，福建省各径阶毛竹株数所占比例均较显著，特别是占有所有大径阶（20cm及以上）毛竹。福建省总株数和毛竹林株数所占比例（23.99%和24.79%）均接近于全国总数的四分之一，足可见是毛竹最主要的分布区。因此，选择在福建省内设置调查样地，进行毛竹林碳汇研究是合适的。

表2-8 我国毛竹株数统计

Table 2-8 Area and trees of *Phyllostachys pubescens* in China

（单位：万株）

统计单位	毛竹总		毛竹林		散生毛竹	
	株数	所占比例（%）	株数	所占比例（%）	株数	所占比例（%）
全国	1121075	100	909670	100	211405	100
福建	268971	23.99	225528	24.79	43443	20.55
江西	249443	22.25	200345	22.02	49098	23.22

（续）

统计单位	毛竹总		毛竹林		散生毛竹	
	株数	所占比例（%）	株数	所占比例（%）	株数	所占比例（%）
浙江	202331	18.05	170004	18.69	32327	15.29
湖南	169066	15.08	127287	13.99	41779	19.76
安徽	71273	6.36	58486	6.43	12787	6.05
广东	39498	3.52	34643	3.81	4855	2.30
广西	36875	3.29	28153	3.09	8722	4.13
湖北	33618	3.00	29454	3.24	4164	1.97
四川	17776	1.59	13457	1.48	4319	2.04
重庆	10582	0.94	3098	0.34	7484	3.54
贵州	10337	0.92	8901	0.98	1436	0.68
江苏	9174	0.82	8486	0.93	688	0.33
河南	1969	0.18	1828	0.20	141	0.07
云南	90	0.01	0	0.00	90	0.04
上海	72	0.01	0	0.00	72	0.03

表2-9 我国及福建省毛竹株数按径阶统计

Table 2-9 Area and trees of *Phyllostachys pubescens*at different dbh classes in Fujian

（单位：万株）

统计单位	指标	径阶（cm）	毛竹总株数	毛竹林株数	毛竹散生株数
		合计	1121075	909670	211405
		2	11225	4051	7174
		4	51730	36312	15418
		6	178428	139842	38586
		8	347499	277215	70284
		10	347874	292296	55578
全国	数值	12	157898	137261	20637
		14	25319	21811	3508
		16	1036	831	205
		18	47	36	11
		20	11	7	4
		24	4	4	0
		26	4	4	0

（续）

统计单位	指标	径阶(cm)	毛竹总株数	毛竹林株数	毛竹散生株数
福建	数值	合计	268971	225528	43443
		2	3022	1897	1125
		4	12730	9207	3523
		6	30160	24282	5878
		8	66967	57724	9243
		10	97193	81555	15638
		12	49506	43263	6243
		14	8991	7314	1677
		16	343	242	101
		18	40	29	11
		20	11	7	4
		24	4	4	0
		26	4	4	0
	所占比例%	合计	23.99	24.79	20.55
		2	26.92	46.83	15.68
		4	24.61	25.36	22.85
		6	16.90	17.36	15.23
		8	19.27	20.82	13.15
		10	27.94	27.90	28.14
		12	31.35	31.52	30.25
		14	35.51	33.53	47.81
		16	33.11	29.12	49.27
		18	85.11	80.56	100.00
		20	100.00	100.00	100.00
		24	100.00	100.00	
		26	100.00	100.00	

第 **3** 章

研究材料数据获取及分析方法

3.1 研究地概况

3.1.1 将乐国有林场

3.1.1.1 自然条件

（1）地理位置 将乐国有林场位于福建省西北部的将乐县。将乐县地处武夷山脉东南麓、金溪河畔，地理坐标东经117°05′～117°40′，北纬26°26′～27°04′。土地总面积为2246.7km²，全县下辖6个镇7个乡，人口达16.74万人。县内有国家级自然保护区龙栖山自然保护区和天阶山森林公园。林地分布于金溪河两岸及省道延泰公路两侧，经营区内分布有林区公路和林区便道，水陆交通十分发达（彩图6）。

（2）气候条件 将乐国有林场属于中亚热带沿海海洋性季风气候，具有海洋性、大陆性气候特点，年平均气温为18.7℃，极端最高气温可达41.1℃，极端最低气温为－2.5℃。年均降雨量1669mm，年均蒸发量1204mm，有霜日72d，无霜日287d。雨季持续时间较长，气候温润，雨量充足。

（3）地形地貌 将乐国有林场位于闽西北低山丘陵地带，属褶皱山地地貌，山矮坡陡，山势狭长。其独特的喀斯特地貌形成了国家重点风景名胜区玉华洞。林场平均海拔在400～800m，最高海拔和最低海拔分别为1203m和140m。土壤肥沃、潮湿，土质一般为沙壤土或轻壤土，呈块状结构且紧实度适中，红壤和黄红壤分布最广，适宜培育以杉木和马尾松为主的用材林或乡土珍贵树种。

3.1.1.2 植被和森林类型

福建省山地多林，将乐县森林资源丰富，全县山地面积1920km²，其中有林地面积1887km²，森林覆盖率达84.5%，林木蓄积量1598万m³，是我国南方重点林业县、中国毛竹之乡。将乐县更是全国南方集体林区综合改革试验区，享有福建"绿色之库"的美誉。将乐是国家林业局确定的全国集体林区林业产权制度改革唯一试点和海峡两岸现代林业合作实验区。

将乐县位于中亚热带南部，是典型的针阔叶林、针叶纯林、竹林、灌草分布区。以垂直分布，从低海拔到高海拔山顶大致可分为 4 个植被带。低山丘陵人工植被带，主要植被为人工杉木、马尾松以及果树、油茶、油桐、茶叶等为主；结构简单的毛竹林带，林内仅有少数杉木、阔叶树、灌草等；常绿针阔叶林带位于山坡中上部，林相整齐，优势树种较明显，郁闭度在 0.7 以上。

将乐国有林场内植物种类丰富，常见乔木树种主要包括：杉木（*Cunninghamia lanceolata*）、马尾松（*Pinus massoniana*）、湿地松（*Pinus elliottii*）、黄山松（*Pinus taiwanensis*）、柳杉（*Cryptomeria fortunei*）、黑松（*Pinus thunbergii*）、火炬松（*Pinus taeda*）、铁杉（*Tsuga chinensis*）、福建柏（*Fokienia hodginsii*）、银杏（*Ginkgo biloba*）、长叶榧（*Torreya jackii*）、枫香（*Liquidambar formosana*）、樟树（*Cinnamomum camphora*）、南方泡桐（*Paulownia australis*）、木荷（*Schima superba*）、火力楠（*Michelia macclurei*）、木油桐（*Vernicia montana*）、檫木（*Sassafras tzumu*）、栓皮栎（*Quercus variabilis*）、苦槠（*Castanopsis sclperophylla*）等。常见灌木包括：粗叶榕（*Ficus hirta*）、红瑞木（*Cornus alba*）、长叶冻绿（*Rhamnuscrenatus*）、盐肤木（*Rhus chinensis*）、乌饭树（*Vaccinium bracteatum*）、豆腐柴（*Premnamicro phyla*）、檵木（*Loropetalumchinensis*）、大叶紫珠（*Callicarpa macrophylla*）、短尾越橘（*Vaccinium carlesii*）、黄毛楤木（*Araliadecaisneana*）等。常见草本植物有：黑莎草（*Gahnia tristis*）、狗脊蕨（*Woodwardia orientalis*）、淡竹叶（*Lophatherum gracile*）、海金沙（*Lygodium japonicum*）、五节芒（*Miscanthus floridulus*）、香茶菜（*Rabdosia amethystoides*）、圆叶小堇菜（*Viola rockiana*）、杠板归（*Polygonum perfoliatum*）、鱼腥草（*Houttuynia cordata*）、显齿蛇葡萄（*Ampelopsis grossedentata*）、山葡萄（*Vitis amurensis*）、魔芋（*Amorphophallus rivieri*）、玉叶金花（*Mussaenda laxiflora*）、铜锤玉带草（*Pratia nummularia*）、鸭趾草（*Commelina paludosa*）、龙牙草（*Agrimonia pilosa*）、芒萁（*Dicranopteris dichotoma*）、角花乌蔹梅（*Cayratia geniculata*）、乌蕨（*Stenoloma chusanum*）、福建莲座蕨（*Angiopteris fokiensis*）、锯蕨（*Micropolypodium okuboi*）、华南鳞盖蕨（*Microlepia hancei*）等。

二类调查数据及实地调查结果显示，马尾松、杉木和毛竹为将乐国有林场 3 种主要树种，分布广泛。首先，马尾松是我国亚热带地区特有的乡土树种，是我国亚热带湿润地区典型的针叶树种（洪伟等，1999）。研究马尾松人工林生物量结构特征及变化规律，将对马尾松人工林生产力研究提供重要理论依据。马尾松人工纯林组成单一，结构层次简单（周政贤，2001）。经过长期的研究与实践，已有多种阔叶树与马尾松混交取得了较好的生态效益和经济效益，如木荷、南酸枣和麻栎等（黄林水等，2001）。其次，杉木生长快、单产高，是我国南方最重要的速生用材树种之一。然而，实践证明，大面积营造杉木纯林，会引发地力衰退、生产力下降、病虫害加剧等生态问题，严重影响人工林可持续经营（林平，2001；陈绍栓，1999；俞新妥，1992）。选择适宜树种与杉木混交，增加生物多样性，可以提高杉木人工林生态系统稳定性和生产力（方奇，1987；陈楚莹，1990）。将乐国有林场与杉木进行混交的乔木主要有木荷、泡桐、毛竹、樟树和马尾松。此外，将乐县毛竹资源丰富，面积2.9多万 hm^2，立竹量4600多万根，使毛竹与杉木混交，对于改善林地生产力，防止水土流失，维持生态平衡、增加单位面积林产品和林副产品的产量有着重要的意义。

3.1.2 东折稜河经营所

3.1.2.1 自然条件

（1）地理位置   西北—东南走向的小兴安岭是东北生态系统的重要天然屏障。本书选择了小兴安岭东南端西部的东折稜河林场为研究区域，地理坐标为东经128°55′30″~129°15′21″，北纬46°31′58″~ 46°49′38″（图3-1）。该林场隶属黑龙江省朗乡林业局，坐落于松嫩平原（松嫩盆地）东部边缘地带的巴兰河流域，西临西折稜河林场和大西北岔林场，南部与头道沟森林经营所和二道沟森林经营所相邻。林场总面积7039hm^2，其中林业用地面积6718hm^2，包括22个林班。

图 3-1   东折稜河林场位置

Fig. 3-1   Study location of Dongzhelenghe forest farm of Langxiang bureau, in Lesser Khingan Mountains, Heilongjiang, northeast of China

（2）地形地貌及土壤分布   林场所在区域地貌为剥蚀构造中低山区，海拔最高为1014m，平均海拔为610m，属低山丘陵区域。主要岩石为侵入岩，以深成的花岗岩类岩石为主，并有部分混合岩。山峰浑圆，山脊圆形或穹形，山坡多为上缓下陡的凸形坡。阳坡短而陡；阴坡缓而漫长，平均坡度12°左右，局部区域最大坡度25°左右，海拔200～970m。区内有大片森林分布，构成较为复杂的山岳及平缓林地。

该区域地带性土壤主要有棕色针叶林土、暗棕壤、石质土、沼泽土等类型，其中暗棕壤为本区温度带土壤的代表，土层平均厚度约为60cm。林场内土壤以河流或沟谷低洼地为起点，随海拔升高而呈规律性分布。河流两岸低洼积水地分布着沼泽土；在河岸阶台地山间低地和边缘地带分布着潜育暗棕壤或河岸原始型暗棕壤；在山麓平缓坡地分布着草垫暗棕壤。一般在山中下坡分布中厚层典型暗棕壤；山中上坡多为薄层典型暗棕壤。

（3）气候及水文条件　该区域属北温带大陆性湿润性季风气候，四季分明、雨热同期。年平均气温0.36℃左右，年温度最低月平均气温为–27.4℃；最高月平均气温在22℃左右。最高气温32℃；最低气温–42.1℃。年积温1900～2200℃。冬季寒冷而干燥，一般霜冻严重，年无霜期在90～110天。初雪至终雪的日数长达180～210天。春季风速最大，大风日数最多，风能资源丰富。夏季温湿而短促，光照时间长，适宜农作物生长。同时，该林场所处位置属北半球湿润气候水文地质区，平均相对湿度65%～70%，夏季最高可达80%～85%，冬季为60%～70%。水源主要是自然降水补充，年降水量平均在618mm左右，夏季降水量占全年的80%～90%，其他季节只占10%～20%。受地势、季节的双重影响，地下水位变化较大。

3.1.2.2　植被和落叶松林

东折稜河林场位于小兴安岭南麓，是小兴安岭自然生态保持和恢复较好的区域之一。目前，该林场植被覆盖率为92%，林场内植被类型可划分为森林、沼泽和水生植被3种。其中森林面积为7.04×10³hm²，是林场的重要植被类型。研究地植被以长白植物区系成分为主，混有蒙古植物区系成分。地带性植被类型为温带针阔混交林（曹伟等，2007）。由于历史原因，以红松为主的原始针阔混交林破坏殆尽。目前，人工林占26.8%的有林地面积，并且以20世纪60年代以后栽种的落叶松林为主。其中，落叶松（*Larix* spp.）为绝对优势树种，混有少量兴安落叶松（*Larix gmellini*）。天然针叶林中，以红松（*Pinus koraiensis*）为主，间有冷杉、云杉等，主要分布在海拔较高的地段。阔叶林起源主要是天然林，以白桦（*Betula platyphylla*）、枫桦（*Betula costata*）、蒙古栎（*Quecus mongolica*）、山杨（*Populus davidiana*）等为主。林下灌木种类较多，主要有毛榛子（*Corylus mand-*

shurica）、柳叶绣线菊（*Spiraea salicifolia*）、暴马丁香（*Syringa reticulata* var. *mand-shurica*）、珍珠梅（*Sorbaria sorbifolia*）、东北山梅花（*Philadelphus schrenkii*）、小花溲疏（*Deutzia parviflora*）等。草本有毛缘苔草（*Carex pilosa*）、蚊子草（*Filipendula palmata*）、白花碎米荠（*Cardamine leucantha*）、宽叶山蒿（*Artemisia stolonifera*）、水金凤（*Impatiens noli – tangere*）、粗茎鳞毛蕨（*Dryopteris crassirhizoma*）等。此外，林下还分布有人参（*Radix Ginseng*）、五味子（*Schisandra chinensis*）、北重楼（*Paris verticillata*）、百合（*Notholirionbulbuliferum*）和柴胡（*Bupleurum chinense*）等药用植物。

东折稜河林场的落叶松林面积 $0.42 \times 10^3 hm^2$，占人工林面积的 37.84%；蓄积为 $3.62 \times 10^4 m^3$，占人工林蓄积的 43.46%。目前，落叶松林多为幼中龄林，近成熟林较少，还未形成过熟林。落叶松林分布在海拔 300m 左右，林分树种较单一，结构比较简单，林分无明显分层，属单层林。林分一般都经历人工抚育、间伐及自然稀疏，落叶松蓄积量占 90% 以上，为绝对优势树种，伴生有春榆（*Ulmus japonica*）、白桦、色木（*Acer mono*）、核桃楸（*Juglans mandshurica*）、水曲柳（*Fraxinus mandshurica*）、云杉（*Picea* spp.）、红松等针阔叶树种。林下灌木主要有东北山梅花、珍珠梅（*Sorbaria sorbifolia*）、金花忍冬（*Lonicera chrysantha*）、小花溲疏等。草本主要有白花碎米荠、蚊子草、苔草（*Carex callitrichos*）、粗茎鳞毛蕨、水金凤等。此外，林内木质物残体中，粗木质物残体主要由枯立木以及倒落的大枝、伐桩、倒木残体等组成，有明显可见由抚育或间伐后堆积而成的剩余物。地表细木质物残体为长年累积散落的枯枝落叶等细小凋落物。

3.2　资源现状及经营区划

为了使与森林碳汇相关的模型和参数等具备优良的统计性能和良好的估计效果，而且具有具体的适用范围，必须尽可能消除所受的主要影响，区划各森林类型，保证林分、标准地以及样本的选取。对此，首先，选取最能代表杉木、马尾松、落叶松和毛竹生长分布的东北温带和南方亚热带两个地区，选择能较大体现区域特色的植被类型（杉木、马尾松、毛竹和落叶松）分布区域（东南武夷山脉和东北小兴安岭），有针对性地重点观测这些代表性森林植被类型的碳汇功能因子。在考虑区位代表性时，也重点考虑了定点监测点在国家、地方的典型性和重要性。其次，通过分析资源本底数据，了解森林资源环境状况，以小班为基本单元，区划典型的森林类型区域，进行包括郁闭度、林龄、乔灌草、林下植被、倒落木质物等的林分调查。最终，筛选并布设一定数量的标准地进行调查。

在具有典型代表性的监测类型分布区域内设置标准地的定点监测点，并主要采取面积分布最大、最典型的小地形立地背景因子组合类型的原则来综合考虑定点监测点的群落结构、林分密度、地形、坡度、海拔高度、土壤类型的典型性，按照这些因子的梯度变化来科学合理地设置定点监测点，确保定点监测点所获取的计量参数对其他地区乃至全国各省都有普遍适用性和相对准确性。

以福建将乐国有林场为例，说明森林资源现状及其区划调查的过程。

3.2.1 森林资源及经营现状

以将乐县为中心，辐射周边 12 县、市，重点在将乐国有林场试验区。根据试验区的地类、权属、林种等，进行区划。试验示范区总面积 1167.21hm²，利用地形图、遥感影像，区划形成 6 个林班，其中林地面积(1090.65hm²)占总面积的 93.44%，非林地面积占总面积的 6.56%(彩图 7)。有林地 1045.87hm² 中，用材林和生态林分别占 80.28% 和 7.63%(表 3-1)。

根据当地森林经营方案的情况，包括经营状况描述、种源分布、森林更新、栽培模式、混交方式、立地条件描述、是否低产林改造、营林技术措施、密度控制、采伐收获情况、现存密度、林下套种和农林复合经营状况描述，调查林分经营状况。同时，结合林分经营管理现状，基于不同的林种、树种、起源、年龄、立地、培育目标、功能定位、经济要求、集约经营程度等，在森林类型的基础上，系统分析林区森林整体经营状况，进行小班或林班单元经营区划，以组织不同的森林经营类型。以将乐国有林场为例，现阶段组织的一、二和三级森林经营类型分别为 3、5 和 7 种(见表 3-2，彩图 8)。

表 3-1 试验示范区各类土地面积统计
Table 3-1 Area of different land – types in experimental area

（单位：hm²,%)

项目	土地总面积	林地											非林地
		合计	有林地			灌木林地	苗圃地	无林地					四旁树道路等
			小计	生态林	商品林			小计	采伐迹地	火烧迹地	林中林缘空地	未利用荒山地	
面积	1167.21	1090.65	1045.87	89.06	936.98	3.38	11.91	29.5	23.67	—	—	5.82	76.55
比例	100.00	93.44	89.60	7.63	80.28	0.29	1.02	2.53	2.03	—	—	0.50	6.56

表3-2 将乐国有林场主要森林经营类型

Table 3-2 Main management types of forest in Jiangle forest farm

一级类型	二级类型	三级类型
杉木林	杉木纯林	杉木大径材培育林
		杉木一般用材林
	杉木马尾松混交林	杉木速生丰产林
	杉木毛竹混交林	杉木马尾松混交林
		杉木毛竹混交林
马尾松林	马尾松纯林	马尾松水源涵养林
竹林	毛竹林	毛竹林

3.2.2 综合区划

小班调查结果反映了国有林和集体林分布的各森林类型差异不大，国有林中，杉木纯林面积占35.07%，集体林中，杉木纯林面积占42.83%，其他分布范围较广的类型还有马尾松纯林、毛竹纯林和针阔混交林，对于部分毛竹纯林，是在杉木采伐迹地上种植的，而杉木具有萌生的特性，由于长期没有进行合理的经营管理措施，逐渐形成了杉木毛竹混交林，成为一种典型的森林类型(表3-3)。因此，在本研究中，按照权属的不同，选择杉木纯林、马尾松纯林、毛竹纯林、杉木马尾松混交林以及杉木毛竹混交林等5种林型作为典型森林类型进行森林多功能经营方案技术的研究与示范(彩图5)。

表3-3 试验示范区各森林类型面积统计

Table 3-3 Area of different forest management types in experimental area

权属	森林类型	小班个数	面积(hm^2)	面积百分比(%)
国有	杉木纯林	29	216.49	35.07
	马尾松纯林	24	108.51	17.58
	毛竹纯林	8	74.57	12.08
	杉木马尾松混交林	12	51.37	8.32
	针阔混交林	7	42.11	6.82
	阔叶林	15	37.38	6.06
	其他类型	6	29.04	4.70
	国有汇总	114	617.34	52.89

（续）

权属	森林类型	小班个数	面积(hm²)	面积百分比(%)
集体	杉木纯林	35	216.99	42.83
	针阔混交林	9	59.59	11.76
	毛竹纯林	14	50.50	9.97
	马尾松纯林	9	40.81	8.06
	杉木马尾松混交林	7	32.72	6.46
	经济林	3	18.59	3.67
	阔叶林	2	11.97	2.36
	集体汇总	89	506.63	43.41
合作	毛竹纯林	7	24.99	57.80
	杉木纯林	3	12.20	28.22
	杉木马尾松混交林	2	4.81	11.13
	经济林	1	1.23	2.85
	合作汇总	13	43.23	3.70
	总计	216	1167.21	

同时，根据 3 个树种以及研究区域的实际状况，建立分散小单元综合区划原则和标准，采用结合地形图、遥感影像，并利用 GPS 现地踏查，来确定小班界线的办法，进行集体林区试验区林班和小班的调绘区划。后期利用 GIS 软件配合，并根据定量评价指标进行斑块调整及确定。据此进行调查，得到将乐国有林场的森林资源结构特征。

（1）森林植被覆盖率高　森林植被覆盖率达 93.76%。林木绿化率达到 93.39%，无立木林地面积很少。

（2）林木可采用后备资源充足　从林种结构看，用材林面积占有林地的 88.97%，达 87232 亩，蓄积量 1143151 m³，占活立木总蓄积量的 98.40%。

（3）林分树种结构不合理，不利于森林生态系统结构多样化　从树种结构看，针叶树多，占 86.91%；阔叶树少，占 13.09%。其中杉木纯林面积 35124 亩，占森林总面积的 32.64%。

（4）近、成、过熟林比例大　从龄组结构看，近、成、过熟林比例大，占 62.36%，幼中林面积占 37.64%。

（5）林地立地条件好，林分生长快　从林分生长类型看，林地立地条件好，林分生长快。用材林中 Ⅰ 类林面积占 33.35%，Ⅱ 类林占 46.23%，Ⅲ 类林占 20.42%。

（6）林分单产量较高　从单位面积蓄积量看，用材林蓄积量平均为 13.1m³/亩，立地条件很适合林木生长，总体质量较好。

最后，在森林类型的综合区划基础上，按面积最大原则和龄组（幼龄林、中龄林、近熟林、成熟林和过熟林 5 个龄组)、群落结构(纯林和混交林 2 种结构)、林分密度(根据实际情况划分不同疏密等级)等变化梯度,选择某些杉木、马尾松、落叶松和毛竹林分为定点监测点,进行林分结构特征调查,为标准地调查提供基础。

3.3　标准地布设及调查

根据 4 个主要树种的分布情况,在具有代表性、完整性、典型性的林分,设置标准地,并开展相关调查,主要包括标准地和各专项因子调查,以及乔木地上生物量的测定、草本、灌木(包括更新树种)群落地上生物量的测定、草本、灌木(包括更新树种)群落地下生物量的测定、枯落物的生物量调查等。

3.3.1　标准地选取与设置

在全面踏查的基础上,综合考虑树种的区域分布和立地条件,结合立木径级与年龄分布规律,按典型取样原则设置标准地,其面积根据生物多样性和地势的实际情况而定,最小面积为 20m×20m,最大面积为 30m×30m。在每个样地内,利用 GPS 测定方位和海拔高度,用罗盘仪精确划定样地各边界,对于坡度大于 5° 的样地要进行坡度矫正,利用公式:样地边界实际长度 = 理论长度/cos 坡度,若坡度为 10°,样地边界为 20m,则其实际长度应为 20/cos10°。在样地 4 个角和对角线交点分别埋设水泥桩并标注样地编号,用塑料绳将样地划分成若干个 5m×5m 的小样方。为样地内每棵树制作铝制树牌。记录样地海拔、坡度、郁闭度等基本信息。实际研究时还包括一些临时样地的设置,下文将另述。

于矩形样地内 4 个角设置 4 个大小为 5m×5m 的样方作为灌木、粗木质残体、采伐剩余堆积物样方;于灌木样方内 4 个角设定 1m×1m 草本、0.5m×0.5m 细木质物和凋落物小样方,进行标准地野外数据和样品采集工作(图 3-2)。

3.3.2　标准地调查

3.3.2.1　乔　木

(1)每木调查　在每个样地进行每木调查,记录大于起测胸径(4cm,未成林地为 2cm)的所有立木(活立木和枯立木)的方位角、水平距、树种、胸径、树高、枝下高、冠幅和地径等特征因子。经内业整理计算得到每木径阶整化、林分平均树高与胸径、覆盖度(林冠投影法)、林分密度和林分枯损率等结果。

(2)标准木选取及解析　根据现有各龄组林分,配以径阶组(从最小径阶到最大径阶等距确定),同时考虑树高、冠幅和冠长等因子的差异,来分级选取均

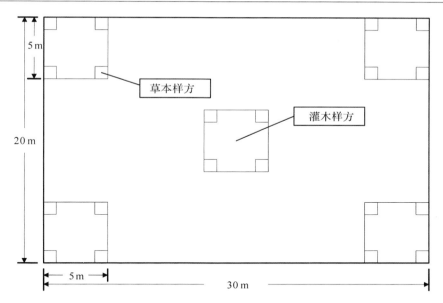

图 3-2 样地(样方)规格及布设

Fig. 3-2 Setting and size of sampling plot and quater

匀分布的标准木。最终,每片林分选择 2~4 株标准木。

1)根据标准地每木调查数据,利用断面积法,加权计算得到平均胸径,即(孟宪宇,2006):

$$\overline{D} = \sqrt{\frac{4}{\pi}\overline{g}} = \sqrt{\frac{4}{\pi}\frac{1}{N}\sum_{i=1}^{N}g_i} = \sqrt{\frac{1}{N}\sum_{j=1}^{k}n_jd_j^2} \qquad (3-1)$$

式中:$\overline{D}$ 为林分平均胸径(分别不同树种求算);k 为径阶个数;n_j 为第 i 径阶株数;d_j 为第 j 径阶胸径大小;N 为株数总数;$\overline{g}$ 为平均胸高断面积(m^2),g_i 为 i 株断面积。

2)在同一林分内、样地外选择标准木,首先必须是生长正常,没有发生断梢、分叉、病虫害等明显的变形或缺陷的树木,且冠幅、冠长也基本具有代表性,原则上不选林缘木和孤立木。以选定的标准木作生长过程分析解析木,记载标准木所处的立地条件、林分状况、冠幅长度及与邻近树木的位置关系。用坐标纸绘制树冠投影图、样地树木分布示意图。伐倒解析木前,先确定根径位置、实测胸径、确定树干的南北方向,并用粉笔作出明显标志。一般尽可能贴近地面伐倒标准木,为了不使 0 号圆盘受损和便于伐树,也可在根径以上 50cm 范围伐木,然后再在伐根上截取 0 号圆盘。伐倒标准木后,确定第一活枝高和第一死枝高(即树干由根径到第一个活枝和死枝的长度),然后在全部树干上用粉笔标明正北方向，再测定树干全高和其 1/4、1/2、3/4 树高处的带皮和去皮直径，以计算各种形率，记录各种其他解析木调查因子。在测定树干全长的同时，从根径起按每 1m(或 2m)一直区分到顶端，顶端不足区分段长度的一段为梢头，标出每个区分段和梢头底断面的位置。

3)用手锯在每个区分段的上下两端各截取一个圆盘，上面的用于解析木，下面的圆盘作为树干的生物量样品。在截取圆盘时应该注意以下几点：

①截取圆盘尽量与树干垂直，不可偏斜，截取圆盘时应使断面平滑；

②圆盘向地的一面(即下面)应恰好在区分段的中央位置上，以此作为工作面，在梢头底直径的位置也必须截取圆盘；

③圆盘不易过厚，依树干直径大小不同而不同，约以 2~5cm 为宜。直径大时可以厚点，直径小时可以薄点；

④在圆盘的非工作面上标明南北向，并以分式形式注记，分子为标准地号和解析木号，分母为圆盘号和断面高度，根颈处圆盘为 0 号盘，其他圆盘的编号应依次向上编号。此外，在 0 号圆盘上应加注树种、采伐地点和时间等。

4)解析木外业工作结束后，还要继续进行内业工作。主要包括：

①测定各龄级直径：先将工作面刨光，以 0 号圆盘上的年轮以决定树木年龄。在圆盘上通过髓心向外按龄级大小在半径上标出各龄级的位置。查数其他盘时，应由外向内数。确定龄级后，用直尺分别取东西、南北两个方向上的各龄级的直径及最后期间的带皮直径；

②确定各龄级的树高：树木年龄与各圆盘年轮数之差，即为达到此断面积高度所需的年数，据此在坐标纸上画出树高生长过程曲线，并从图上查得各龄级树高值；

③绘制树干纵断面图：以直径为横坐标，树高为纵坐标，在各断面高的位置，按龄级直径大小绘制干形图；

④计算各龄级的材积：按中央断面区分求积公式计算，即(孟宪宇，2006)：

$$V = \left[\frac{1}{2}(g_0 + g_n) + \sum_{i=1}^{n-1} g_i\right]l + \frac{1}{3}g_n l' \qquad (3-2)$$

式中：V 为材积；g_0 为树干底断面积；g_n 为梢头底断面积；g_i 为各区分段之间的断面积(区分段顶断面积)；l 为区分段长度；l' 为梢头长度。

⑤计算各龄级形数：根据标准木 1/2 处和胸高直径，计算胸高形率，并由此得到胸高形数，计算公式为：

$$q = D_{1/2}/\text{DBH} \qquad (3-3)$$

$$f_{1.3} = q^2 \qquad (3-4)$$

式中：q 为胸高形率；$D_{1/2}$ 为标准木 1/2 处直径；DBH 为胸径；$f_{1.3}$ 为胸高

形数。

⑥计算树木各因子的平均生长量及连年生长量，绘制生长曲线图，并图表分析林木生长过程。

3.3.2.2 林下植被

(1)幼苗木　在每个样地四角以及中心处，设置边长为 5 m 的样方，调查胸径 <5cm 的幼苗、幼树，记录种类、根径、胸径、树高、株数和病虫害状况等因子，每个样地调查了共计 5 个幼苗木小样方。之后，幼苗木更新密度和频度计算如下：

$$RegNum = \frac{\sum_{i=1}^{j} Num_i}{(S_{sample} \times n)} \times 10000 \tag{3-5}$$

$$RegFre = \frac{n'}{n} \times 100 \tag{3-6}$$

式中：RegNum 为更新密度(株/hm²)；RegFre 为更新频度(%)；i 为某树种；j 为出现的树种数；Num_i 为 i 树种幼苗木株数；S_{sample} 为小样方面积；n 为调查小样方数；n' 为存在幼苗木的小样方数。

(2)灌木　与幼苗木一样，在 5 个小样方内进行灌木(包括藤本)调查，分别种类、高度 H、地径 D、冠幅 C、盖度 P、第一活枝高 h_1、活枝数 n、生长状况和分布状况等，树高用标杆测量，基茎用卡规测量，测向角度 120°，重复取均值。内业计算获得灌木的各物种的平均高 H_p、平均冠幅，样方灌木平均高 H_y、总盖度 P_t、重要值、多样性指数等。

经整理统计，获得每种灌木的平均高、平均冠幅、活枝高，同时可以计算得到盖度、密度、频度，即：

$$ShNum_i = \frac{\sum_{i=1}^{n_i} Num_i}{(S_{sample} \times n_i)} \times 10000 \tag{3-7}$$

$$ShCov_i = \sum_{i=1}^{n_i} Cov_i \tag{3-8}$$

$$ShFre_i = \frac{n_i}{n} \times 100 \tag{3-9}$$

式中：$ShNum_i$ 为 i 种类灌木密度(N/hm²)；$ShCov_i$ 为 i 种类灌木盖度和(%)；$ShFre_i$ 为 i 种类灌木频度；i 为某灌木种类；Num_i 为 i 种类灌木株数；Cov_i 为 i 种类灌木盖度；S_{sample} 为小样方面积；n 为调查小样方数；n_i 为出现 i 种类灌木的小样方数。

得到所有灌木种类的盖度、株数密度、频度后，可以计算得到相对所有灌木的相对盖度、相对频度和相对密度，即：

$$ShNum'_i = \frac{ShNum_i}{\sum_{i=1}^{j} ShNum_i} \times 100 \qquad (3\text{-}10)$$

$$ShCov'_i = \frac{ShCov_i}{\sum_{i=1}^{j} ShCov_i} \times 100 \qquad (3\text{-}11)$$

$$ShFre'_i = \frac{ShFre_i}{\sum_{i=1}^{j} ShFre_i} \times 100 \qquad (3\text{-}12)$$

式中：$ShNum'_i$ 为 i 种类灌木相对密度（N/hm²）；$ShCov'_i$ 为 i 种类灌木相对盖度（%）；$ShFre'_i$ 为 i 种类灌木相对频度；i 为某灌木种类；j 为出现的灌木种数；S_{sample} 为小样方面积；n 为调查小样方数；n_i 为出现 i 种类灌木的小样方数。

计算得到的相对密度、相对盖度和相对频度，最终用于计算重要值，即：

$$ShIV_i = （ShNum'_i + ShCov'_i + ShFre'_i）/ 3 \qquad (3\text{-}13)$$

式中：$ShIV_i$ 为 i 种类灌木重要值；$ShNum'_i$ 为 i 种类灌木相对密度；$ShCov'_i$ 为 i 种类灌木相对盖度；$ShFre'_i$ 为 i 种类灌木相对频度。

（3）草本 分别种类调查草本的株数、高度、盖度、生长状况和分布状况等，调查了共计 240 个草本样方。

与灌木一样，经整理统计可以获得每种草本的平均高，并计算得到盖度、密度、频度，用于计算相对密度、相对盖度和相对频度，最终可计算得到每种草本的重要值。

$$HeNum_i = \frac{\sum_{i=1}^{n_i} Num_i}{（S_{sample} \times n_i）} \times 10000 \qquad (3\text{-}14)$$

$$HeCov_i = \sum_{i=1}^{n_i} Cov_i \qquad (3\text{-}15)$$

$$HeFre_i = \frac{n_i}{n} \times 100 \qquad (3\text{-}16)$$

$$HeNum'_i = \frac{HeNum_i}{\sum_{i=1}^{j} HeNum_i} \times 100 \qquad (3\text{-}17)$$

$$HeCov'_i = \frac{HeCov_i}{\sum_{i=1}^{j} HeCov_i} \times 100 \qquad (3\text{-}18)$$

$$HeFre'_i = \frac{HeFre_i}{\sum_{i=1}^{j} HeFre_i} \times 100 \qquad (3-19)$$

$$HeIV_i = (ShNum'_i + ShCov'_i + ShFre'_i) / 3 \qquad (3-20)$$

式中：$HeNum_i$ 为 i 种类草本密度（N/hm^2）；$HeCov_i$ 为 i 种类草本盖度和（%）；$HeFre_i$ 为 i 种类草本频度；$HeNum'_i$ 为 i 种类草本相对密度（N/hm^2）；$HeCov'_i$ 为 i 种类草本相对盖度（%）；$HeFre'_i$ 为 i 种类草本相对频度；$HeIV_i$ 为 i 种类草本重要值；i 为某草本种类；Num_i 为 i 种类草本株数；Cov_i 为 i 种类草本盖度；S_{sample} 为样方面积；n 为调查样方数；n_i 为出现 i 种类草本的样方数。

3.3.2.3 残 体

（1）剩余堆积物　剩余堆积物（SP，Slash Pile）是林分经历人为抚育、自然干扰后产生的人为堆积物、风积物等。根据实际情况，剩余堆积物可分为采伐剩余堆积物、抚育剩余堆积物、风积物 3 种。在每个样地内调查剩余堆积物，调查记录堆积形状、长宽高和紧实密度等调查因子。其中，紧实密度等级用以估计堆积物中木质物组成的占有比率，且空隙、土壤、石块、植物等不包括在估计值中。具体紧实密度等级分为 10 级，1 ~ 10 分别对应于 <1%、1% ~ 10%、11% ~ 20%……81% ~ 90%、91% ~ 100%。

（2）粗木质物残体　粗木质残体（CWD）是指在森林中由于生物或者非生物因素引起整株林木或林木一部分死亡后形成的粗大木质残体在林地的积累，包括所有倒木、根桩、大枯枝和露出地表或地下的死根等。CWD 有着诸多生态功能，包括参与碳氮循环、成为野生动物以及其他陆生及水生动物的栖息地等，故而已日渐成为研究的热点。每个灌木样方即为粗木质物 CWD（直径大于 7.62cm）调查样方，即每个样地共计调查 25 m²（Woodall and Williams，2005；USDA Forest Service，2005）。调查样线上粗木质物残体的树种、直径（切面和大小两头直径）、长度和腐烂等级（Idol et al.，2001；Woodall et al.，2008）等因子。自然条件下，粗木质物和枯立木等残体会因不断被分解而软化，并发生腐烂。对此，本研究直接采用美国森林清查时通过不同的腐烂等级的划归决定的不同腐烂率（USDA Forest Service，2003），具体等级及判断依据可见下表 3-4。

（3）枯立木　将直立的枯立木计入残体层，在样地内计算枯立木株数，同时测定枯立木的胸径和树高，并记录心材是否腐烂、腐烂等级和腐烂率等。倒落枯损木视为粗木质物残体。

（4）细木质物残体　细木质物残体（FWD）一般只指林内细小（直径小于7.62cm）的乔木和灌木的枯叶、枯枝、落皮及繁殖器官，以及林下枯死的草本植物及枯死植物的根。依照细木质物 3 个直径等级（0 ~ 0.635cm、0.635 ~ 2.54cm、

2.54 ~ 7.62cm），取草本样方进行调查，记录细木质物的不同大小等级数目、切面直径、长度和腐烂等级等因子。

表3-4　粗木质物腐烂等级判断依据

Table 3-4　Decayclass and criterions of CWD

等级	结构完整性	腐烂部分质地	颜色	根部	枝干和小枝情况	腐烂率
1	完整，刚倒落而未受损	未受损，未腐烂，干材基部未腐朽	未变色	未腐烂	枝干上有树皮、细枝条附着	1
2	完整	基本未受损，部分边材软化（开始腐朽），无法剥离	未变色	未腐烂	大部分细枝条脱落，残余细枝条的树皮开始剥落	0.84
3	心材完整，残体未破碎	坚硬的大块残体，边材可用手剥离分开或已无边材	未变色，或呈微红褐色	边材腐烂	残存枝干不易分离	0.71
4	心材腐朽，残体破碎但保持原状	松软的小块状残体，大头针可以插入心材	微红色或淡褐色	整体腐烂	残存枝干易分离、可被拔出	0.45
5	完全腐烂，残体散落地表	酥软的，风干后呈粉末状	红褐色至深褐色	整体腐烂	残存枝干或基节处已经腐烂	0.35

（5）凋落物　凋落物（forest floor）也可称为地表枯落物或有机碎屑，包括 L 层和 D 层。在灌木样方的 4 个角，设置50cm × 50cm 的小样方（每个样地合计 20 个），调查灌木样方 4 个角枯落物 L 层和 D 层厚度。

3.3.2.4　土　壤

本研究通过挖掘土壤剖面获取土壤调查数据，并规范采集土壤样品，后期进行实验分析（John et al.，2008）。

（1）土壤剖面选取　结合林分调查，随机在样地附近、生物和环境因素与样地相近的地方选 2 ~ 3 个点，保证所选点能够以点代面，具有有典型性和代表性。在已选好点的地面上先画个长方形，其规格大小为长 1m，宽 0.5m。在土壤土层较薄时，从地表向下挖深至触及母岩或母质层即可。挖掘剖面时，应注意尽量将观察面留在向阳面，观察面要垂直于地平面。挖掘的土应堆放在土坑两侧，而不应堆放在观察面上方地面上。

（2）土壤剖面调查　土壤剖面开挖或修整完成后，进行剖面的观察和描述：首先根据土层颜色、质地、紧实度、砾石多寡和致密程度等差异划分土壤发生层。分别为覆盖层（O）、淋溶层（A）、淀积层（B）和母质层（C）。土层划分之后，采用连续读数，用钢卷尺从地表往下量取各层深度，单位为厘米，将量得的深度记入剖面记载表。最后，逐层记录土壤的性态特征，具体包括土壤颜色、土壤质地、砾石状况、土壤结构、松紧度、孔隙状况、土壤湿度和植物根系等。

（3）土壤取样及处理 按 0～10cm、10～20cm、20～40cm 和 40cm＜（最大深度根据具体的土层厚度而定）的不同土深，分别使用环刀（100 cm³）取原状土样品，采集的部位应位于各土层的中间位置，并仔细去除环刀内土样的植物根系和残体等。注意所有枯落物发生层（L 层和 D 层）已单独取样，不可与土壤样品混合，单采集腐殖质层。及时称取每一环刀土壤样品湿重，用铝盒盛装，在铝盒外贴标签，注明样品编号和日期等，用于土壤容重测定。另，每一层再分别取约 500g 分析土样，同一样地 3 个剖面各层土样采用"四分法"均匀混合后，再取约 500g 装入密封袋内，同样标签标记。样品带回室内后，容重土样应及时烘干；而分析土样要室内自然风干 48～72 小时，去杂、粉碎后过 100 目筛，用于土壤有机质含量等理化性质测定。

3. 3. 3 标准木解析

在标准地中进行每木检尺，测量胸径、树高、地径、冠幅等基本因子并进行记录和统计。其中胸径、地径用钢围尺测得。胸径测量树干 1.3m 处 3 次取平均值。如遇 1.3m 处干形不规则或有瘤状突起等，则测量其上下各 5cm 处的直径并取平均值得到胸径。用超声波测高仪测量树高，于坡上方视野开阔的地方观测，将一次得到的 5 个树高观测值取平均值得到测高。用标杆测量东南西北 4 个方向的冠幅等。全部完成后，得出平均胸径和径级分布。按径级记录株数、平均胸径，依此平均胸径选取 1～3 株样木，并最终保证在各个样地选出的所有样木按径级均匀分布，共得到样木 39 株。选出的样木应最接近平均胸径树高且长势干形良好，能较好代表该径阶平均生长状态的林木作为样木。对于树干弯曲、变形、无顶梢、分叉、病腐和大枝枯死的林木都不能作为样木，也不能采用林缘树木，以避免造成叶量、枝量偏大。选择好的样木必须复测胸径、树高、冠幅等基本因子，在树干上标记出 1.3 m 处和南北方位，并记录临近木情况，画出简图。

3.4 森林生物量估算

3. 4. 1 乔木生物量

结合解析木实地测定生物量，伐倒标准木后，区分各器官，各自记录特征因子并称取鲜重。采用"分层切割法"测定若干区分段树干和树皮生物量；在每个树干区分段内，区别活树枝、枯枝和树叶，采用"标准枝法"测定它们的生物量；

"分层分级全收获"法测定不同层次上不同大小等级根系的生物量。称取鲜重后，每种器官都取适量样品（200～500g）。对于某些器官（树皮、树叶等）和小径阶样木（尤其是胸径5cm以下的幼树），样品重量可酌情减少，不够时，则全部取样。所有生物量样品带回实验室，经烘干、粉碎等处理后，通过干物质率即可计算单株标准木各器官组分的生物量。根据树木异速生长的特性，利用特征因子的实测数据拟合各器官组分的生物量回归模型，估算获得乔木层活立木生物量。此外，移除木是乔木层生物量的一部分。所以，本研究定义乔木层生物量为林分内现存的活立木和已被移除林木树干二者生物量之和。

3.4.1.1　标准木生物量

（1）乔木树种

1）树干生物量。标准木伐倒后，测定乔木生物量，以1m为区分段进行分层切割，即：将树干从基部到梢头按1m分成若干段。用电子桌称（0.001～30kg，BCSSN－30，中国）测定每区分段带皮鲜重。与解析木圆盘相对，截取每区分段低端的圆盘作为树干生物量样品，在截取的圆盘上记录编号、断面高度等。树干过大时一般只截取角度大于30°以上的扇形圆盘。用电子天平（0.01～500g，YP501N，中国）称取树干生物量圆盘鲜重后带回，烘干后得到干物质率（见3.5.2.1节）。树干生物量计算过程如下：

$$W_{\text{Trunk}} = \sum_{i=1}^{n} W_{Trunk_i} \qquad (3\text{-}21)$$

$$\overline{P} = \frac{(\overline{W}'_{Trunk_i} + \overline{W}'_{Trunk_{i-1}})}{(\overline{W}'_{Trunk_i} + \overline{W}'_{Trunk_{i-1}})} \times 100\% \qquad (3\text{-}22)$$

$$W'_{Trunk_i} = W_{Trunk_i} \times \overline{P}_{Trunk_i} \qquad (3\text{-}23)$$

$$W'_{\text{Trunk}} = \sum_{i=1}^{n} W'_{Trunk_i} \qquad (3\text{-}24)$$

式中：W_{Trunk} 为整株树干鲜重；W_{Trunk_i} 为每区分段树干鲜重；i 为第 i 区分段（$i=1, 2, \cdots, n$）；n 为区分段总数目；$\overline{P}_{Trunk_i}$ 为每区分段树干干物质率；$\overline{W}_{Trunk_i}$ 为第 i 区分段树干圆盘样品鲜重；$\overline{W}'_{Trunk_{i-1}}$ 为第 $i-1$ 区分段树干圆盘样品干重；$\overline{W}'_{Trunk_i}$ 为每区分段树干干重；$\overline{W}'_{\text{Trunk}}$ 为整株树干总干重。

此外，梢头部分（长度不足1m的不完整的区分段）视具体情况可作出如下处理：

①木质化的树干计入树干；

②其余当成树枝处理；

③若全为嫩芽、树叶，当成树叶处理。

2）树皮生物量。在每个树干区分段的中部环剥下 10cm 长的树皮称取鲜重，从中再取适量树皮样品称重、带回，烘干后计算干物质率。树皮生物量计算过程及公式如下：

$$W_{\text{Bark}_i} = \overline{W}_{\text{Bark}_i} \times \frac{10\text{cm}}{1\text{m}} \qquad (3\text{-}25)$$

$$W_{\text{Bark}} = \sum_{i=1}^{n} W_{\text{Bark}_i} \qquad (3\text{-}26)$$

$$\overline{P} = \frac{(\overline{W}'_{\text{Trunk}_i} + \overline{W}'_{\text{Trunk}_{i-1}})}{(\overline{\overline{W}}'_{\text{Trunk}_i} + \overline{\overline{W}}'_{\text{Trunk}_{i-1}})} \times 100\% \qquad (3\text{-}27)$$

$$W'_{\text{Bark}_i} = W_{\text{Bark}} \times \overline{P} \qquad (3\text{-}28)$$

$$W'_{\text{Bark}} = \sum_{i=1}^{n} W'_{\text{Bark}_i} \qquad (3\text{-}29)$$

式中：W_{Bark_i} 为第 i 区分段树皮鲜重；$\overline{W}_{\text{Bark}_i}$ 为第 i 区分段树皮样品鲜重；W_{Bark} 为整株树皮鲜重；$\overline{W}'_{\text{Bark}_i}$ 为第 i 区分段树皮样品干重；$\overline{W}_{\text{Bark}_{i-1}}$ 为第 $i-1$ 区分段树皮样品鲜重；$\overline{W}_{\text{Bark}_{i-1}}$ 为第 $i-1$ 区分段树皮样品鲜重；W'_{Bark_i} 为第 i 区分段树皮干重；$\overline{P}_{\text{Bark}_i}$ 为第 i 区分段树皮干物质率；W'_{Bark} 为整株树皮总干重。

3）干材生物量。根据上述计算结果，干材生物量可通过树干生物量减去树皮生物量得到：

$$W_{\text{Stem}} = W_{\text{Trunk}} - W_{\text{Bark}} \qquad (3\text{-}30)$$

$$W'_{\text{Stem}} = W'_{\text{Trunk}} - W'_{\text{Bark}} \qquad (3\text{-}31)$$

$$P_{\text{Stem}} = \frac{W'_{\text{Stem}}}{W_{\text{Stem}}} \times 100\% \qquad (3\text{-}32)$$

式中：W_{Stem} 为整株干材鲜重；W'_{Stem} 为整株干材干重；P_{Stem} 为整株干材干物质率。

4）活树枝生物量。砍取每一区分段上的活树枝，称取鲜重后，逐枝编号，并记录它们的长度和基径等因子。以计算得到的平均基径和平均枝长为标准，目测选取平均标准枝 1～3 枝。将活枝标准枝枝上的树叶摘除，称取剩下的裸枝的鲜重，并取枝样，带回，烘干后计算干物质率。活树枝生物量计算过程及公式如下：

$$W_{\text{LBranch}} = \sum_{i=1}^{n} W_{\text{LBranch}_i} \qquad (3\text{-}33)$$

$$\overline{P}_{\text{Branch}_i} = \frac{\overline{W}'_{S-\text{Branch}_i}}{\overline{W}_{S-\text{Branch}_i}} \times 100\% \qquad (3\text{-}34)$$

$$W_{\text{Branch}_i} = W_{\text{LBranch}_i} \times \frac{\overline{W}_{S_i-\text{Branch}_i}}{\overline{W}_{S_i-\text{LBranch}_i}} \tag{3-35}$$

$$W'_{\text{Branch}_i} = W_{\text{Branch}_i} \times \overline{P}_{\text{Branch}_i} \tag{3-36}$$

$$W'_{\text{Branch}} = \sum_{i=1}^{n} W'_{\text{Branch}_i} \tag{3-37}$$

式中：W_{LBranch} 为整株活树枝鲜重；W_{LBranch_i} 为第 i 区分段活枝鲜重；$W_{S_i-\text{LBranch}}$ 为第 i 区分段活枝标准枝鲜重；$W_{S_i-\text{Branch}}$ 为第 i 区分段活枝标准枝裸枝鲜重；$\overline{P}_{\text{Branch}_i}$ 为第 i 区分段裸枝相对干物质率；$\overline{W}_{S-\text{Branch}_i}$ 为第 i 区分段活枝标准枝裸枝样品鲜重；$\overline{W'}_{S-\text{Branch}_i}$ 为第 i 区分段活枝标准枝裸枝样品干重；W_{Branch_i} 为第 i 区分段裸枝鲜重；W'_{Branch_i} 为第 i 区分段裸枝干重；W_{Branch} 为整株裸枝总干重。

5）枯枝生物量。枯枝上没有树叶，称重取样过程与活枝生物量基本相似，计算过程及公式如下：

$$W_{\text{DBranch}} = \sum_{i=1}^{n} W_{\text{DBranch}_i} \tag{3-38}$$

$$\overline{P}_{\text{DBranch}_i} = \frac{\overline{W'}_{S-\text{DBranch}_i}}{\overline{W}_{S-\text{DBranch}_i}} \times 100\% \tag{3-39}$$

$$W'_{\text{DBranch}_i} = W_{\text{DBranch}_i} \times \overline{P}_{\text{DBranch}_i} \tag{3-40}$$

$$W'_{\text{DBranch}} = \sum_{i=1}^{n} W'_{\text{DBranch}_i} \tag{3-41}$$

式中：W_{DBranch} 为整株枯枝鲜重；W_{DBranch_i} 为第 i 区分段枯枝鲜重；$\overline{W'}_{S-\text{DBranch}_i}$ 为第 i 区分段枯枝样品鲜重；$\overline{W'}_{S-\text{DBranch}_i}$ 为第 i 区分段枯枝样品干重；W'_{DBranch} 为第 i 区分段裸枝干重；W_{DBranch} 为整株裸枝总干重。

6）树叶生物量。结合活树枝生物量测定，从由标准枝上摘除的树叶取适量样品，称取鲜重，带回，烘干后计算干物质率。树叶生物量计算过程及公式如下：

$$W_{S_i-\text{Foliage}} = W_{S_i-\text{LBranch}} - W_{S_i-\text{Branch}} \tag{3-42}$$

$$W_{\text{Foliage}_i} = W_{\text{LBranch}_i} \times \frac{\overline{W}_{S_i-\text{Foliage}}}{\overline{W}_{S_i-\text{LBranch}}} \tag{3-43}$$

$$\overline{P}_{\text{Foliage}_i} = \frac{\overline{W'}_{S-\text{Foliage}_i}}{\overline{W}_{S-\text{Foliage}_i}} \times 100\% \tag{3-44}$$

$$W'_{\text{Foliage}_i} = W_{\text{Foliage}_i} \times \overline{P}_{\text{Foliage}_i} \tag{3-45}$$

$$W'_{\text{Foliage}} = \sum_{i=1}^{n} W'_{\text{Foliage}_i} \tag{3-46}$$

式中：$W_{S_i-\text{Foliage}}$ 为第 i 区分段标准枝上叶鲜重；W_{Foliage_i} 为第 i 区分段叶鲜重；P_{Foliage_i} 为第 i 区分段叶干物质率；$\overline{W}_{S_i-\text{Foliage}}$ 为样品鲜重；$\overline{W}'_{S_i-\text{Foliage}}$ 为样品干重；$W'_{S_i-\text{Foliage}}$ 为第 i 区分段叶干重；W'_{Foliage} 为整株叶理论干重。

7）树根生物量。通过分层（0～10cm、10～20cm、20～40cm、40cm 以上）、分级（<2mm 的细根、2～20mm 的中根、20～50mm 的粗根、50mm< 的大根、根桩）挖掘收获树根。挖掘时一般从树干基部逐步拓宽，顺主根往下加深。对于落叶松等浅根性树种，由于根在土壤浅层向四面八方蔓延，必须沿根系走向挖开，并且避免与其他树木根系混淆。抖落、刷除树根上的黏土和杂物，称取每层级根系的鲜重，同时计算根系数量。分别大小等级取样，根桩和大根截取生物量圆盘，粗根和中根砍取样段，细根直接可取样。称取适量样品鲜重，带回、烘干后计算干物质率。树根生物量计算过程如下：

$$W_{\text{Root}} = \sum_{j=1}^{n} W_{\text{Root}_j} \tag{3-47}$$

$$\overline{P}_{\text{Root}_j} = \frac{\overline{W}'_{\text{Root}_j}}{\overline{W}_{\text{Root}_j}} \times 100\% \tag{3-48}$$

$$W'_{\text{Root}_j} = W_{\text{Root}_j} \times \overline{P}_{\text{Root}_j} \tag{3-49}$$

$$W'_{\text{Root}} = \sum_{j=1}^{n} \left(W_{\text{Root}_j} \times \overline{P}_{\text{Root}_j} \right) \tag{3-50}$$

式中：W_{Root} 为整株树根鲜重；W_{Root_j} 为第 j 级根系鲜重；j 为根系大小等级（$j=1，2，\cdots，5$，分别对应根桩、大根、粗根、中根、细根）；P_{Root_j} 为第 j 级干物质率；$\overline{W}_{\text{Root}_j}$ 为第 j 级样品鲜重；$\overline{W}'_{\text{Root}_j}$ 为第 j 级样品干重；W'_{Root_j} 为第 j 级根系干重；W'_{Root} 为整株根系干重。

8）综合上文对各器官、组分的计算结果，可以加和得到树冠、单株木地上部分和整株木生物量，即：

$$W'_{\text{Crown}} = W'_{\text{LBranch}} + W'_{\text{DBranch}} + W'_{\text{Foliage}} \tag{3-51}$$

$$W'_{\text{Tree-ABG}} = W'_{\text{Trunk}} + W'_{\text{Crown}} \tag{3-52}$$

$$W'_{\text{Tree}} = W'_{\text{Tree-ABG}} + W'_{\text{Root}} \tag{3-53}$$

式中：W'_{Crown} 为树冠总干重；$W'_{\text{Tree-ABG}}$ 为单株木地上部分干重；W'_{Tree} 为整株木总干重。

（2）毛竹　毛竹单木生物量由地上部分的竹杆和枝、叶和地下部分的竹兜和竹鞭组成。同样，地上生物量采用分层切割法，地下生物量采用分级收获法。

1）竹杆生物量。竹杆从基部到梢头严格按 1m 区分段（不足 1m 的梢头部分），分别测得每一段的鲜重（电子秤精度 1g，量程 30kg）。在每段小头截取 3～

5cm 厚的圆盘样品（电子秤精度为 0.1g，量程 500g）。将样品带回实验室，在 105℃ 恒温烘干至恒重后，用电子秤称其干重，计算含水率。计算每 1m 区分段鲜重，然后平均含水率（每 1m 树段前后两个样品的均值）求算干材生物量和干皮生物量，以此推算每一区分段的干生物量，将各区分段生物量累加得到单株竹杆生物量。

2）竹枝、叶生物量。按树干 1m 区分段内着生的枝条进行分层，并将各层的活枝和死枝区分开，分别称其总鲜重。依据每 1m 冠层内枝条数量、枝条基径和长度，选定有代表性的 2 根活枝作为标准枝。逐枝计算标准枝的叶鲜重，即标准枝带叶鲜重减去叶枝（裸枝）鲜重。计算树叶比例（树叶鲜重与标准枝总鲜重的比例）推算各冠层的叶和去叶活枝鲜重。将枝、叶样品带回实验室，烘干称重，计算样品含水率。利用标准枝的枝、叶含水率计算 1m 冠层的活枝、树叶生物量，用死枝样品含水率计算死枝生物量。

3）地下生物量。毛竹为禾本科植物，其地下生物量比较复杂，主要由竹兜及竹鞭根系组成。由于竹林鞭根系统生长错综复杂，很难界定单株地下根系范围（具体多少范围内的鞭根属于单株木合适）。本次调查裁定，整体挖掘单株毛竹鞭根，尽量避免细根损失，取 2m 长的鞭根（毛竹冠幅长度一般为 2 米）为地下部分统计范围。毛竹地下生物由竹兜根系和该竹 2m 长的竹鞭根构成。其中：①竹兜生物量由竹根兜桩和兜根系组成，将整个竹兜挖起后，将兜根系和兜根桩分开，分别称重、取样；②竹鞭生物量由鞭粗根和鞭细根组成，将竹鞭挖起后，将鞭粗根和鞭细根分开，分别称重、取样。将样品带回实验室烘干至恒重后，计算含水率，分别求算竹鞭、竹兜生物量和地下生物量。

4）整枝生物量。首先，称取整段的地上鲜重，并分级称重、取样根系以避免不同根系含水率差异的影响。之后，按比例抽样，计算相邻 1m 分段（分级）间的平均含水率求算干、枝、叶、根系组分的生物量。最终再累加得到整株树的干重。

3.4.1.2　乔木层生物量

基于单株树木的生物量，可以进一步推算林分所有林木的生物量总和。通过该林分标准地平均标准木的生物量乘以林分密度推算得到林分生物量。但是，林分中存在多个树种，而同一树种林木的生物量水平，特别是树冠部分，也可能因为自身生长、竞争关系及环境因子影响等存在差异。事实上，林木各器官的特征因子都直接影响了生物量，二者存在紧密的相关关系。本研究采用相对生长法，根据林木各器官生物量与某个或多个特征因子（如胸径和树高）之间的相关关系，分别器官组分选择回归模型类型，之后依据实测数据拟合各自回归方程中的参数，把每株林木的特征因子值代入已构建的估算模型即可计算生物量，最后加和得到林分生物量。

　　乔木以及毛竹、灌木和草本的生物量建模样本按均匀分配原则进行选取。建模样本数为 30 个以上。乔木树种、下木类、竹种生物模型精度要求在 90% 以上（灌木和草本生物量模型精度要求在 85% 以上）。具体而言，构建生物量估算模型是基于回归分析的思想，它采用了数理统计的方法，是依据大量实测数据来确定变量之间相互关系的一种重要的统计方法。回归模型的建立能为具有相同相似立地条件、群落类型及结构的林分生物量估测提供依据。也正因为回归分析描述的是变量之间互相依存相伴而发生的性质，而不是一种确定性的关系；所以，根据树种自身生物学特性以及受环境条件影响，选择变量之间合适的数学表达式，即回归模型和参数至关重要。建立模型的通常做法是根据原始数据的散布趋势，选用一些应用成熟的方程拟合，并采用一定的评价标准对所拟合的模型进行筛选，得到最优模型，进而预估目标值。根据回归变量的多少，可以分为一元回归分析和多元回归分析，采用 SPSS 等统计分析软件可以快速地拟合有效的回归方程。

　　（1）自变量　建立回归模型的目的是在一定精度保证条件下，能准确推算、估测生物量，减少野外调查测定工作。一般根据定性分析，选取与生物量紧密相关的易测因子作为生物量模型自变量。一般认为，生物量模型变量可以分为内生变量和外生变量。外生变量误差是自变量因子测定外部因素影响造成的，如测量精度误差、人为测定误差、环境变化影响测定误差等。内生变量是自身由于无法直接测定，如胸径、树高，而是由其他测定因子通过一定函数关系转换而的。由于转换过程产生系统内部误差，这种带有内部误差的变量称为内生变量。立木材积因子 D^2H、地上生物量等。由于定性分析存在很大主观性，对因变量有显著影响的不同自变量之间又不相互独立，大都有一定的相关性；特别是采用了时间序列数据，往往存在多重共线性。在同一模型中，如果只选择一个因子作自变量，将会遗漏其他有用的因子，降低模型精度并限制其使用范围的扩大；而采用过多的因子作自变量，又将造成自变量的冗余及抵触，并复杂化模型结构（邢艳秋等，2007）。所以需要用定量方法减少相关因子共线性的影响。

　　通过分析各因子之间以及它们与生物量的相关系数，确定与生物量相关性最高的自变量引入模型（Pitt *et al.*，2004）。根据各器官组分独立选用不同的自变量，如 D（胸径）、H（树高）以及组合变量 D^2H 等。

　　（2）模型类型选择　针对不同因变量，在确定自变量的基础上，构建多种形式模型待选择。通过绘制自变量和因变量之间的散点图以及趋势走向，可以初步判断自变量与因变量之间存在的线性或非线性关系，来选择直线、二次方程、冥回归等数学回归模型类型。胥辉（2003）认为，CAR 模型类型不仅参数估计值稳定，而且预估能力强，应作为生物量模型研究与应用的首选形式。特别是，依赖于因变量数据即生物量相对生长的特性，应该采用平稳的时间序列的回归模型，即通过指数或对数关系反映林木各器官组分之间按比例协调增长（King *et al.*，2007；黄从德等，2007）。目前，国内外广泛应用的形式为：

$$Y = a + b X \tag{3-54}$$

$$Y = a + b X + c X^2 \tag{3-55}$$

$$Y = aX^b \tag{3-56}$$

式（3-2）两边取对数后，可化为简单的线性关系，即：

$$\log Y = \log a + b \times \log X \tag{3-57}$$

式中：Y 为各器官生物量因变量；X 为 D^2 和 D^2H 等自变量；a、b、c 为相关参数。

（3）参数估计　在线性回归模型中，常用的参数估计方法是最小二乘法。所以，对于相对生长模型，需先用对数将模型线性化，再用线性回归模型的参数估计法求解参数（王仲锋等，2006）。根据最小二乘法原理，对数法的实质是为满足变换后模型残差平方和最小。通过 SPSS 等统计软件，可得到回归模型参数的估计值。但是各器官组分的回归模型是各自独立地拟合方程中的参数，这就造成模型间不相容的问题。

（4）相容性分析　在相容性思想指导下，可以利用各器官组分之间的代数和关系，例如树叶为树冠减去树枝的值，来实现生物量估算值的相容性（程堂仁等，2007；邢艳秋等，2007）。

（5）模型择优评价　在构建生物量模型过程中，计算各统计指标，以相互比较待选拟合模型的优劣，同时剔除相应参数变动系数很大的解释变量，逐步筛选出好的备选模型。这样不会漏选好的模型形式，也避免重复拟合（胥辉，2002）。最优模型应该是建立的回归方程均方根误差小，剩余标准差小，相关系数大。相关系数和剩余标准差反映模型的拟合优度。

1）误差项离差平方和（SSE，残差平方和）：

$$SSE = \sum_{i=1}^{n} (\hat{y}_i - \bar{y}_i)^2 \tag{3-58}$$

2）均方根误差（Rmse）：

$$Rmse = \sqrt{\frac{SSE}{n-1}} \tag{3-59}$$

3）剩余残差平方和（SSR，回归平方和）：

$$SSR = \sum_{i=1}^{n} (\hat{y}_i - \bar{y}_i)^2 \tag{3-60}$$

4）剩余标准差（S）：

$$S = \sqrt{\frac{\mathrm{SSR}}{n-p}} \tag{3-61}$$

5）总离差平方和（SST）：

$$\mathrm{SST} = \mathrm{SSR} + \mathrm{SSE} \tag{3-62}$$

6）相关系数（R）：

$$R = \frac{\mathrm{SSE}}{\mathrm{SST}} = 1 - \frac{\mathrm{SSR}}{\mathrm{SST}} \tag{3-63}$$

式中：y_i 为实测值；$\hat{y}_i$ 为模型预测值；$\bar{y}_i$ 为模型预测值平均值；p 为参数个数；n 为样本数。

事实上，在模型的不断筛选过程中，可作标准化残差图来诊断模型，分析残差是否随机分布，是否存在明显异常偏差。同时，还应剔除一些异常值，并重新估计模型参数，比较和筛选模型。

（6）模型检验　选择最优模型用于估算生物量。模型是否适应取决于模型的"稳定性"。当估计参数变动系数很小时，则说明模型稳定、适用（唐守正等，2002；胥辉，2002）。同时，为反映生物量估测值与实测值之间的差异，采用总相对误差等指标对模型进行总体检验（唐守正等，2002；胥辉，2002；韩汉鹏，2006），具体指标如下：

1）参数变动系数（$C_p\%$）：

$$C_p = |Sc_p/Mc_p| \times 100\% \tag{3-64}$$

2）总相对误差 RS：

$$\mathrm{RS} = \sum_i (y_i - \hat{y}_i) \Big/ \sum_i yi \times 100\% \tag{3-65}$$

3）平均相对误差 EE：

$$\mathrm{EE} = \frac{1}{n} \sum_i \left(\frac{y_i - \hat{y}_i}{\hat{y}_i} \right) \times 100\% \tag{3-66}$$

4）平均相对误差绝对值 RMA：

$$\mathrm{RMA} = \frac{1}{n} \sum_i \left| \frac{y_i - \hat{y}_i}{\hat{y}_i} \right| \times 100\% \tag{3-67}$$

5）预估精度 P：

$$P = \left[1 - t_\alpha \sqrt{\sum_i (y_i - \hat{y}_i)^2} \Big/ \bar{y} \sqrt{n(n-P)} \right] \times 100\% \tag{3-68}$$

式中，Sc_p 为参数标准差（采用 SPSS - Bootstrap 法产生的近似值）；Mc_p 为参数平均值；$\bar{y}$ 为平均估测值，可由 $f(\bar{X})$ 求出；n 为检验样木的株数；t_α 为置信水平 α 时的 t 分布值。

总相对误差和平均相对误差用来检验模型是否存在系统偏差。平均相对误差绝对值是检验模型与样本点的拟合程度的重要指标；而预估精度是检验模型用来评价预测的效果，反映了模型平均预估的能力（胥辉，2003）。此外，对用于预测目的的生物量回归模型，其分段检验结果也非常重要，还可以根据胸径大小进行分组检验。

3.4.2   林下植被生物量

根据标准地对具体种类灌木或草本植株特征的调查和重要值计算结果，进行主要和不常见种类的生物量测定。与乔木标准木相似，按基径、冠幅、株高等形态特征的大小等级（例如株高分为 5 个等级：< 10、10 ~ 29.9、30 ~ 49.9、50 ~ 99.9 和 100 ~ 200cm），选择一定数量生长状况良好的标准植株，采用"全收获"法，称取枝、叶花果、根、地上部分、地下部分的鲜重，并均匀取样测定干物质率，最后推算得到生物量。之后，采用大小等级均匀分布的标准植株样本，以株高、基径等特征因子为自变量，建立不同种类植株各器官组分生物量回归模型，估算林下植被生物量。此外，林下植被不常见种类的植株由于数量较少，无法建模估计，其生物量直接通过抽样面积来推算。

3.4.2.1   标准植株选取

对不同的灌木树种采用不同形状的冠幅周长，用 Draudt 法选取标准木测定地上和地下部分植物生物量，即分别径阶、高度等级、盖度等级按一定株数比例选测标准木的方法，按比例确定每个范围梯度应选的标准木株数（两端径阶株数较少，可合并到相邻径阶）。根据筛选的结果，在样方内选定植株生长正常的灌木，用吊签对应表格编号标记，在全收获之前完善植株高度、冠幅、基径等相关因子调查。

地上生物量分枝、干、叶、花、果各器官称重并选取样本。然后，全收获样方内植株，测定灌木枝干、叶、花、果、根系的生物量，并及时取样。建立该物种灌木估算模型，以用于估测该地区灌木生物量。

应特别注意，灌木因其植株形态特征有别于乔木，无明显主干，部分种类冠幅较大，分枝数多。因此，在对灌木生物量进行研究时，将灌木分为两种主要形态特征类型：具有明显主干，冠幅较均匀的乔木型灌木；无明显主干，冠幅大，分支多的灌木。

（1）有明显主干，冠幅较小，均匀的灌木   此类灌木的形态特征类似于小乔木，如暴马丁香、毛榛、色木槭、五角枫、花楷槭、茶条槭等。在进行生物量调查时以基茎和高度作为调查变量因子，基茎用卡规测量，测向角度 120，重复 3 次取均值。设置重复 30 个重复，每个重复 3 株样本，获取其枝、叶（包括花、果)、根生物量。具体基茎、高度设置重复的变量梯度依据具体灌木的大小特征而定。

(2)无明显主干,冠幅大,分支数多的灌木 此类灌木的形态特征是冠幅大,主干不明显,分枝数多,如金花忍冬、东北山梅花、小花溲疏、珍珠梅、土庄绣线菊、东北茶藨子等。在进行生物量调查时以冠幅和高度作为调查变量因子,冠幅 C 取最大直径与最小直径的平均值。设置 30 个重复,每个重复 3 株样本,获取其枝、叶(包括花、果)、根生物量。具体冠幅、高度设置重复的变量梯度依据具体灌木大小特征而定。

(3)藤本 如显齿蛇葡萄、锈毛莓等。因此,在进行藤本生物量调查时以基茎和长度(注意,不是高度)作为调查变量因子。每个范围梯度重复 3 株样本,获取其枝、叶(包括花、果)、根、地上部分、地下部分生物量数据。具体基径、高度设置重复的变量梯度依据具体灌木大小特征而定。

此外,草本生物量也采用全收获法测定。根据已调查并整理的草本种类、生长状况、高度、盖度等基本因子数据,分物种、分级数(高度、盖度)筛选。对不同的草本分别高度等级、盖度等级,按比例确定每个范围梯度应选的标准木株数。根据筛选的结果,在样方内选定植株生长正常的草本,在全收获之前完善植株高度、盖度等相关因子调查。将草本中出现频繁、株数多、盖度大的草本植物(根据以往的调查资料分析其重要值,按重要值大的选取不超过 8 种)分种类分地上部分与地下部分称重。

3.4.2.2 标准植株生物量

单株灌木生物量计算过程及公式如下:

$$W_{\text{Shrub}} = W_{\text{ShLimb}} + W_{\text{ShFoliage}} + W_{\text{ShRoot}} \tag{3-69}$$

$$\overline{P}_{\text{ShLimb}} = \frac{\overline{W'}_{\text{ShLimb}}}{\overline{W}_{\text{ShLimb}}} \times 100\% \tag{3-70}$$

$$\overline{P}_{\text{ShFoliage}} = \frac{\overline{W'}_{\text{ShFoliage}}}{\overline{W}_{\text{ShFoliage}}} \times 100\% \tag{3-71}$$

$$\overline{P}_{\text{ShRoot}} = \frac{\overline{W'}_{\text{ShRoot}}}{\overline{W}_{\text{ShRoot}}} \times 100\% \tag{3-72}$$

$$\overline{W'}_{\text{ShLimb}} = W_{\text{ShLimb}} \times \overline{P}_{\text{ShLimb}} \tag{3-73}$$

$$\overline{W'}_{\text{ShFoliage}} = W_{\text{ShFoliage}} \times \overline{P}_{\text{ShFoliage}} \tag{3-74}$$

$$\overline{W'}_{\text{ShRoot}} = W_{\text{ShRoot}} \times \overline{P}_{\text{ShRoot}} \tag{3-75}$$

$$W'_{\text{Shrub}} = W'_{\text{ShLimb}} + W'_{\text{ShFoliage}} + W'_{\text{ShRoot}} \tag{3-76}$$

式中:W_{Shrub} 为某种灌木整株鲜重;W_{ShLimb} 为灌木枝干鲜重;$W_{\text{ShFoliage}}$ 为灌木

叶鲜重；W_{ShRoot} 为灌木根系鲜重；$\overline{P}_{ShLimb}$ 为灌木枝干干物质率；$\overline{W}_{ShLimb}$ 为灌木枝干样品鲜重；$\overline{W'}_{ShLimb}$ 为灌木枝干样品干重；$\overline{P}_{ShFoliage}$ 为灌木叶干物质率；$\overline{W}_{ShFoliage}$ 为灌木叶样品鲜重；$\overline{W'}_{ShFoliage}$ 为灌木叶样品干重；$\overline{P}_{ShRoot}$ 为灌木根系干物质率；$\overline{W}_{ShRoot}$ 为灌木根系样品鲜重；$\overline{W'}_{ShRoot}$ 为灌木根系样品干重；W'_{ShLimb} 为灌木枝干干重；$W'_{ShFoliage}$ 为灌木叶干重；W'_{ShRoot} 为灌木根系干重；W'_{Shrub} 为整株灌木干重。

草本生物量计算过程及公式如下：

$$W_{Herb} = W_{Herb-ABG} + W_{Herb-BG} \tag{3-77}$$

$$\overline{P}_{Herb-ABG} = \frac{\overline{W'}_{Herb-ABG}}{\overline{W}_{Herb-ABG}} \times 100\% \tag{3-78}$$

$$\overline{P}_{Herb-BG} = \frac{\overline{W'}_{Herb-BG}}{\overline{W}_{Herb-BG}} \times 100\% \tag{3-79}$$

$$\overline{W'}_{Herb-ABG} = W_{Herb-ABG} \times \overline{P}_{Herb-ABG} \tag{3-80}$$

$$\overline{W'}_{Herb-BG} = W_{Herb-BG} \times \overline{P}_{Herb-BG} \tag{3-81}$$

$$W'_{Herb} = W'_{Herb-ABG} + W'_{Herb-BG} + W'_{ShRoot} \tag{3-82}$$

式中：W_{Herb} 为草本整株鲜重；$W_{Herb-ABG}$ 为草本地上部分鲜重；$W_{Herb-BG}$ 为草本地下部分鲜重；$\overline{P}_{Herb-ABG}$ 为草本地上部分干物质率；$\overline{P}_{Herb-ABG}$ 为草本地上部分样品鲜重；$\overline{P}_{Herb-ABG}$ 为草本地上部分干重；$\overline{P}_{Herb-BG}$ 为草本地下部分干物质率；$\overline{P}_{Herb-BG}$ 为草本地下部分样品鲜重；$\overline{P}_{Herb-BG}$ 为草本地下部分干重；$\overline{W'}_{Herb-ABG}$ 为草本地上部分干重；$\overline{W'}_{Herb-BG}$ 为草本地下部分干重；W'_{Herb} 为草本整株干重。

3.4.2.3　林下植被生物量

早期甚至当前对林下指标生物量的研究，多数是完全收获调查样方里的植株。这虽然保证了精度，但是成本过高，而且极具破坏性。所以，借鉴林木生物量的估测方法，本研究也结合调查数据分析结果，构建林下植被各器官组分的生物量回归模型，代入调查数据，以估算林分林下植被生物量。采用的林下植被生物量估算模型类型与林木相似，而自变量选取上更为多样，包括株高、冠幅和基径等可测因子及其组合。最后通过相关系数和显著性水平来简单评价拟合效果。林下植被生物量估算模型的拟合构建方法与标准木基本相同，不再赘述。

此外，林下植被不常见种类在通过干物质率计算得到调查样方的生物量后，可直接根据抽样调查样方和样地面积比来推算，公式如下：

$$B_{Rare} = \sum_{k=1}^{m} W'_{Bare_k} \times \left(\frac{f_{Rare}}{S_{Sanple}} \right) \tag{3-83}$$

式中：B_{Rare} 为林分内林下植被不常见种类生物量（t，hm^{-2}）；W'_{Bare_k} 为样方内某不常见种类的干重（kg）；S_{Sanple}、S_{plot} 分别为样方和样地面积（m^2）；f_{Rare} 为单

位转换系数(0.1)。

3.4.3 残体生物量

3.4.3.1 粗木质物残体

粗木质物残体需通过估测蓄积,再通过体积密度转化为生物量(Woodall & Monleon, 2008; Catharina *et al.*, 2008; Woodall *et al.*, 2008)。调查获取相关特征因子后,即分别树种取样。根据实际调查结果时,本研究依据木质残体心材的腐烂情况,区分为心材未腐(腐烂等级 1、2 和 3)和心材腐烂(腐烂等级 4 和 5)两种。对于心材未腐的粗木质物,结构相对完整,截取大头、小头两端的圆盘作为样品;心材腐烂的粗木质物,结构松散、破碎的小细块直接作为样品,再用铝盒等固定体积的容器收集原紧实状态下的粉末状样品。样品进行鲜重测量,带回实验室后对于体积无法确定的样品,再用排水法测定体积。所用样品经烘干后可计算得到干物质率及体积密度,进而推算生物量。粗木质物残体生物量计算如下所示,公式 3-86 引用 Woodall 等人(2008)的研究。

$$V_{\text{CWD}_i} = \pi r_{\text{CWD}_i}^2 l_{\text{CWD}_i} \qquad (3\text{-}84)$$

$$\text{BD}_{\text{CWD}_i} = \frac{\overline{W'}_{\text{CWD}_i}}{\overline{V'}_{\text{CWD}_i}} \qquad (3\text{-}85)$$

$$B_{\text{CWD}} = \sum_{i=1}^{n} f_{\text{CWD}} (\text{BD}_{\text{CWD}_i} \text{BC}_{\text{CWD}_i}) \left[\left(\frac{\pi}{2L_{\text{CWD}}} \right) \left(\frac{V_{\text{CWD}_i}}{l_{\text{CWD}_i}} \right) \right] \qquad (3\text{-}86)$$

式中: V_{CWD_i} 为第 i 个 CWD 的材积(m³); l_{CWD_i} 为第 i 个 CWD 的长度(m); $r_{\text{CWD}_i}^2$ 为第 i 个 CWD 的切面半径(m); BD_{CWD_i} 为第 i 个 CWD 的体积密度(g·m⁻³); BC_{CWD_i} 为第 i 个 CWD 的腐烂率; $\overline{W'}_{\text{CWD}_i}$ 为 i 个 CWD 样品的干重(g); V'_{CWD_i} 为第 i 个 CWD 样品的材积(m³); B_{CWM} 为林分粗木质物生物量(t·hm⁻²); n 为样方内粗木质物残体总数; f_{CWD} 为单位转换系数(100); L_{CWD} 为坡度校正后的样线长(m)。

若切面半径无法量测时,利用公式 3-87 可计算:

$$r_i = 0.5 \times \sqrt{r_{\text{Top}_i} \times S_{\text{Bottom}_i}} \qquad (3\text{-}87)$$

式中: r_{Top_i} 为大头半径; S_{Bottom_i} 为小头半径。对于心材腐烂严重,无法测定切面及大、小头半径的粗木质物,根据其堆积的宽度、垂直高度推算体积(参考 3.4.3.2 节体积计算方法)。

3.4.3.2 剩余堆积物

根据样方调查的数据可以直接估算林分尺度上剩余堆积物的体积以及紧实体积,再通过取样(参考上文"粗木质物残体取样方法")后获得的体积密度,把蓄积量直接转换为生物量，具体计算过程及公式如下：

$$V_{SP_i} = l_{SP_i} \times s_{SP_i} \times h_{SP_i} \qquad (3\text{-}88)$$

$$V'_{SP_i} = V_{SP_i} \times C_{SP_i} \qquad (3\text{-}89)$$

$$BD_{SP_i} = \frac{\overline{W'}_{SP_i}}{\overline{V'}_{SP_i}} \qquad (3\text{-}90)$$

$$W'_{SP_i} = V'_{SP_i} \times BD_{SP_i} \qquad (3\text{-}91)$$

$$W'_{SP} = \sum_{i=1}^{n} W'_{SP_i} \qquad (3\text{-}92)$$

$$B_{SP} = \frac{W'_{SP}}{S_{plot}} \times f_{SP} \qquad (3\text{-}93)$$

式中：V_{SP_i} 为 SP 实际体积（m^3）；l_{SP_i} 为 SP 堆积的长度（m）；s_{SP_i} 为 SP 堆积的宽度（m）；h_{SP_i} 为 SP 堆积的高度（m）；V'_{SP_i} 为 SP 紧实体积（m^3）；C_{SP_i} 为 SP 紧实密度（%）；BD_{SP_i} 为 SP 体积密度（$g \cdot m^{-3}$）；$\overline{W'}_{SP_i}$ 为 SP 样品鲜重（g）；$\overline{V'}_{SP_i}$ 为 SP 样品体积（m^3）；W'_{SP_i} 为 SP 干重（g）；W'_{SP} 为样地内 SP 总干重（g）；B_{SP} 为林分 SP 生物量（$t \cdot hm^{-2}$）；S_{plot} 为样地面积（m^2）；f_{SP} 为单位转换系数（100）。

3.4.3.3 枯立木

通过活立木材积估算模型计算得到枯立木材积，乘以对应腐烂等级的腐烂率和体积密度转化得到枯立木生物量。枯立木的腐烂同样分为心材未腐和心材腐烂两个阶段。将新生成的枯立木定义为心材未腐枯立木；随时间推移，心材未腐枯立木逐渐损失了枝条，树干也不断腐烂，并最终成为心材腐烂枯立木。结合实际调查，参照粗木质物的腐烂等级和腐烂率划分，本研究将心材未腐枯立木腐烂率设定为 0.90；而对于心材腐烂枯立木而言，美国清查认为因为它们产生的残体比较松软，一般认为更易腐烂，被指定不同的腐烂率要比大小等级相同的心材未腐枯立木的腐烂率提高 10%，为 0.80。同样，心材腐烂枯立木的体积密度为心材未腐枯立木的 80%。依据粗木质物的测定值，分别采用 0.517 $g \cdot m^{-3}$ 和 0.414 $g \cdot m^{-3}$ 的平均值。枯立木生物量的计算公式如下：

$$V_{DTree_i} = f(D_{DTree_i} H_{DTree_i}) \qquad (3\text{-}94)$$

$$W'_{DTree_i} = V_{DTree_i} \times BD_{DTree_i} \times BC_{DTree_i} \qquad (3\text{-}95)$$

$$W'_{DTree} = \sum_{i=1}^{n} W'_{DTree_i} \qquad (3\text{-}96)$$

$$B_{DTree} = \frac{W'_{DTree}}{S_{plot}} \times f_{DTree} \qquad (3\text{-}97)$$

式中：V_{DTree_i} 为枯立木体积（m^3）；$f(x)$ 为活立木材积模型；D_{DTree_i}，H_{DTree_i} 均为用于枯立木材积计算的胸径和树高因子；BD_{DTree_i} 为 i 株枯立木的体积密度

$(g \cdot m^{-3})$；BC_{DTree_i} 为第 i 株枯立木的腐烂率；W'_{DTree_i} 为第 i 株枯立木干重（kg）；W_{DTree} 为样地内所有枯立木总干重（kg）；B_{DTree} 为林分枯立木生物量（t·hm²）；S_{plot} 为样地面积（m²）；f_{DTree} 为单位转换系数（100）。

3.4.3.4　细木质物

细木质物生物量推算与粗木质物基本一致，具体计算过程及公式如下所示。公式 3-100 引自文献（Woodall *et al.*，2008）。

$$V_{FWD_{ij}} = \pi r^2_{FWD_{ij}} l_{FWD_{ij}} \tag{3-98}$$

$$BD_{FWD_{ij}} = \frac{\overline{W'}_{FWD_{ij}}}{\overline{V'}_{FWD_{ij}}} \tag{3-99}$$

$$B_{FWD} = \sum_{j=1}^{3} \sum_{j=1}^{m} f_{FWD}(BD_{FWD_{ij}}) \left[\left(\frac{\pi}{2L_{FWD}} \right) \left(\frac{V_{FWD_{ij}}}{l_{FWD_{ij}}} \right) \right] \tag{3-100}$$

式中：$V_{FWD_{ij}}$ 为第 j 大小等级第 i 个 FWD 的材积（m³）；$l_{FWD_{ij}}$ 为第 j 大小等级第 i 个 FWD 的长度（m）；$\pi r^2_{FWD_{ij}}$ 为第 j 大小等级第 i 个 FWD 的切面半径（m）；$BD_{FWD_{ij}}$ 为第 j 大小等级第 i 个 FWD 的体积密度（g·m⁻³）；$\overline{W'}_{FWD_{ij}}$ 为第 j 大小等级第 i 个 FWD 样品的干重（g）；$V'_{FWD_{ij}}$ 为第 j 大小等级第 i 个 FWD 样品的材积（m³）；B_{FWD} 为林分细木质物生物量（t·hm⁻²）；n 为样线上细木质物残体总数；f_{FWD} 为单位转换系数（100）；l_{FWD_j} 为第 j 大小等级坡度校正后的样线长（m）。

3.4.3.5　凋落物

在假定凋落物是均匀分布的情况下，分别 L 层和 D 层，全收获样方里的蓄积并称取鲜重，均匀混合后取样。经烘干后计算，利用干物质率转化为生物量，具体计算过程及公式为：

$$W_{Floour_i} = W_{Sample-Floor_i} \times \frac{S_{plot}}{S_{Sample-Floor_i}} \tag{3-101}$$

$$S_{Floor_i} = \frac{\overline{W'}_{Floor_i}}{\overline{W}_{Floor_i}} \tag{3-102}$$

$$W'_{Floor_i} = W_{Floor_i} \times P_{Floor_i} \tag{3-103}$$

$$W'_{Floor_i} = \sum_{i=1}^{2} W'_{Floor_i} \tag{3-104}$$

$$B_{Floor} = \frac{W'_{Floor}}{S_{plot}} \tag{3-105}$$

式中：W_{Floour_i} 为整个林分凋落物 L 或 D 层鲜重（kg）；$W_{Sample-Floor_i}$ 为样方内凋落物 L 或 D 层鲜重（kg）；$S_{Sample-Floor_i}$ 为凋落物调查样方面积（m²）；P_{Floor_i} 为枯落物 L 或 D 层干物质率（%）；$\overline{W'}_{Floor_i}$ 为凋落物 L 或 D 层样品干重（g）；$\overline{W}_{Floor_i}$ 为凋落物 L 或 D 层样品鲜重（g）；W'_{Floor_i} 为整个林分凋落物 L 或 D 层干重（kg）；W'_{Floor} 为整

个林分凋落物干重(kg); B_{Floor} 为整个林分凋落物生物量($t \cdot hm^{-2}$); S_{plot} 为样地面积(m^2); f_{SP} 为单位转换系数(10)。

3.5　数据处理及实验分析

3.5.1　数据处理

数据的处理主要包括整理外业调查记录表, 并按要求计算相应的生物量后, 按照统一的数据格式录入计算机, 检查核对输入结果, 对不一致的进行纠正, 确保输入数据完整无错。同时, 完成解析木内业, 以及照片整理工作。据此, 综合运用 Excel、SPSS 等软件对样地、样木信息和生物量数据进行处理分析。

3.5.2　实验分析

3.5.2.1　干物质率

通常生物量是指植物体中有机物质干重, 而在野外生物量调查时所获取的都是鲜重。一般要求将有机体在 60 ~ 90℃ 的恒温下, 充分干燥, 余下的有机物为干物质, 也就是生物量。植物的干物质中有机物占 90% 左右, 所以生物量是衡量植物有机物积累的一个重要指标。本研究使用数显鼓风干燥箱(GJ881, 中国)将生物量样品在 85℃ 下烘干 24 ~ 48 小时至恒重, 用电子天平称取干重, 并计算得到干物质率(P), 即:

$$P = \overline{W'} / \overline{W} \tag{3-106}$$

式中: P 为干物质率; $\overline{W'}$ 为干重; $\overline{W}$ 为鲜重。

3.5.2.2　含碳率

植物生物量转化为碳量是按照含碳率, 即植物干有机物中碳素所占的比重来计算的。含碳率测定的常规方法为湿烧法和干烧法, 干烧法较之湿烧法有更高的精度(田大伦, 2004)。本研究采用干烧法, 使用中国科学院生态环境研究中心的元素分析仪(Vario EL Ⅲ, 德国)来测定含碳率。测定完干物质率的样品, 可直接作为含碳率样品, 或者用"四分法"均匀混合后再取样用于测定含碳率。含碳率样品用微型植物粉碎机(FZ102, 中国)进行"三次法"粉碎、过筛, 得到直径为 100 目的粉末样品, 再进行烘干(80℃, 24 小时)。测定前, 取 50 ~ 60 mg 的粉末样品用锡舟包裹, 放入百万分之一天平(METTLER TOLEDO MX5, 瑞士)内称重, 再放入元素分析仪内。测定时, 以乙酰苯胺为标物, 利用杜马法高温分解及气体动态分离技术(吸附解析原理)及动态燃烧法使样品发生瞬时燃烧, 并完全分解, 最终得到含碳率。每个粉末样品重复测定 3 次, 取平均值为结果, 精度为 0.01%。

根据各器官或组织实际测得的含碳率测定结果，再以它们的生物量在相应组分生物量所占比值的大小为权重值，计算加权平均含碳率（Bert & Danjon, 2006; Zhang, 2009; Tolunay, 2009），即：

$$C\% = (C_1\% \times W_1 + C_2\% \times W_2 + \cdots\cdots = C_n\% \times W_n) / \sum_{i=1}^{2} W_n$$

$$(3-107)$$

式中：$C\%$ 为某组分含碳率；$C_i\%$ 为具体某器官含碳率；W 为生物量；i 为组成该组分的第 i 种器官。

3.5.2.3 土壤理化性质分析

（1）土壤容重 将取回的测定容重土壤样品转移至牛皮信封，放入烘箱，在 105℃ 下烘干 24 小时后，称重得到干重，进而求出各层次土壤的容重，即：

$$SD = SW / V \qquad (3-108)$$

式中：SD 为土壤容重（g/cm³）；SW 为土壤样品干重（g）；V 为铝盒体积（100 cm³）。

（2）pH 值 测定土壤的 pH 值是土壤命名的重要参考，还可以进一步了解土壤的性质。本研究采用电位法测定 pH 值（中华人民共和国标准局，1987）。称取 10g 土样，放入烧杯中，用蒸馏水浸提土壤溶液，搅拌 1 分钟后，再静置 15 分钟。最后，用 pHS-3C 型酸度计测定 pH 值的大小，从而判断该土属于酸性、微酸性、中性乃至微碱性。

（3）土壤有机碳含量 对于土壤而言，它储存的碳主要为有机碳（包括土壤微生物量碳和水溶性有机碳，无机碳可视为零），是反应土壤特性的一项重要指标。土壤有机碳含量（SOC）是单位质量（kg）土壤中含有的有机碳质量（g），据此才得以进一步计算土壤有机碳密度和有机碳储量。要测定土壤有机碳含量，首先应测定土壤有机质含量（SOM）。土壤中有机质含量一般按照国标 LY/T 1237-1999，基于有机碳氧化前后重铬酸离子数量的变化计算有机碳或有机质含量的原理，采用外加热法——重铬酸钾氧化法测定（满秀玲，2010; Fan et al., 1998）。经氧化校正系数 1.1 校正未反应的有机碳含量后，取常用的土壤有机质平均含碳率值 0.58（Van Bemmelen 换算因子）计算得到土壤有机碳含量，即：

$$SOM = \left[\frac{0.800 \times 5.0}{V_0} \times (V_0 - V) \times 0.003 \right] \Big/ (m_1 \times K_2) \times 1000$$

$$(3-109)$$

$$SOC = SOM \times 1.1 \times 0.58 \qquad (3-110)$$

式中：SOM 为土壤有机质含量（g/kg）；0.800 为重铬酸钾标准溶液的浓度（mol/L）；5.0 为重铬酸钾标准溶液的体积（mL）；V_0 为空白标定消耗的硫酸亚铁溶液体积（mL）；V 为消耗的硫酸亚铁溶液体积（mL）；0.003 为 1/4 碳原子的

摩尔质量(g/mol);m_1为风干土样质量(g);K为将风干土换算到烘干的含水率;SOC为土壤有机碳含量(g/kg)。

3.5.3   数据统计与汇总

采用数理统计方法,利用样地调查信息,结合生物量模型和碳计量参数,进行森林资源与生态状况各特征量的计算。利用综合分析处理软件,统计汇总各树种森林资源数量、质量、生物量、碳储量和固碳释氧效益及其变化情况。

3.6   土壤碳储量

土壤有机碳储量是指单位面积一定深度的土层中土壤有机碳的储量,是评价和衡量土壤中有机碳储量的一个极其重要的指标。本研究采用国际上常用的土壤类型法,即在土壤容重和土壤有机碳含量测定的基础上,计算得到土壤有机碳储量(SCS),即:

$$\text{SCS} = \sum_{i=1}^{8} (\text{SD}_i \cdot \text{SOC}_i \cdot d_i) \tag{3-111}$$

式中:SCS为土壤有机碳储量($\text{tC} \cdot \text{hm}^{-2}$);$i$为土层数目;$\text{SD}_i$为第$i$层土壤的容重($\text{g} \cdot \text{cm}^{-3}$);$\text{SOC}_i$为第$i$层土壤有机碳含量($\text{g} \cdot \text{kg}^{-1}$);$d_i$为第$i$层土壤的厚度(cm)。鉴于研究区域范围小,且土壤质地大多为重壤土,少见粒径 > 2mm 的砾石,忽略砾石的体积百分数。

据此,可以得到实测各土层有机碳储量、特定层有机碳储量(例如0 ~ 20cm的表土层有机碳储量)和土壤有机碳储量(各剖面土层有机碳储量总和)。

3.7   森林碳储量计量

森林碳的估算一般包括碳密度(单位面积储存碳量)、碳储量(林分储存碳量)和CO_2净吸存量(森林CO_2固定量)3个方面。其中,碳储量是最基本指标,可用以比较、评价森林储碳水平,它乘以森林面积就得到总碳储量(公式3-112)。而碳储量也可转化为CO_2固定量。正如上文所述,森林碳储存在土壤和非土壤的生物量两个碳库中,二者相加即为森林总碳储量,如公式3-113所示。土壤中的有机碳储量可直接通过样品测定推算(见公式3-111)。而储存在活立木、灌木、粗木质物等植被和倒落残体各库层的生物量碳则需要通过直接或间接测定的森林生物量乘以含碳率得到,即:

$$C_{\text{Forest}} = \text{CD}_{\text{Forest}} \times S \tag{3-112}$$

$$\text{CD}_{\text{Forest}} = \text{CD}_{\text{Biomass}} + \text{CD}_{\text{Soil}} \tag{3-113}$$

$$\mathrm{CD}_{\mathrm{Biomass}} = \sum_{k=1}^{n} \sum_{j=1}^{m} \sum_{i=1}^{l} (B_{ijk} \times C\%_{ijk}) \qquad (3\text{-}114)$$

式中：C_{Forest} 为森林总碳储量（tC）；$\mathrm{CD}_{\mathrm{Forest}}$ 为森林生态系统碳储量（tC·hm^{-2}）；S 为森林面积（hm^2）；$\mathrm{CD}_{\mathrm{Biomass}}$ 为生物量碳储量（t·hm^{-2}）；$\mathrm{CD}_{\mathrm{Soil}}$ 为土壤碳储量（tC·hm^{-2}）；B_{ijk} 为 k 库层 j 组分 i 器官生物量；$C\%_{ijk}$ 为 k 库层 j 组分 i 器官含碳率。

为表示同一片林分生长发展过程中碳的累积速率，可采用年净固碳量 ANCI（Annual net carbon increment，tC·hm^{-2}·yr^{-1}）指标，用以计算不同年龄阶段间林分净增加碳储量的年均值，即：

$$\mathrm{ANCI} = (\mathrm{CD}_{\mathrm{Forest}_1} - \mathrm{CD}_{\mathrm{Forest}_0})/(t_1 - t_0) \qquad (3\text{-}115)$$

式中：t_0 和 t_1 分别为不同的林龄；$\mathrm{CD}_{\mathrm{Forest}_0}$ 和 $\mathrm{CD}_{\mathrm{Forest}_1}$ 分别为 t_0 和 t_1 林龄林分的森林碳储量水平。

最后，综合以上各方面的研究方法，提出森林碳储量监测技术研究的总体思路，可表示为图 3-3。

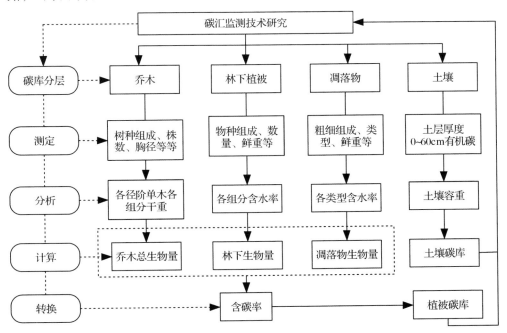

图 3-3 森林生物量和碳储量监测技术方法

Fig. 3-3 Diagram of technology roadmap

第 **4** 章

杉木林生物量和碳储量的估算

4.1 杉木林样本数据

4.1.1 杉木林类型

根据林场现有资源分布状况（表4-1），杉木与其他树种混交林大多是在杉木的采伐迹地上种植其他树种，杉木幼苗则自发萌生，这样形成的在一定程度上不能称之为混交林。因此，本研究以杉木纯林为主要研究对象，并适当考虑其他地区已有的杉木与其他树种的混交模式。

表 4-1　将乐国有林场杉木林主要类型

Table 4-1　Main types of *Cunninghamia lanceolata* forest in Jiangle forest

类型	树种组成
杉木纯林	10 杉木
	9 杉木 1 马尾松
	8 杉木 2 马尾松
	7 杉木 3 火力楠
	7 杉木 3 马尾松
杉木与其他树种混交林	6 杉木 4 火力楠
	6 杉木 4 马尾松
	6 杉木 4 毛竹
	5 杉木 5 马尾松
	5 杉木 5 毛竹
	6 马尾松 4 杉木
	6 毛竹 4 杉木
	5 马尾松 4 杉木 1 南酸枣
	7 毛竹 3 杉木
	8 毛竹 2 杉木
	7 木荷 2 杉木 1 马尾松
	6 马尾松 2 火力楠 2 杉木
	9 马尾松 1 杉木

4.1.2　杉木标准地及样木

　　按典型取样原则选取了杉木林标准地共 28 块，同时伐取杉木样木 39 株，进行树干解析和生物量测定（表 4-2），得到林分和林木因子数据（表 4-3、表 4-4）。

表 4-2　杉木样地、样木数量统计表

Table 4-2　Plot and sample tree of *Cunninghamia lanceolata* forest in Jiangle forest farm

指标	样地			样木			
年份	2010	2011	2012	2010	2011	2012	2013
数量	4	8	16	8	3	23	5

表 4-3　杉木样地基本信息统计表

Table 4-3　Sampling plot situation of *Cunninghamia lanceolata* forest in Jiangle forest farm

样地号	海拔（m）	坡度	坡位	坡向（°）	郁闭度	平均胸径（cm）	平均树高（m）	公顷株数
1	273	23	中	305	0.8	21.2	21.0	1617
2	258	30	中	68	0.7	9.2	8.2	1483
3	278	29	中上	68	0.9	11.7	9.9	2533
4	244	28	中	148	0.9	14.3	13.5	2600
5	227	30	中	345	0.8	18.0	12.9	3200
6	240	29	中	154	0.8	12.4	12.9	4400
7	210	34	中	275	0.9	11.3	7.6	2925
8	210	34	中	271	0.9	11.4	7.0	3250
9	237	34	中	117	0.5	25.2	19.1	717
10	332	41	中	0	0.7	22.3	21.6	1475
11	241	16	中	344	0.7	23.2	17.1	1000
12	320	39	中	160	0.7	19.1	18.7	1883
13	239	35	上	320	1.0	11.9	6.7	3225
14	176	32	下	109	0.4	17.0	17.0	1483
15	192	15	中	323	0.7	14.3	13.8	2575
16	212	23	上	75	0.3	10.6	8.1	2075
17	231	28	中	180	0.9	15.3	16.2	3075
18	231	29	中	245	0.8	15.1	12.6	1275
19	229	33	中	330	0.6	18.1	14.5	1350
20	216	34	中	145	0.6	15.1	13.5	1767
21	276	37	中	282	0.3	4.5	3.4	3667
22	219	31	中上	116	0.5	4.8	4.2	1933
23	286	22	下	162	0.8	22.6	19.8	850
24	242	45	上	90	0.8	15.2	13.3	1767
25	240	44	中	161	0.8	24.3	20.7	617
26	297	35	中	150	0.8	26.9	21.4	467
27	204	35	中	287	0.6	23.1	21.2	1250
28	215	22	全	68	0.6	20.6	15.4	1475

表4-4　杉木样木调查因子统计表

Table 4-4　Sampling trees situation of *Cunninghamia lanceolata* forest in Jiangle forest farm

样木号	胸径（cm）	树高（m）	冠幅（m）	活枝下高（m）	年龄（年）	材积（m³）
1	22.3	21.6	3.60	12.7	35	0.4511
2	22.3	21.5	4.00	14.2	33	0.4488
3	9.5	7.0	3.08	1.7	10	0.0293
4	11.7	9.4	2.95	5.0	16	0.0583
5	16.4	15.2	3.25	7.7	25	0.1785
6	14.7	13.8	3.65	6.5	24	0.1323
7	11.4	11.2	1.95	5.8	17	0.0671
8	12.3	15.0	2.30	11.1	23	0.1052
9	10.1	6.9	1.80	1.6	11	0.0321
10	12.3	7.6	1.70	1.7	18	0.0507
11	8.0	6.6	1.35	1.4	8	0.0202
12	13.4	13.6	2.16	5.9	22	0.1104
13	14.9	11.5	3.10	3.2	24	0.1115
14	15.8	15.0	2.36	9.6	25	0.1646
15	16.9	16.6	3.52	10.8	26	0.2070
16	19.1	20.7	3.20	15.6	29	0.3266
17	20.7	19.9	3.15	14.4	28	0.3616
18	22.4	25.0	3.02	9.1	30	0.5318
19	21.8	21.3	3.50	12.7	32	0.4267
20	17.2	15.8	2.76	7.2	26	0.2026
21	18.5	19.7	1.74	9.1	27	0.2925
22	27.7	22.3	5.82	7.3	38	0.6882
23	7.3	8.7	1.25	6.9	9	0.0288
24	12.2	14.4	2.10	7.2	20	0.0992
25	26.6	24.0	4.70	12.6	35	0.6925
26	23.3	20.5	3.50	11.6	32	0.4613
27	24.1	22.0	3.56	14.5	33	0.5286
28	22.0	20.4	3.40	13.0	31	0.4141
29	18.0	19.4	2.46	8.2	28	0.2739
30	5.9	4.6	1.90	1.4	7	0.0079
31	6.5	5.8	2.36	1.4	7	0.0121
32	5.1	4.1	2.00	1.9	6	0.0054
33	26.3	19.8	5.00	8.9	33	0.5521
34	21.2	20.0	3.26	12.5	31	0.3794
35	11.3	10.2	2.10	4.1	15	0.0598
36	12.9	12.8	3.05	7.6	21	0.0966
37	10.7	10.7	3.15	6.1	13	0.0570
38	10.3	10.0	3.00	2.4	12	0.0496
39	11.0	8.5	2.95	3.4	13	0.0468

注：表中材积根据曾伟生等，2011年建立的贵州人工杉木二元材积方程 $V = 0.06452 D^{1.7904} H^{1.0720}$ 计算得出。

4.2 杉木单木生物量分配

由杉木各组分生物量的统计及分析结果（表4-5和图4-1）可见，杉木单木生物量分配以干材为主，根系和树枝也占一定比重，干皮和树叶的比重相对较小，它们的关系是：干材＞根系＞活枝＞干皮＞树叶＞死枝。同时，干材所占比重64.11%（±9.92%），是杉木总生物量的主要部分；根系生物量也占有很大比重，为14.92%（±3.72%），大于树枝的10.53%（其中活枝9.04%±2.92%，死枝1.49%±0.91%）和树皮的7.5%（±1.39%）；树叶的生物量占比最小，只有2.94%（±6.44%）。

4.3 杉木生物量模型构建

近年来，国内外林业工作者对森林生物量进行了大量研究。由于树干生物量占了立木地上生物量的70%左右的比例，而树干生物量又是树干材积与树干密度之积，因此，立木地上生物量与立木材积是高度相关的，在进行森林蓄积和森林生物量监测时应考虑二者之间的相容性。另一方面，林木的生物量涉及干材、干皮、树叶、树枝和树根等分量（王轶夫等，2012），而林木总生物量应该等于各分项生物量之和。为了满足这一基本的逻辑关系，在建立总生物量方程和各分量生物量方程时，就必须要使各个方程之间具有相容性（曾伟生等，2010）。同时，一般的回归模型通常是假设自变量的测量值不含有误差，而只有因变量的测量值含有误差。这种误差有很多来源，包括测量误差、抽样误差等，通常统称为度量误差。但是当自变量和因变量的测量值中都含有度量误差时，通常的回归模型估计方法就不再适用，而必须采用度量误差模型方法（Tang S Z *et al*，2001；Tang S Z *et al*，2002；唐守正等，2002；李永慈等，2006；曾伟生等，2011）。为了解决这些问题，本书拟采用非线性度量误差模型的方法，综合运用ForStat2.1统计分析软件，先建立各生物量的独立模型，采用非线性加权回归方法来消除异方差，根据每个独立拟合方程的方差所建立的一元回归模型来确定权函数（曾伟生等，2011）。以此来研究建立杉木一元、二元与材积兼容的地上生物量方程及其转换函数，相容性的地下生物量方程和根茎比方程，并拟合出总量与分量相容的生物量模型，最后对拟合结果进行分析和精度评价。

4.3.1 独立模型的建立

据不完全统计，全世界已经建立的生物量模型超过2300个，涉及树种100

个以上（Chojnacky D C，2002）。立木生物量模型的一般结构形式有以下3种（Parresol B R，1999；Parresol B R，2001）：

线性：$y = \lambda_0 + \lambda_1 x_1 + \cdots + \lambda_1 x_1 + \varepsilon$ (4-1)

非线性：$y = \lambda_0 x_1^{\lambda_1} \cdots \lambda_1 x_1 + \varepsilon$ (4-2)

$y = \lambda_0 x_1^{\lambda_1} \cdots \lambda_1 x_1 \varepsilon$ (4-3)

式中：y 为立木材积或生物量；x_j 为胸径、树高、冠幅等变量；λ_j 为模型参数；ε 为误差项。模型(4-2)和(4-3)具有的唯一区别是误差项的性质，模型(4-2)为加性误差，模型(4-3)则为乘积误差。由于生物量数据通常都存在异方差，用传统的最小二乘法估计模型而得到的参数估计量不是有效的估计量，也不是渐近有效的估计量。因此非线性模型一般采用(4-3)式，并采用加权最小二乘法进行拟合。本书也采用(4-3)式分别拟合只包含胸径和同时包含胸径、树高的一元、二元各生物量方程。

表4-5   杉木样木生物量统计表（单位：kg）

Table 4-5   Sampling trees biomass of *Cunninghamia lanceolata* in Jiangle forest farm

样木号	干材	干皮	活枝	死枝	叶	根	总生物量
1	145.25	17.0	20.48	3.37	6.66	33.80	226.55
2	139.59	15.1	16.99	2.19	5.78	25.32	204.95
3	6.49	1.6	3.48	0.05	2.63	3.35	17.58
4	15.62	4.3	4.20	0.13	3.70	9.32	37.26
5	42.52	7.0	8.19	0.89	4.07	15.01	77.70
6	34.27	7.7	6.73	0.74	4.09	13.35	66.90
7	18.48	3.2	4.05	0.22	2.83	6.76	35.52
8	23.87	4.7	5.61	0.37	1.24	11.22	46.98
9	6.19	1.2	3.63	0.71	4.25	3.79	19.74
10	19.31	4.2	4.49	0.22	2.67	9.01	39.86
11	4.08	0.7	1.61	0.00	2.30	1.71	10.43
12	28.42	6.1	7.37	0.46	2.13	14.71	59.20
13	31.64	5.5	5.91	0.72	3.83	13.50	61.14
14	35.99	7.9	8.51	0.70	3.11	14.37	70.57
15	50.73	7.1	9.42	0.92	4.49	13.80	86.43
16	79.28	12.1	12.76	1.98	4.03	24.74	134.86
17	86.21	11.7	13.85	2.07	5.38	24.11	143.31
18	144.08	19.0	23.34	4.21	8.38	23.84	222.85
19	104.75	12.9	18.25	2.02	5.48	40.33	183.77
20	54.46	7.4	10.22	0.82	4.69	17.12	94.75
21	68.16	8.6	13.70	1.74	5.57	20.85	118.67
22	158.90	23.6	25.32	7.12	9.77	40.64	265.34
23	4.41	0.8	1.85	0.00	2.12	1.87	11.06
24	23.36	4.9	4.38	0.38	2.25	10.47	45.71

（续）

样木号	干材	干皮	活枝	死枝	叶	根	总生物量
25	173.43	25.3	27.48	7.99	11.03	42.61	287.88
26	117.35	17.1	19.67	3.62	5.82	21.41	184.92
27	139.18	20.5	25.59	6.76	10.11	33.72	235.86
28	120.66	16.0	18.65	4.81	7.31	31.28	198.68
29	62.94	7.8	12.09	1.13	5.08	19.62	108.63
30	2.01	0.5	0.87	0.00	1.22	1.43	6.05
31	2.61	0.6	1.27	0.00	1.66	1.60	7.74
32	1.31	0.5	0.68	0.00	0.89	0.91	4.30
33	135.00	19.3	23.30	5.94	9.76	38.10	231.44
34	96.52	13.9	15.18	2.74	6.34	28.15	162.82
35	10.46	1.8	4.60	0.23	2.90	4.24	24.20
36	25.30	4.1	6.52	0.57	3.65	13.21	53.31
37	14.46	2.5	3.55	0.06	2.84	7.20	30.60
38	10.39	1.9	2.67	0.02	4.13	3.51	22.65
39	10.67	1.8	3.09	0.04	2.79	3.93	22.30

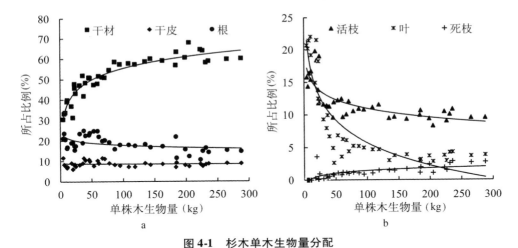

图 4-1 杉木单木生物量分配

Fig. 4-1 Tree biomass distribution of *Cunninghamia lanceolata*

4.3.1.1 材积方程和地上生物量方程的建立

依据已有研究（夏忠胜等，2012）和行业标准《立木材积表》（LY208-77），采用以下形式的一、二元立木材积方程：

$$V = a_0 D^{a_1} \tag{4-4}$$

$$V = a_0 D^{a_1} H^{a_2} \tag{4-5}$$

式中：V 为立木材积；D 为胸径；H 为树高；a_0，a_1，a_2 为参数。如果考虑

一、二元地上生物量方程，则其形式表示为：

$$M_a = b_0 D^{b_1} \qquad (4\text{-}6)$$

$$M_a = b_0 D^{b_1} H^{b_2} \qquad (4\text{-}7)$$

式中：M_A 为立木地上生物量；b_0，b_1，b_2 为参数。

利用福建将乐县杉木人工林 39 株建模样本的立木材积和地上生物量实测数据，分别拟合一元、二元独立方程，通过 ForStat 2.1 软件（唐守正等，2008）求解参数估计值，用 Excel 计算统计指标（表 4-6、表 4-7）。

表 4-6　立木材积和地上生物量独立方程的参数估计值

Table 4-6　Values of parameter estimates of independent tree volume and
above-ground biomass equations

模型		立木材积方程			地上生物量方程		
		a_0	a_1	a_2	b_0	b_1	b_2
一元	未加权	0.000259	2.3274	/	0.092436	2.389298	/
	加权	0.000198	2.4144	/	0.046204	2.614713	/
二元	未加权	0.000118	1.660789	0.948469	0.03196	1.620971	1.142519
	加权	0.000123	2.043744	0.542813	0.039694	1.916251	0.768415

注：1. 一元和二元立木材积加权回归的权重变量分别为 $1/D^{0.61}$ 和 $1/D^{1.65}$；2. 一元和二元地上生物量加权回归的权重变量分别为 $1/D^{1.42}$ 和 $1/D^{1.51}$。

表 4-7　立木材积和地上生物量独立方程的统计指标

Table 4-7　Statistical indicators of independent tree volume and
above-ground biomass equations

模型		R^2		SEE		TRE（%）	
		V	W_A	V	W_A	V	W_A
一元	未加权	0.9536	0.9597	0.0364	14.9161	−1.0670	−1.7315
	加权	0.9529	0.9549	0.0367	15.7752	−0.4912	−0.0128
二元	未加权	0.9730	0.9852	0.0282	9.1663	0.1223	0.4644
	加权	0.9684	0.9823	0.0305	10.0134	−0.0685	0.0409

模型		MSE（%）		MPE（%）		MPSE（%）	
		V	W_A	V	W_A	V	W_A
一元	未加权	−7.2087	−9.2532	6.1059	5.8677	23.0316	14.3482
	加权	−4.4325	−1.2159	6.1525	6.2888	22.2775	9.3714
二元	未加权	2.1678	6.3224	4.7303	6.2065	19.2091	12.7119
	加权	0.8314	1.6921	5.1166	3.9407	19.6872	8.8636

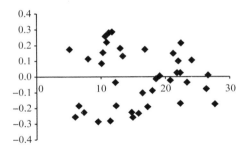

图 4-2 一元材积模型的相对误差分布

Fig. 4-2 Distribution of relative error of one-variable volume equation

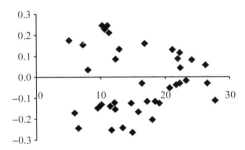

图 4-3 二元材积模型的相对误差分布

Fig. 4-3 Distribution of relative error of two-variable volume equation

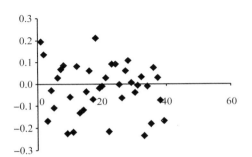

图 4-4 一元地上生物量模型的相对误差分布

Fig. 4-4 Distribution of relative error of one-variableaboveground biomass equation

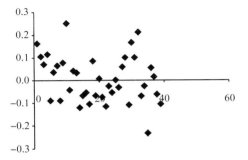

图 4-5 二元地上生物量模型的相对误差分布

Fig. 4-5 Distribution of relative error of two-variable aboveground biomass equation

结果表明，经过非线性加权消除异方差的影响之后，如果采用一元模型，立木材积方程和地上生物量方程的确定系数 R^2 均超过了 0.95，其他评价指标也都符合精度要求；若采用二元模型，则立木材积方程和地上生物量方程的相关统计指标均得到不同程度的改进，立木材积方程和地上生物量方程的 R^2 分别超过了0.96 和 0.98，估计值的标准差 SEE 分别减少了 16.9% 和 36.5%，平均预估误差MPE 也下降了 1～2.3 个百分点，平均百分标准误差 MPSE 分别在 20% 和 10% 左右浮动，模型预估精度较高。此外，在经过非线性加权后，无论是一元模型还是二元模型，其总相对误差 TRE 和平均系统误差 MSE 都大幅度下降，总体范围在±5% 以内。其中一元的材积和地上生物量模型分别下降了 54% 和 99%；二元的材积和地上生物量模型分别下降了 156% 和 91%。TRE 已控制在 ±1% 以内。这说明非线性加权对模型的拟合效果有很大贡献，有效地消除了模型建立过程中存在的异方差问题，从而大大提高了模型的拟合优度。从残差分布图来看，几个模型的残差和相对残差值都近似随机(图4-2、图4-3、图4-4、图4-5),并将浮动范围控制在 ±0.3 以内,其中地上生物量模型的相对误差已基本小于 ±0.2,模型稳定性好,拟合效果优良。总体上看,二元模型要优于一元模型。

4.3.1.2 地下生物量与根茎比方程的建立

地下生物量是立木生物量的重要组成部分,因其测定起来费时费力且操作难度大,致使当前对地下生物量的研究相对较少,且研究方法也不完全统一。通常研究地下生物量模型的方法有两种:一种是直接建立地下生物量与胸径和树高等因子的回归模型;另一种是建立根茎比与其胸径和树高等因子的回归模型(朱慧等,2003;Xiao C W et al,2004;PERI P L et al,2006;Johansson T,2007)。本书通过上述两种常用方法拟合地下生物量方程和根茎比方程,分别考虑包含胸径的一元模型和同时包含胸径树高两个因子的二元模型,对估计结果进行对比分析。

第一种方法,直接建立起地下生物量与胸径和树高之间的回归方程:

$$M_B = k_0 D^{k_1} \tag{4-8}$$

$$M_B = k_0 D^{k_1} H^{k_2} \tag{4-9}$$

式中:M_B 为地下生物量;D 为胸径;H 为树高;k_0,k_1,k_2 为参数。根茎比 R 的估计值可由地下生物量 M_B 除以地上生物量 M_A 来得到。

第二种方法,建立起根茎比与胸径和树高的回归方程,其形式表示为:

$$R = c_0 D^{c_1} \tag{4-10}$$

$$R = c_0 D^{c_1} H^{c_2} \tag{4-11}$$

式中:R 为根茎比,即地下生物量与地上生物量的比值;c_0,c_1,c_2 为参数。此时用根茎比 R 与地上生物量 M_A 相乘即可得到地下生物量 M_B 的估计值。

利用福建将乐人工杉木 39 株建模样本的地上、地下生物量实测数据,采用第二章介绍过的两种方法分别拟合一元、二元的地上、地下生物量及根茎比独立方程,通过 ForStat 2.1 软件求解参数估计值并用 Excel 计算统计指标(表4-8、表4-9)。

表4-8 地下生物量和根茎比独立方程的参数估计值

Table 4-8 Parameter estimates of independent belowground biomass and root-shoot ratio models

模型		参数估计值								
		b_0	b_1	b_2	k_0	k_1	k_2	c_0	c_1	c_2
一元	未加权	0.0924	2.3893	/	0.0741	1.9200	/	0.4518	−0.2528	/
	加权	0.0462	2.6147	/	0.0578	2.0011	/	0.7134	−0.4209	/
二元	未加权	0.0320	1.6210	1.1425	0.0621	1.5989	0.3897	0.4559	−0.2881	0.0329
	加权	0.0397	1.9163	0.7684	0.0537	1.5830	0.4545	0.7026	−0.4177	0.0023

注:1. 一元和二元地下生物量加权回归的权重变量分别为 $1/D^{0.54}$ 和 $1/D^{0.47}$;2. 一元和二元根茎比方程加权回归的权重变量分别为 $1/D^{-0.92}$ 和 $1/D^{-0.93}$;3. b_0,b_1,b_2 的参数估计值同表4-6,此处加上是为方便对比分析。

表 4-9 地下生物量和根茎比独立方程的统计指标

Table 4-9 Statistics indicators of independent belowground biomass and root-shoot ratio models

组分	模型		统计指标					
			R^2	SEE	TRE(%)	MSE(%)	MPE(%)	MPSE(%)
地下生物量 W_B （方法一）	一元	未加权	0.9205	3.5600	−1.2254	−8.3407	6.9962	20.5789
		加权	0.9195	3.5812	−0.3458	−5.8750	7.0379	20.2573
	二元	未加权	0.9253	3.4986	−0.8164	−6.5881	6.8820	19.2485
		加权	0.9250	3.5055	−0.3236	−4.9945	6.8957	18.9108
根茎比 R （方法二）	一元	未加权	0.7613	0.0499	−1.0581	−1.2287	6.9962	16.7336
		加权	0.8941	0.0340	−0.9737	−0.9375	7.5818	17.4778
	二元	未加权	0.7609	0.0505	−1.0582	−1.2290	7.0974	16.6710
		加权	0.8842	0.0345	−0.8314	−0.8545	7.6508	17.4328

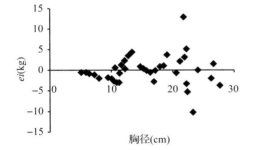

图 4-6 一元地下生物量模型的残差分布
Fig. 4-6 Distribution of residual errors of
one-variable belowground biomass equation

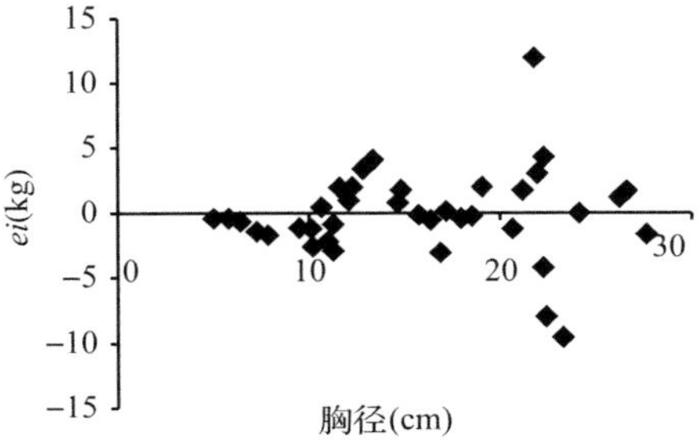

图 4-7 二元地下生物量模型的残差分布
Fig. 4-7 Distribution of residual errors of
two-variable belowground biomass equation

　　根据地下生物量和根茎比独立方程的拟合结果，用两种方法所建立的地下生物量方程都能很好地估计林木地下生物量。在经过非线性加权回归后，明显可见模型的拟合效果有很大改进，总相对误差 TRE 和平均系统误差 MSE 均有不同程度的降低，提高了拟合优度。两种方法得到的模型确定系数 R^2 都在 0.9 左右，平均预估精度在 93% 左右。对一元方程和二元方程进行对比，发现二者都能有很好的拟合效果和估计精度，且残差分布随机（图 4-6、图 4-7）。但二者的各评价指标之间均无太大差异，拟合效果大小相近，预估精度差异不大，这说明以胸径因子为自变量的生物量模型已经很好地解释了地下生物量的变动情况。在此前提下再加上树高因子来建立地下生物量模型，对其估计精度并没有很大改进。因此，建议在以后的地下生物量预估工作中直接建立基于胸径的一元生物量模型，既能保证很好的预估效果，又节省了工作量。

　　虽然两种方法的评价指标差异不大，但是用一套数据得出两种不同的估计结果，显然是不合适的，而且很难判断哪种方法更好。考虑到地上生物量、地下生物量和根茎比三者之间的内在联系，可应用度量误差模型方法将上述 3 个独立拟合的方程联立成方程组，以此来解决三者之间的兼容问题。

4.3.1.3　总量和各分量独立模型的建立

　　为建立总量和各分量生物量的独立模型，而又区别上述地上生物量方程，将其变型，得到一、二元总量和分量生物量方程，其形式表示为：

$$w_i = a_i D^{b_i} \tag{4-12}$$

$$w_i = a_i D^{b_i} H^{c_i} \tag{4-13}$$

　　式中：w_i 为总量或分量生物量；a_i、b_i、c_i 为模型参数；i 取 0、1、2、3、4、5，分别代表全树、干材、干皮、树枝、树叶和根系（此处代表根系生物量的 w_5 与前文中已建立过的地下生物量方程中 M_B 并无差别，只是处于不同建模系统中的两个表达方式）；D 为胸径；H 为树高。

　　人工杉木一元、二元生物量总量与各分量独立方程拟合结果见表4-10。可以看出，独立建立的 6 个生物量模型的确定系数 R^2 都较高，其中树枝和树叶的确定系数相对较低，但也达到了84%以上，总体上各模型拟合效果较好，估计精度符合要求，二元模型略优于一元模型。

　　深入对表4-10进行分析，可以看出，经过非线性加权回归，各模型参数趋于稳定，模型的拟合效果评价指标 TRE 和 MSE 大幅降低，而预估精度并未明显提高，这种趋势再次印证了非线性加权回归能够很好地解决模型拟合过程中存在的异方差问题，提高模型拟合的效果，但对模型预估精度方面没有太大改善。加权后，对于一元独立模型，各评价指标表现良好，确定系数 R^2 在84%～98%范围内，估计值的标准差 SEE 较小，平均预估误差 MPE 在3.2%～7.4%之间。这说明平均预估精度基本在92%～97%之间，平均百分误差 MPSE 也相对较好，在10%～20%之间浮动，而拟合效果评价指标 TRE 已经控制在 ±1% 以内，MSE 除树叶和根系的个别值接近 ±6% 以外，其他值均在 ±4% 以下，拟合效果良好。随着模型解释变量的增加，包含树高因子的各二元模型在拟合效果上较一元模型有不同程度的提高，但提高效果不明显，在预估精度上也与一元模型差异不大，主要是提高了干材和干皮生物量的预估精度。一元、二元独立模型的拟合优度 Ef 在0.95～1.03之间，变动系数 CV 远小于50%，在10.4%～25.3%之间，各参数 t 值都大于2，均达到显著或极显著水平。综合以上结果，二者都可以独立进行生物量估计，但考虑到工作量和树高因子的测定易产生误差，所以建议在预估生物量时可以优先考虑建立只包含胸径的一元模型，若要得到更高精度的估计值，再考虑二元模型。

表 4-10　总分量独立模型的参数估计值和统计指标

Table 4-10　**Parameter estimates and statistics indicators of independent total and component**

组分	模型		参数估计值			统计指标					
			a	b	c	R^2	SEE	TRE（%）	MSE（%）	MPE（%）	MPSE（%）
全树	一元	未加权	0.1391	2.3129	/	0.9663	15.8451	−1.5757	−8.8997	5.1908	14.2563
		加权	0.0807	2.4898	/	0.9632	16.5628	−0.0225	−2.6966	5.4260	10.6546
	二元	未加权	0.0603	1.6266	0.9836	0.9870	9.9695	0.2071	2.5499	3.2691	10.4327
		加权	0.0644	1.7927	0.7922	0.9861	10.3017	0.0381	0.9890	3.3780	9.0397
干材	一元	未加权	0.0531	2.4577	/	0.9446	12.8742	−2.7187	−8.0487	7.2455	22.1702
		加权	0.0284	2.6597	/	0.9412	13.2608	−0.6160	−3.7840	7.4631	16.9140
	二元	未加权	0.0140	1.5358	1.3913	0.9796	7.9085	−0.2255	−0.4863	4.4550	11.1529
		加权	0.0115	1.9435	1.0385	0.9748	8.7982	−0.2649	0.4235	4.9562	10.3827
干皮	一元	未加权	0.0118	2.3097	/	0.9648	1.3486	−0.8514	−6.2184	5.2059	17.8157
		加权	0.0071	2.4777	/	0.9616	1.4103	−0.2374	−0.8723	5.4438	17.1548
	二元	未加权	0.0066	1.8187	0.7007	0.9757	1.1371	0.4765	1.7352	4.3934	16.4068
		加权	0.0072	1.9353	0.5499	0.9751	1.1496	−0.0974	−0.2387	4.4416	16.1680
树枝	一元	未加权	0.0148	2.3504	/	0.8737	1.9505	−0.3789	−1.0425	5.3019	11.8539
		加权	0.0142	2.3616	/	0.8736	1.9526	0.3052	−0.0116	5.3077	11.8006
	二元	未加权	0.0076	1.8433	0.7427	0.8953	1.6326	1.1519	10.4393	4.4419	16.7558
		加权	0.0124	2.0004	0.4192	0.8929	1.7101	0.0039	1.9990	4.6530	11.8478
树叶	一元	未加权	0.0724	1.4771	/	0.8487	1.0174	1.4037	7.2301	7.2738	22.1593
		加权	0.0802	1.4431	/	0.8484	1.0183	0.9646	5.7779	7.2806	21.0988
	二元	未加权	0.0822	1.8624	−0.4396	0.8594	0.9941	0.8682	4.5220	7.1140	19.6359
		加权	0.1146	1.8291	−0.5210	0.8555	1.0079	−0.0111	0.8151	7.2130	17.8874
根系	一元	未加权	0.0741	1.9200	/	0.9205	3.5600	−1.2254	−8.3407	6.9962	20.5789
		加权	0.0578	2.0011	/	0.9195	3.5812	−0.3458	−5.8750	7.0379	20.2573
	二元	未加权	0.0621	1.5989	0.3897	0.9253	3.4986	−0.8164	−6.5881	6.8820	19.2485
		加权	0.0537	1.5830	0.4545	0.9250	3.5055	−0.3236	−4.9945	6.8957	18.9108

　　注：一元独立生物量模型的权重变量分别为 $1/D^{1.10}$、$1/D^{0.74}$、$1/D^{1.49}$、$1/D^{2.25}$、$1/D^{0.11}$、$1/D^{0.54}$；二元独立生物量模型的权重变量分别为 $1/D^{1.10}$、$1/D^{1.96}$、$1/D^{1.71}$、$1/D^{1.22}$、$1/D^{0.64}$、$1/D^{0.47}$。

4.3.2　相容性模型的建立

　　应用非线性度量误差模型方法研究建立与材积相容的地上生物量方程和总量与分量相容的生物量模型。非线性误差变量联立方程组（即多元非线性度量误差模型）的向量形式为（唐守正等，2008）：

$$\begin{cases} f(y_i,\ x_i,\ c)=0 \\ Y_i=y_i+e_i,\ \ i=1,\ 2,\ \cdots,\ n \\ E(e_i)=0,\ \ cov(e_i)=\sigma^2\psi \end{cases} \quad (4\text{-}14)$$

式中：x_i 为 p 维无误差变量（error-free-variable）的观测数据；Y_i 为 q 维误差变量（Error-in-variable）的观测数据；f 为 m 维向量函数；y_i 为 Y_i 的未知真值；误差的协方差矩阵记为 $\phi = \sigma^2 \psi$；ψ 是 e_i 误差结构矩阵；σ^2 为估计误差。

4.3.2.1　相容性材积方程和地上生物量模型

为解决立木材积和地上生物量间的相容性问题，根据已有研究成果，在只考虑 D 这一个解释变量和同时考虑 D、H 这两个解释变量的前提下，地上生物量与立木材积之间的回归关系可以表示为如下形式：

$$M_A = f(D) \cdot c_0 D^{c_1} \cdot V \tag{4-15}$$

$$M_A = f(D, H) \cdot V = c_0 D^{C_1} H^{C_2} \cdot V \tag{4-16}$$

式中：$f(D)$、$f(D, H)$ 相当于立木材积与地上生物量之间的转换函数，即生物量转换因子 BEF；c_0，c_1，c_2 为参数。

由此可得：

$$c_0 = b_0 / a_0 \quad c_1 = b_1 - a_1 \quad c_2 = b_2 - a_2 \tag{4-17}$$

显然，如果分别独立拟合公式（4-4）、（4-6）、（4-15）和公式（4-5）、（4-7）、（4-16），则其参数不可能满足（4-17）式。为了保证立木材积 V 和地上生物量 M 之间的相容性，可以分别将公式（4-4）和公式（4-15）、（4-5）和公式（4-16）联立，构成非线性度量误差变量方程组，将 D、H 作为无误差变量，V、M 作为误差变量，采用非线性度量误差模型方法来求解其中各个参数，保证以同一套数据为基础所建立的立木材积方程和地上生物量方程是相容的，并同时得到满足相容性要求的立木材积与地上生物量之间的转换函数。又考虑到材积与生物量之间转换单位的一致性，M 以 kg 为单位，对应的 V 以 dm^3（即 $1/1000$ m^3）为单位，这相当于（4-4）、（4-5）两式中的参数 a_0 需在平常的基础上扩大 1000 倍以满足要求。

基于立木材积和地上生物量独立模型的拟合结果，采用度量误差模型方法拟合相容性立木材积与地上生物量方程，通过 ForStat 2.1 软件求解参数估计值并用 Excel 计算各统计指标（表 4-11、表 4-12）。结果表明：对于相容性一元材积方程和地上生物量方程，其确定系数 R^2 和平均预估精度相差不大，分别达到了 0.95 和 94%，总体精度较高。对于相容性二元模型，材积方程和地上生物量方程的 R^2 分别超过了 0.97 和 0.98，估计值的标准差 SEE 比一元模型分别减少了 23% 和 37%，平均预估误差 MPE 也都下降了约 2 个百分点，总相对误差 TRE 和平均系统误差 MSE 均保持在 ±1% 左右，拟合效果和预估精度优于相容性一元模型。

表4-11 相容性立木材积和地上生物量方程的参数估计值

表4-11 相容性立木材积和地上生物量方程的参数估计值

Table 4-11 Values of parameter estimates of compatible tree volume
and above-ground biomass equations

模型	立木材积方程			地上生物量方程			生物量转换函数		
	c_0	c_1	c_2	c_0	c_1	c_2	c_0	c_1	c_2
一元	0.1793	2.4469	/	0.0462	2.6149	/	0.2575	0.1680	/
二元	0.1506	1.7195	0.8055	0.0397	1.9160	0.7686	0.2636	0.1965	−0.0369

注：一元和二元立木材积加权回归的权重变量分别为 $1/D^{0.61}$ 和 $1/D^{1.65}$；一元和二元地上生物量加权回归的权重变量分别为 $1/D^{1.42}$ 和 $1/D^{1.51}$。

表4-12 相容性立木材积和地上生物量方程的统计指标

Table 4-12 Statistical indicators of compatible tree volume and above-ground biomass equations

模型	R^2		SEE(m^3)		TRE(%)		MSE(%)		MPE(%)		MPSE(%)	
	V	W_A	V	W_A	V	W_A	V	W_A	V	W_A	V	W_A
一元	0.9522	0.9549	0.0369	15.7770	−0.0088	−0.0334	−3.0860	−1.2083	6.2054	6.2063	22.1547	9.3708
二元	0.9725	0.9823	0.0284	10.0123	−0.0006	−0.9324	−0.8952	1.1892	4.7670	3.9433	20.1751	8.8632

　　将立木材积和地上生物量的相容性模型与其独立模型对比，无论是一元模型还是二元模型，其拟合效果和预估精度都十分接近，并无太大差别。可见，本研究所建立的材积、地上生物量的独立模型和相容性模型都能有效地预估杉木材积和地上生物量，且能保证一定的预估精度。但是独立拟合的各个方程忽略了林木材积和生物量之间的关联性，从而导致估计结果的不相容，而建立的相容性模型恰好解决了这一问题。最终得到的相容性模型汇总结果见表4-13，每组模型的3个相容性方程中的任何一个都可以由另外两个直接推导出来，它们共同构成一个有机的整体。

表4-13 相容性立木材积方程和地上生物量方程

Table 4-13 Compatible tree volume and above-ground biomass equations

方程类型	一元模型	二元模型
立木材积方程	$V = 0.1793D^{2.4469}$	$V = 0.1506D^{1.7195}H^{0.8055}$
地上生物量方程	$M_A = 0.0462D^{2.6149}$	$M_A = 0.0397D^{1.9160}H^{0.7686}$
生物量转换函数	$BEF = 0.2575D^{0.1680}$	$BEF = 0.2636D^{0.1965}H^{-0.0369}$

4.3.2.2 相容性地下生物量和根茎比模型

　　与上述研究相容性材积方程和地上生物量模型的方法类似，在研究地下生物量时也要考虑到相容性问题，并运用度量误差模型方法建立相容性的地上、地下生物量方程和根茎比方程。根据三者之间的代数关系，则有：

$$M_B = c_0 D^{c_1} M_A \qquad (4\text{-}18)$$

$$M_B = c_0 D^{c_1} H^{c_2} M_A \qquad (4\text{-}19)$$

其中，(4-18)、(4-19)二式已经内含了式(4-10)、式(4-11)，且式中的 M_A 是由式(4-6)和式(4-7)得到的，属于度量误差，而式(4-6)、式(4-10)、式(4-18)和式(4-7)、式(4-11)、式(4-19)其参数应满足如下关系：

$$c_0 = k_0/b_0 \quad c_1 = k_1 - b_1 \quad c_2 = k_2 - b_2 \qquad (4\text{-}20)$$

由于各个模型是独立拟合的，其参数估计值显然不可能满足(4-20)式。故运用度量误差模型方法对式(4-6)、式(4-18)或式(4-7)、式(4-19)进行联合估计，便可得到一元或二元彼此相容的地上、地下生物量和根茎比模型。

然后对地上生物量、地下生物量和根茎比方程进行联合估计来解决三者之间的相容性问题，其参数估计值和各个统计指标见表4-14、表4-15。

表4-14　相容性地下生物量和根茎比方程的参数估计值

Table 4-14　Values of parameter estimates of independent belowground biomass and root-shoot ratio models

模型	参数估计值								
	b_0	b_1	b_2	k_0	k_1	k_2	c_0	c_1	c_2
一元	0.0467	2.6114	/	0.0570	2.0058	/	1.2216	−0.6056	/
二元	0.0398	1.9168	0.7671	0.0524	1.5874	0.4582	1.3182	−0.3295	−0.3090

注：1. 一元和二元地下生物量加权回归的权重变量分别为 $1/D^{1.42}$ 和 $1/D^{1.51}$；2. 一元和二元根茎比方程加权回归的权重变量分别为 $1/D^{0.54}$ 和 $1/D^{0.54}$。

表4-15　相容性地下生物量方程的统计指标

Table 4-15　Statistics indicators of independent belowground biomass and root-shoot ratio models

模型	统计指标					
	R^2	SEE	TRE(%)	MSE(%)	MPE(%)	MPSE(%)
一元	0.9194	3.5838	−0.3178	5.7433	7.042977	20.2404
二元	0.9079	3.8845	−0.7226	6.4367	7.641126	22.0934

从表中可以看出，这种方法不仅能满足式(4-20)中地上、地下生物量和根茎比三者的参数估计值之间的关系，确保了数据之间的兼容性，而且把3个模型作为了一个整体来进行联合估计，使模型参数更为稳定。如二元地下生物量独立模型中的参数 c_2，通过普通回归估计和加权回归估计后变动较大，稳定性差，不适于单独建立二元模型。而采用非线性误差变量联立方程组后，模型参数较稳定，且预估精度并没有因此降低，R^2 保持在 0.9 以上，MPE 在 8% 以下，平均预估精度达到了 92%，TRE 值没有超过 ±1%，拟合效果较优。最终得到的相容性模型

汇总见表4-16，三者是一个相互关联的有机整体。

表4-16 相容性地下生物量方程和根茎比方程

Table 4-16 Compatible belowground biomass and root-shoot ratio models

方程类型	一元模型	二元模型
地上生物量方程	$M_A = 0.04666D^{2.61144}$	$M_A = 0.03978D^{1.91682}H^{0.76713}$
地下生物量方程	$M_B = 0.05700D^{2.00582}$	$M_B = 0.05243D^{1.58735}H^{0.45816}$
根茎比方程	$R = 1.22159D^{-0.60563}$	$R = 1.31815D^{-0.32947}H^{-0.30897}$

4.3.2.3 总量与各分量的相容性生物量模型

利用非线性误差变量联立方程组建立总量与各分量的相容性生物量模型时主要采用总量直接控制和分级联合控制两种方案。曾伟生等（2012）利用非线性度量误差模型方法根据东北4个省的落叶松和南方9个省的马尾松的生物量实测数据，采用总量直接控制和分级联合控制两种方案拟合相容性生物量模型，结果显示两种方案都行之有效，且拟合效果差异不大。但从模型的复杂程度来考虑，建议采用总量直接控制方案。董利虎等（2013）在研究东北林区天然白桦的相容性生物量模型时也采用了上述两种方案，拟合结果显示出总量直接控制方案要略优于分级联合控制方案。为了避免分级联合控制使每级产生的误差叠加现象，本研究采用总量直接控制方案。此外，鉴于多数研究在拟合相容性模型时将地上地下分别拟合或仅限于地上部分，很少考虑到地下根系与地上各组分的相容，本研究将地下根系纳入到全树生物量相容性方程系统中，以此来研究建立全面、系统的相容性生物量模型。

总量直接控制方案把总生物量直接分成干材、干皮、树枝、树叶和根系5个分项，确保各分量之和等于总量。在构建一元、二元生物量模型时，假设干皮占总生物量的相对比例函数为$f_1(x)$，树枝占总生物量的相对比例函数为$f_2(x)$，树叶占总生物量的相对比例函数为$f_3(x)$，根系占总生物量的相对比例函数为$f_4(x)$，即：

$$f_j(x) = a_j D^{b_j} \tag{4-21}$$

$$f_j(x) = a_j D^{b_j} H^{c_j} \tag{4-22}$$

式中：a_j、b_j、c_j为参数；$i = 1, 2, \cdots, n$。

若$g_0(x)$为全树总生物量模型，即$g_0(x) = w_0$。则相容性生物量方程系统为：

$$\begin{cases} y_1 = \dfrac{1}{1 + f_1(x) + f_2(x) + f_3(x) + f_4(x)} \cdot g_0(x) \\[2mm] y_2 = \dfrac{f_1(x)}{1 + f_1(x) + f_2(x) + f_3(x) + f_4(x)} \cdot g_0(x) \\[2mm] y_3 = \dfrac{f_2(x)}{1 + f_1(x) + f_2(x) + f_3(x) + f_4(x)} \cdot g_0(x) \\[2mm] y_4 = \dfrac{f_3(x)}{1 + f_1(x) + f_2(x) + f_3(x) + f_4(x)} \cdot g_0(x) \\[2mm] y_5 = \dfrac{f_4(x)}{1 + f_1(x) + f_2(x) + f_3(x) + f_4(x)} \cdot g_0(x) \end{cases} \qquad (4\text{-}23)$$

式中：y_1、y_2、y_3、y_4、y_5 分别为干材、干皮、树枝、树叶和根系的生物量；x 为林木胸径 D、树高 H 等因子。之所以选择干材方程的分子作为 1，是因为干材占全树生物量比重最大且最稳定。

建模时需先根据生物量数据分析确定 $f_1(x)$、$f_2(x)$、$f_3(x)$、$f_4(x)$ 这 4 个相对比例函数（相对于干材为 1 的变化函数）的形式，并求出各个参数的估计值。然后用这些估计值作为初值，用度量误差模型方法求解模型系统（4-23）的参数值。

利用总生物量直接控制所建立的总量与各分量相容性生物量模型的参数估计值以及模型的统计指标见表4-17、表4-18。相容性生物量方程系统的比例函数见表4-19。

表4-17　总分量相容性模型的参数估计值

Table 4-17　Values of parameter estimates of compatible total and component models

模型	参数估计值											
	a_1	b_1	c_1	a_2	b_2	c_2	a_3	b_3	c_3	a_4	b_4	c_4
一元	2.3381	−0.9324	/	3.8522	−0.9993	/	3.0941	−1.2402	/	2.4954	−0.7270	/
二元	0.6297	−0.0493	−0.4476	1.0170	0.0548	−0.5982	8.9183	−0.0614	−1.5760	3.2540	−0.4011	−0.4191

注：1. 一元独立生物量模型的权重变量分别为 $1/D^{1.10}$、$1/D^{0.74}$、$1/D^{1.49}$、$1/D^{2.25}$、$1/D^{0.11}$、$1/D^{0.54}$；2. 二元独立生物量模型的权重变量分别为 $1/D^{1.10}$、$1/D^{1.96}$、$1/D^{1.71}$、$1/D^{1.22}$、$1/D^{0.64}$、$1/D^{0.47}$。

表 4-18　总分量相容性模型的统计指标

Table 4-18　**Statistical indicators of compatible total and component models**

组分	模型	统计指标					
		R^2	SEE	TRE(%)	MSE(%)	MPE(%)	MPSE(%)
全树	一元	0.9305	14.4131	− 1.2891	− 2.8541	8.111582	12.9590
	二元	0.9768	8.4482	0.0088	1.1565	4.759055	11.0451
干材	一元	0.9439	1.7039	0.2602	− 4.8572	6.577328	21.9534
	二元	0.9743	1.1686	0.3948	0.5475	4.515209	16.6646
干皮	一元	0.9130	3.0195	5.2483	− 6.1354	8.207747	17.7844
	二元	0.9714	1.7556	0.1553	3.4648	4.776652	13.6938
树枝	一元	0.8306	1.0766	0.9923	8.7709	7.697071	30.2400
	二元	0.8487	1.0313	0.9617	2.3653	7.379871	18.4604
树叶	一元	0.8443	3.6953	0.4197	− 0.3181	7.262140	18.6245
	二元	0.8535	3.5408	− 0.8389	− 1.1975	6.964932	17.1843
根系	一元	0.9232	16.5628	− 0.0225	− 2.6966	5.425963	10.6546
	二元	0.9461	10.3017	0.0145	0.9890	3.378000	9.0397

表 4-19　相容性生物量方程系统的比例函数

Table 4-19　**Proportion equation of compatible biomass equation systems**

比例函数	一元	二元
$f_1(x)$	$2.338122\ D^{-0.93241}$	$0.629732\ D^{-0.04926}\ H^{-0.4476}$
$f_2(x)$	$3.852222\ D^{-0.99928}$	$1.01698\ D^{-0.0548}\ H^{-0.5982}$
$f_3(x)$	$3.094077\ D^{-1.24022}$	$8.918255\ D^{-0.06138}\ H^{-1.57595}$
$f_4(x)$	$2.495372\ D^{-0.72698}$	$3.253968\ D^{-0.40113}\ H^{-0.41906}$
$g_0(x)$	$0.080701\ D^{2.489784}$	$0.064355\ D^{1.792667}\ H^{0.792169}$

　　对于一元相容性模型，各分量的确定系数 R^2 均较高，其中树枝和树叶的 R^2 相对较低，但也分别超过了 0.83 和 0.84，平均预估精度大致在 92% ~97% 范围内。各分量的总相对误差 TRE 除树皮为较高的 5% 以外，其他基本在 ±1% 以内，平均系统误差 MSE 平均在 ±5% 左右，模型拟合效果良好。而采用二元模型，各分量的统计指标都有不同程度的改进。其中干材、干皮两个量的确定系数 R^2 已超过 0.97，说明随着解释变量的增加，其与胸径和树高的相关关系非常密切，已逐渐近似于线性。其估计值的标准差 SEE 和平均预估误差 MPE 都分别降低了 31% 和 42%，估计精度大大提高。对根系的估计精度也有所改善，但对树枝和树叶两个分量的改进很少。总体上二元模型的各项指标都有所改进，综合评价效

果优于一元模型。

　　对比总分量的独立估计和利用度量误差模型进行的联合估计，可以发现各项统计指标整体上改进不大，说明联合估计方法主要是协调和解决好各分量之间的比例关系，从而达到了彼此之间的相容性。所建立的一元相容性模型已经很好地满足了预估精度的要求。随着解释变量的增加，二元模型主要是改进了对树干（干材、干皮）的估计，对其他分量的预估精度提高很少。考虑到模型的实用性和有效性，建议采用一元生物量模型来估计生物量；而要得到更高精度的估计值，则可以考虑采用二元生物量模型。此结果与建立总分量独立模型所得到的结果一致。

4.4　杉木林生物量

4.4.1　乔木层

4.4.1.1　不同年龄杉木人工林生物量

　　应用建立的二元相容性生物量方程对将乐国有林场的杉木人工纯林乔木层生物量进行估算，不同龄组（幼龄林6a，中龄林11a，近熟林20a，成熟林25a，过熟林33a）的生物量密度统计结果汇总如表4-20所示。

表4-20　杉木人工纯林生物量分配
Table 4-20　Distribution of individual tree biomass at different stage

（单位：$t \cdot hm^{-2}$）

龄组	干材	干皮	树枝	树叶	根系	合计
幼龄林(6a)	11.9	3.99	4.01	5.39	7.47	32.76
中龄林(11a)	65.87	10.02	11.85	7.88	17.73	113.35
近熟林(20a)	86.12	13.09	18.75	8.58	27.67	154.21
成熟林(25a)	122.03	21.19	22.33	6.56	31.48	203.59
过熟林(33a)	98.48	14.83	21.11	8	29.65	172.07

　　树干是地上生物量的主要组成部分，其分配比例随林龄的增加而增加，33a生干材可达143.24 kg/株，其分配比例占地上部分的77.16%；树叶生物量的分配随林龄的增加而减少，从6a生的33.99%减少到33a生时的4.54%；活枝的分配随年龄的增加呈减少趋势，但变动较大；树皮的分配比例随年龄的增加在9.73%～12.85%之间变动，平均值为11.87%；死枝的分配比例均小于1.5%。

表 4-21 不同年龄的杉木人工林样地特征

Table 4-21 Statistics of sampling plots in different ages

林龄	海拔	坡度 (°)	坡位	坡向 (°)	土层厚度 (cm)	林分密度 (株·hm⁻²)	郁闭度	平均胸径 (cm)	平均树高 (m)
6	210	33	下	321	125	3275	0.95	10.1	6.5
11	330	30	中	83	90	2989	0.8	9.5	8.4
20	278	29	中	69	89	2633	0.85	11.7	11.4
25	244	28	中	148	94	2600	0.9	14.3	15.1
33	310	28	中	280	100	1617	0.75	22.3	21.5

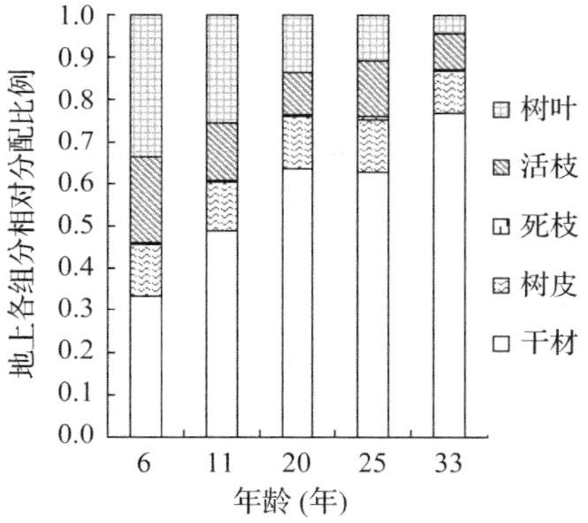

图 4-8 杉木地上各组分生物量分配

Fig. 4-8 Biomass distribution of aboveground

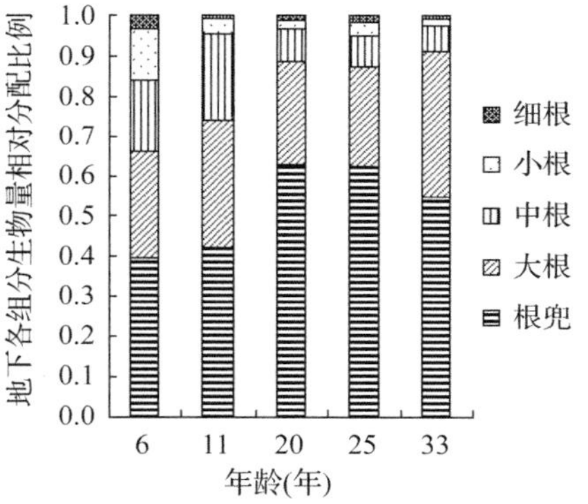

图 4-9 杉木地下各组分生物量分配

Fig. 4-9 Biomass distribution of belowground

不同年龄杉木地下根系生物量均随着土层深度的增加而减少，根兜、大根及地下总生物量随林龄增大而增加。85%以上的根系（不含根兜）主要分布在0~60cm，77%以上的细根分布在表土层0~40cm；不同年龄地下各径级生物量大小均表现为根兜＞大根＞中根＞小根＞细根。

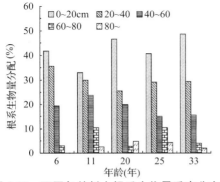

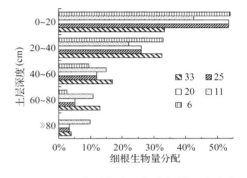

图 4-10 不同年龄杉木根系生物量垂直分布

Fig. 4-10 Biomass distribution of root

图 4-11 不同年龄杉木细根生物量垂直分布

Fig. 4-11 Biomass distribution of small root

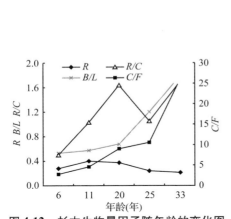

图 4-12   杉木生物量因子随年龄的变化图
Fig. 4-12   Change of parameter with ages

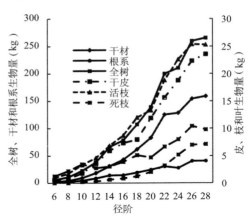

图 4-13   杉木生物量按径阶分配规律
Fig. 4-13   Distribution of biomass with diameter class

杉木人工林地下生物量与地上生物量之比(Root/Shoot,R/S)随年龄的增大在 0.215 ~ 0.403 之间变动,平均值为 0.306。活枝与叶之间的比值(Branch/Leaf,B/L)随林龄的增加呈增加的趋势,近成熟阶段增加明显,33 年生的 B/L 值达到 1.6。研究得到的杉木生物量随直径变化趋势符合客观规律(图 4-13),且与前文建立的相容性生物量方程系统的预估结果相一致。

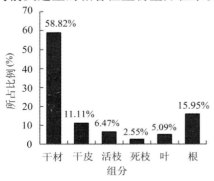

图 4-14   杉木林各组分生物量分配
Fig. 4-14   Distribution of biomass for compartments

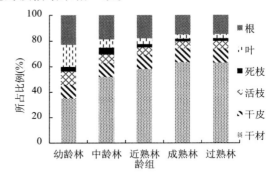

图 4-15   不同龄组杉木各组分生物量分配
Fig. 4-15   Distribution of biomass at different stages

图 4-14、图 4-15 为杉木纯林各组分生物量分配图和不同龄组杉木的生物量分配图。杉木纯林各组分生物量分配以干材为主,根和树皮也占一定比重,枝、叶的比重相对较小。不同龄组里,干材比例逐渐上升至平缓,根系比例逐渐下降至平缓,枝叶比例下降趋势较明显,而树皮比例较为稳定。

4.4.1.2 纯林和混交林杉木人工林生物量比较

不同经营模式下杉木林的生物量大小有着很大的区别。以杉木纯林和杉木马尾松混交林为例，可以发现杉木纯林的生物量大于杉木马尾松混交林的生物量：杉木纯林生物量可达 $130.8t \cdot hm^{-2}$；杉木马尾松混交林为 $73.9t \cdot hm^{-2}$。

纯林与混交林各器官生物量的分配比例极为接近（图4-17），各组分生物量干:皮:活枝:死枝:叶:根，大约为 6:1:0.5:0.4:0.4:1.8。

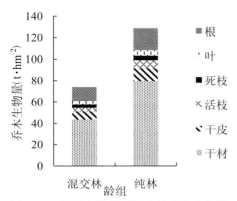

图 4-16 不同森林类型杉木林单位生物量
Fig. 4-16 **Biomass of different forest types**

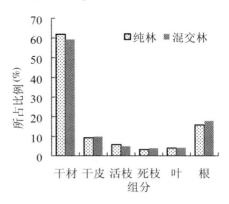

4-17 不同森林类型杉木林各组分生物量分配
Fig. 4-17 **Biomass distribution of different forest types**

4.4.2 林下植被层

4.4.2.1 林下植被生物量分配

林下植被作为林分的一个重要组成，在维护林分生态系统稳定和生物量的贡献度上发挥着重要作用。乔木层生物量是林分总生物量的主要部分；但是林下灌草生物量也是一个重要的组成部分。人工林林下植被对系统生态功能的促进具有重要作用（姚茂和等，1991；杨承栋等，1995；杨再鸿等，2003）。

杉木林下植被以灌木层和草本层为主，其生长分布情况受人为因素影响。本研究涉及的标准地未抚育的林地较少，因此只对抚育后的林下植被进行研究。研究发现，在幼龄林阶段，林下生物量以草本层为主，灌木层的生物量很小；随着年龄的增加，草本层生物量逐渐减少，而灌木层生物量逐渐增加；当林分处于成、过熟林阶段，灌木层的生物量开始占主导地位。这可能与幼龄林时期进行幼林抚育灌木层被割除有关。

表 4-22　不同年龄阶段杉木人工纯林林下植被生物量

Table 4-22　Understory vegetation biomass of *Cunninghamia lanceolata* at different ages

（单位：t·hm^{-2}）

林龄阶段	幼龄林	中龄林	近熟林	成熟林	过熟林
灌木层生物量	1.59	1.87	1.95	3.05	3.60
草本层生物量	2.87	2.56	2.27	1.37	1.01
林下植被生物量	4.46	4.43	4.22	4.42	4.61

4.4.2.2　林分密度对林下植被生物量的影响

　　林分密度的增大与减小，直接造成林下植被所需的光照和水分等的变化，林下植被生物量也随之变化。通过抚育间伐等措施改变林分密度，对促进林下植被生物量的增加，改善林下植被的结构功能、恢复林分立地条件等具有重要的影响作用（陈灵芝等，1984；盛炜彤，2001）。本节对不同林分密度下杉木人工林林下植被生物量进行研究分析，结果表明，林分密度对林下植被生物量的影响主要表现在组分变化及量上的差异（图 4-18，表 4-22）。不同的林分密度，其林下植被灌木层与草本层的生物量分配比例不同。林分密度 1000 株每公顷以下时，草本层大于灌木层。随着林分密度的增大，灌木层和草本层生物量都逐渐减小。这是由于当林分密度较大时，林冠层郁闭度较高，透过乔木层落到林下的光照减少，林下光照不足，抑制了林下植被的生长。

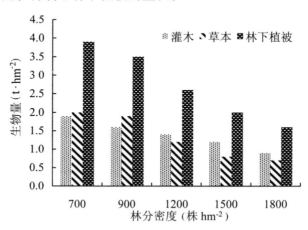

图 4-18　不同林分密度杉木人工林林下植被生物量

Fig. 4-18　Understory vegetation biomass of *Cunninghamia lanceolata*
at different stand density

　　林分密度的减小会改变林下光照强度及水分条件，林下植被层生物量累积增加，杉木人工林地力得以增强，改善了林分立地质量。适度的抚育间伐调整了林分密度大小，改善了林下植被物种多样性，促进林下生物量的累积，改善林分立地条件，维持人工林生态系统稳定（方海波，1998）。因此，为实现杉木人工林生态系统稳定，发挥林分最大的生态效益及经济效益，对林分进行适度的抚育间伐措施是很有必要的。

4.4.3 残体层

残体层储量因林分的生长状况而异，林分的健康生长能促进其健康发育并增加其储量。同时残体储量也受到气候及人为干扰等多种因素的影响。由表 4-23 可知，不同生长阶段杉木人工林的残体储量差异显著（$p < 0.05$），依次为成熟林 31.79t · hm^{-2}，近熟林 27.98 t · hm^{-2}，中龄林 34.43 t · hm^{-2}，近熟林 18.91t · hm^{-2}，幼龄林最小仅为 4.38 t · hm^{-2}。呈现出残体储量随林龄增长而增长的规律。方差分析结果显示，幼龄林残体储量显著低于中龄林、近熟林和成熟林，其他生长阶段杉木残体储量之间无显著差异。所调查幼龄林林分是以大径材为集约经营目标，采取过整地松土、修枝锄草等幼龄林抚育措施，故林下残体储量明显小于其他生长阶段。随着杉木生长，中、近、成熟林内林下植被种类多样性和数量均有增加，使得残体储量积累量增大。过熟林的残体储量小于中龄林、近熟林和成熟林，仅大于幼龄林，这可能是因为经营过程中的抚育间伐及自然整枝使其林分密度减小、光照增加，林内温度增高而导致残体分解速度加快，从而使过熟林内残体储量降低。

表 4-23　残体储量及组成

Table 4-23　Biomass distribution of down dead materials

枯落物储量	未分解枝 (t · hm^{-2})	比例 (%)	未分解叶 (t · hm^{-2})	比例 (%)	半分解 (t · hm^{-2})	比例 (%)	完全分解 (t · hm^{-2})	比例 (%)	总量 (t · hm^{-2})
幼	2.19	49.1	1.11	24.3	0.89	22.1	0.20	4.4	4.38a
中	3.82	15.8	8.06	33.4	6.60	26.8	5.95	24.1	24.43b
近	5.22	18.6	8.27	29.5	8.03	28.7	6.46	23.2	27.98b
成	4.41	14.9	8.76	29.6	11.03	31.9	7.59	23.6	31.79b
过	3.30	18.4	6.22	34.3	5.49	28.4	3.90	18.9	18.91ab

同时，不同生长阶段杉木人工林残体不同分解层次所占比例也有不同。由表 4-23 和图 4-19 可知，幼龄林中是未分解枝所占比例最大，为 49.1%，之后依次为未分解叶 24.3%，半分解层 22.1%，完全分解层 4.4%。这可能是因为幼龄林为了争取最大的光合作用，枝生长代谢旺盛；或者所调查标准地林分内郁闭度大、光照条件差，林分植被稀少，残体基本由杉木落枝组成。杉木枝叶分解较慢，所以掉落

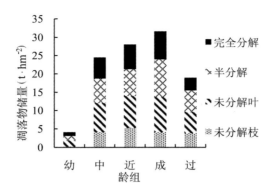

图 4-19　枯落物储量及组成

Fig. 4-19　Biomass distribution of down dead materials

物中未分解枝、叶占比例较大。在中龄林、近熟林、过熟林中，是未分解叶所占比例最大（分别为 33.4%、29.5%、34.3%），之后依次为半分解层（26.8%、28.7%、28.4%），完全分解层（24.1%、23.2%、18.9%）和未分解层（18.6%、15.8%、18.4%）。中、近、过熟林内林下植被增加，特别是蕨类、禾本科等叶多、易分解的草本植物增加了残体中未分解叶的比例，再加上光照条件较幼龄林好，使林内残体分解较幼龄林快，所以半分解层及完全分解层所占比例有所提升。可见，杉木林龄的增加既有利于林地枯落物积累，同时促进枯落物的分解，半分解层和完全分解层所占比例增大。成熟林内半分解层占枯落物比例最大为 31.9%，之后依次为未分解叶 29.6%，完全分解 23.6%，未分解枝 14.9%。成熟林内枯落物的组成、光照条件都较适宜于枯落物分解，所以半分解层比例最大。

4.5　杉木林碳储量

4.5.1　乔木层

通过含碳率来计算碳储量，计算公式如下：

$$C_i = B_i \times CF_i \qquad (4-24)$$

式中：C_i 为各组分碳储量；B_i 为各组分生物量值；CF_i 为相应的含碳率；i 取 1、2、3、4、5，分别代表干材、干皮、树枝、树叶和根系。

不同地区、不同树种甚至不同器官的含碳率不尽相同，国内研究者在计算杉木碳储量时一般采用的含碳系数为 0.52（李海奎，2010）。由于实验条件的限制，本研究未对实验区的人工杉木含碳率进行测定，在计算研究区杉木纯林的碳储量时借鉴了此研究成果，即 $CF_i = 0.52$，依此来计算碳储量。

　　结合上文生物量计算，碳储量统计结果如表 4-24 所示。结果表明，杉木人工林的单位面积生物量和碳储量动态变化规律相似，均随林龄的增加而增大，过熟林时有所减少。幼龄林 15.12C t·hm^{-2} 最小，成熟林 102.49C t·hm^{-2} 最大，过熟林 91.07C t·hm^{-2} 比成熟林稍小。同时，不同组分的碳储量在各自的生长阶段有所差异，其所占比例分配见图 4-20。碳储量大小依次为：干材 > 根系 > 干皮 > 活枝 > 树叶 > 死枝，其中干材碳储量比例在近、成、过熟林时达到全树碳储量的 60% 以上。

表 4-24　杉木人工纯林碳储量及所占比例分配

Table 4-24　Carbon distribution of *Cunninghamia lanceolata* plantation

项目	龄组	干材	干皮	活枝	死枝	树叶	根系	合计
碳储量 (t·hm^{-2})	幼龄林(6a)	5.93	1.38	1.42	0.37	2.5	3.52	15.12
	中龄林(11a)	31.29	6.17	3.2	2.12	3.46	11.22	57.46
	近熟林(20a)	44.66	7.27	4.57	1.74	2.55	13.39	74.18
	成熟林(25a)	67.21	9.71	5.72	2.13	2.2	15.52	102.49
	过熟林(33a)	56.85	9.72	5.57	2.85	2.51	13.57	91.07
	平均	41.19	6.85	4.10	1.84	2.64	11.44	68.06
所占比例 (%)	幼龄林(6a)	39.22	9.13	9.39	2.45	16.53	23.28	100
	中龄林(11a)	54.46	10.74	5.57	3.69	6.02	19.53	100
	近熟林(20a)	60.20	9.80	6.16	2.35	3.44	18.05	100
	成熟林(25a)	65.58	9.47	5.58	2.08	2.15	15.14	100
	过熟林(33a)	62.42	10.67	6.12	3.13	2.76	14.90	100
	平均	60.51	10.06	6.02	2.71	3.88	16.81	100

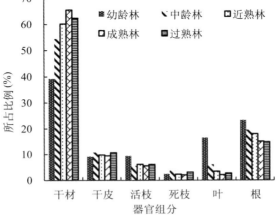

图 4-20　不同龄组杉木各器官组分碳储量分配比例

Fig. 4-20　Carbon distribution of *Cunninghamia lanceolata* plantation at different ages

4.5.2　林下植被层

将乐国有林场主要灌草的含碳率如表4-25。其中，林下灌木植被茎/枝含碳率在40.68%～47.56%；叶含碳率在35.72%～48.92%；根含碳率38.91%～45.37%。草本和蕨类的地上部分在39.73%～45.99%；地下17.31%～45.04%。

表4-25　主要林下植被不同组分和器官的含碳率值

Table 4-25　Carbon concentration of understory vegetation in *Cunninghamia lanceolata* plantation

（单位:%）

灌木层				草本层		
物种	枝（茎）	叶	根	物种	地上	地下
粗叶榕	41.16	38.96	40.47	乌毛蕨	39.73	41.69
乌药	46.86	48.92	38.91	福建莲座蕨	41.35	22.13
显齿蛇葡萄	44.21	45.83	41.76	深绿卷柏	42.97	18.76
芬香安息香	46.30	48.00	40.90	锯蕨	41.43	32.87
天仙果	40.68	40.44	40.27	芒萁	46.01	17.61
短尾越橘	41.86	35.72	40.22	玉叶金花	53.96	35.65
樟科	47.56	49.52	43.45	泽兰	41.90	34.08
火力楠	45.88	42.62	45.37	菝葜	45.99	45.04
类乌饭	46.62	44.08	43.16	乌蕨	40.25	7.72
檵木	44.08	43.77	42.62	狗脊蕨	43.04	33.72
冬青	44.92	42.01	43.22	黑莎草	39.59	36.40
小刚竹	44.11	38.76	42.94	铁线蕨	40.25	7.72
盐肤木	44.42	45.71	45.37	淡竹叶	38.63	26.63
绣毛梅	44.17	45.15	44.05	华南毛蕨	43.35	42.86
杜茎山	43.13	44.81	39.71	扇叶铁角蕨	38.30	37.16
长叶冻绿	45.23	40.01	47.85	藓	37.16	37.16

结合上文生物量数据和灌草含碳系数，计算得到不同林龄阶段，杉木纯林的林下碳储量（表4-26）。由此可知，不同林龄阶段杉木人工林林下灌木层、草本层及林下植被含碳量，随着林分年龄的增加，草本层碳吸存能力逐渐降低，而灌木层呈增加的趋势；林下植被含碳量则呈上升趋势。通过对不同林龄阶段的杉木人工林林下植被碳吸存的研究。可估测区域杉木人工林林下植被碳含量。本研究所得平均林下灌草层植被碳含量为$1.81t \cdot hm^{-2}$，以此可估算出福建将乐县杉木人工林林下植被的碳含量，为研究区域森林碳贮量提供参考。

表4-26 不同年龄阶段杉木人工纯林林下植被碳吸存

Table 4-26 Carbon sink ofunderstory vegetation in *Cunninghamia lanceolata* plantation at different ages （单位：t·hm⁻²）

林龄阶段	幼龄林	中龄林	近熟林	成熟林	过熟林
灌木层含碳量	0.71	0.81	0.91	1.38	1.70
草本层含碳量	0.96	0.93	0.85	0.46	0.36
林下植被含碳量	1.66	1.74	1.76	1.84	2.06

4.5.3 残体层

将乐国有林场主要森林类型的残体各层含碳率波动较大，如图4-21。

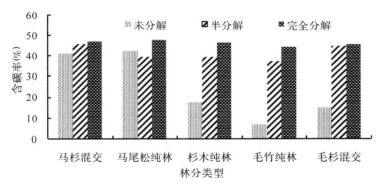

图4-21 不同林型枯枝落叶层含碳率

Fig. 4-21 Carbon concentration of DDM in different plantations

根据中龄林里各枯落物分解层的含碳率进行计算，未分解层含碳率平均为46.9%，半分解层为43.7%，完全分解层为30.1%。

结合各分解层的生物量和含碳率，计算得出不同林分林下各枯落物分解层的碳储量(表4-27)，其分布规律与生物量表现出的相同。结果表明杉木纯林林下的枯枝落叶层碳汇作用也较明显。

表4-27　不同生长阶段杉木林林下残体碳储量

Table 4-27　Carbon stock of DDM in *Cunninghamia lanceolata* plantation at different stages

（单位：t·hm^{-2}）

碳储量	未分解层	半分解层	完全分解层	总量
幼	1.55	0.39	0.06	2.00
中	5.57	2.88	1.79	10.25
近	6.33	3.51	1.94	11.78
成	6.18	4.82	2.28	13.28
过	4.46	2.40	1.17	8.04

4.5.4　土　壤

4.5.4.1　不同年龄杉木土壤有机碳含量

杉木不同年龄阶段 0~80cm 中 9 个层次的土壤有机碳含量在 4.38±3.22~63.22±19.05g·kg^{-1}之间（表4-28）。杉木不同发育阶段 0~5cm 土层的土壤的碳含量明显高于其他土层。除了近熟林，各发育阶段 0~10cm 的土壤有机碳含量与其他土层的土壤有机碳含量差异显著。而在同一土层厚度，除 20~30cm 外，各发育阶段的杉木人工林土壤有机碳含量差异不显著。这与魏亚伟等人（2013）的研究一致。通过单变量多因素方差分析，从两个主效应的 F 检验结果的 p 值看，$p<0.05$，由此得到土层和年龄对因变量有机碳在 0.05 水平上是有显著性差异的；截距的检验结果 $p<0.05$，得出不同土层厚度不同年龄的土壤有机碳含量差异显著；在有机碳因变量与土层厚度、年龄两个自变量之间存在线性回归关系。

表4-28　杉木不同发育阶段土壤有机碳含量

Table 4-28　SOC of *Cunninghamia lanceolata* plantation at different stages

（单位：g·kg^{-1}）

土层厚度（cm）	幼龄林	中龄林	近熟林	成熟林	过熟林
0~5	63.22±19.05a	43.86±20.72a	25.51±19.78 a	36.65±12.83a	35.04±6.92a
5~10	40.84±7.33b	41.04±17.48a	24.08±7.65 a	19.42±4.68b	25.29±13.97ab
10~20	25.05±10.25c	30.26±7.02ab	15.93±1.78b	18.00±6.73b	19.50±7.44bc
20~30	22.73±5.49c	26.76±11.64ab	15.66±0.31b	10.73±5.48bc	11.31±0.87c
30~40	18.80±1.56c	17.89±8.48b	12.43±1.42bc	10.82±5.14bcd	9.21±0.99c
40~50	16.94±3.12c	12.13±5.30b	12.02±0.98bc	10.52±5.40bcd	10.07±1.38c
50~60	13.39±2.33c	9.98±5.47b	10.52±3.12c	8.67±6.23bcd	11.12±2.92c
60~70	14.49±3.20c	8.99±6.32b	9.58±4.65c	5.68±3.04cd	9.26±0.35c
70~80	12.14±1.38c	10.15±5.77b	8.28±3.84c	4.38±3.22d	8.40±4.17c

注：a、b、c、d 字母表示同一测定指标、不同土层、不同发育阶段的土壤有机碳含量的差异性；不同字母表示差异显著（p<0.05），相同字母表示差异不显著。

4.5.4.2 杉木人工林土壤有机碳储量

杉木人工林不同年龄阶段 0~80cm 中 9 个层次的土壤有机碳储量在 3.55~18.66 t·hm^{-2} 之间，土壤有机碳储量大小依次为：幼龄林 > 中龄林 > 近熟龄 > 过熟林 > 成熟林（表 4-29），总体上呈现随着年龄下降的趋势。在垂直方向上，随着土层厚度的增加，土壤碳储量呈现递减的趋势。在 0~5cm 的土壤表层，幼龄林发育至中龄林阶段土壤的有机碳含量随着年龄的增加急剧下降，到近熟阶段

表 4-29　不同发育阶段杉木人工林土壤有机碳储量

Table 4-29　Changes of soil carbon density at different stages

（单位：t·hm^{-2}）

土层深度（cm）	幼龄林	中龄林	近熟林	成熟林	过熟林
0~5	18.66	17.4	15.81	16.85	16.5
5~10	15.88	16.29	14.69	14.16	14.72
10~20	13.53	14.25	12.83	13.03	13.16
20~30	12.38	12.94	11.84	11.23	11.29
30~40	11.97	11.98	11.53	11.29	11.08
40~50	9.91	9.42	9.51	9.27	9.22
50~60	6.52	6.17	6.36	6.09	6.39
60~70	6.65	6.09	6.26	5.73	6.19
70~80	4.5	4.39	4.12	3.55	4.05
合计	100	98.93	92.95	91.2	92.6

达到最低，而后又有所升高。在 5~40cm 的深度，土壤的有机碳含量，出现小幅升高，到中龄达到最大，而后有所降低。土壤的有机碳含量随着土壤深度的增加而减小（图 4-22），这与前人的研究结果一致。与杨艳霞（2010）的结果相似，土壤表层尤其是 0~30cm，斜线的斜率较大，土壤的碳含量下降的幅度较大，之后趋于缓和（图 4-23）。这可能是因为表层土壤受造林扰动的影响会随着土层的加深而衰减（刘艳辉等，2007）。Jobbdgy（等）2002 研究认为地表的枯落物和植物根系多分布在土壤表层，且微生物活动的活跃性会随着土壤深度的增加而降低，使得土壤表层的有机碳含量较高。

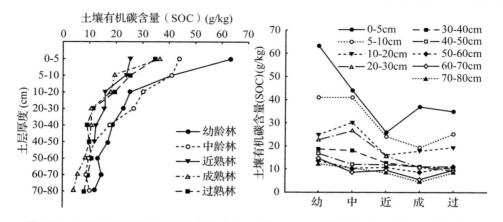

图 4-22　不同土层厚度土壤有机碳的变化
**Fig. 4-22　Changes of SOC in
different depthes**

图 4-23　不同发育阶段土壤有机碳的变化
**Fig. 4-23　Changes of SOC at
different stages**

第 **5** 章

马尾松林生物量和碳储量的估算

5.1 马尾松林样地和标准木

在福建将乐地区综合考虑该地区马尾松林的区域分布、立地条件、林分龄组结构等因素，选取具有代表性的马尾松林分，设置相应标准地 20 块，采集 8 株具有代表性的林分平均木作为解析木，并按林龄分布补充 16 株解析木数据，以获取具有林地代表性的生物量和林分特征因子(胸径、树高、材积、林冠因子等)信息，进行生物量测定等。表 5-1 和表 5-2 为林分因子和样木测树因子统计信息。

表 5-1 马尾松林样地概况

Table 5-1 Sampling plot situation of *Pinus massoniana* plantation at Jiangle forest farm

样地号	海拔 (m)	坡度 (°)	坡位	坡向 (°)	郁闭度	平均胸径 (cm)	平均树高 (m)	每公顷蓄积量(m³)	每公顷株数
10071501	243	24	中	345	0.5	14.4	14.9	172.316	783
10072301	259	21	中	139	0.6	18.2	13.6	181.804	1550
10072302	199	28	中	136	0.3	23.4	14.7	97.646	350
10072402	251	30	上	120	0.6	15.4	13.7	229.681	1783
10072901	264	26	上	135	0.6	15.9	16.9	404.774	1217
11071602	238	25	上	357	0.8	16.1	13.1	178.225	1311
11071601	198	30	上	342	0.8	14.4	12.7	116.213	1775
11071501	195	37	中	264	0.6	16.9	12.1	140.443	817
11071502	215	32	上	113	0.8	15.2	14.2	127.648	967

表 5-2   马尾松样木调查因子统计表

Table 5-2   Sampling tree situation of *Pinus massoniana* plantation at Jiangle forest farm

标准木号	胸径 D (cm)	树高 H (m)	冠幅 C_w (m)	枝下高 (m)	地径 B (cm)	年龄 A(a)	材积 V (m³)
1201	18.1	14.9	3.15	3.8	20.05	23	0.1795
1601	15.7	14.0	3.85	8.35	18.9	21	0.1303
1702	14.1	16.2	2.45	9.93	15.2	22	0.1240
1902	13.3	17.5	4.15	10.25	15.7	25	0.1224
2201	8.0	8.8	3.7	2.5	14.3	12	0.0424
2301	14.8	15.1	3.2	7.05	16.95	23	0.1279
F01	19.5	15.5	3.5	7.6	22.55	21	0.2191
F02	15.7	17.5	4.1	8.9	22.7	20	0.1422
F04	7.0	7.6	2.73	1.68	16.75	11	0.0415

5.2   马尾松单木生物量

5.2.1   各器官含水率

实验室内烘干各器官样品至恒重后，用电子秤称取干重，测定得到的含水率是计算生物量的基础。图 5-1 显示的是对应的标准地的 8 株林分平均木解析木各组分的含水率以及植株整个地上部分的含水率。从图可以清楚地看到马尾松的树叶含水率明显大于林木其他各组分的含水率。树叶的含水率在 58.42% 到 64.57% 的范围内波动。树干、树皮、干材的含水率大致保持在一个稳定的状态上。树干的含水率是 52.58% ~ 59.82%；树皮含水率的范围在 44.16% ~ 55.63% 之间；干材的含水率在 53.10% ~ 60.82% 之间波动。而树枝的含水率略低，且范围波动较大，为 38.65% ~ 53.10%。出现这种情况的原因可能是因为每个林木植株的枯枝和活枝的比例不同。又因为枯枝和干枝的含水率的不同，引起了总的树枝含水率的波动。从图 5-2 可以看出，马尾松林分各组分含水率的情况。树干、树皮、干材、树叶、树枝以及总的地上部分的含水率分别为：49.7%、46.4%、49.39%、63.82%、42.22%、49.29%。各组分含水率的大小关系是：树叶 > 树干 > 去皮树干 > 树枝 > 树皮。

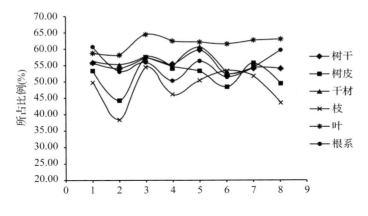

图 5-1　样木各组分含水率值

Fig. 5-1　Water content ratio of component for sample trees

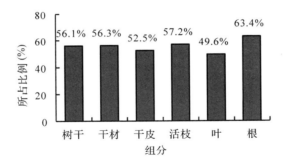

图 5-2　林木各组分的平均含水率

Fig. 5-2　Average water content ratio of sample trees

5.2.2　各器官生物量分配

　　林木是由树干、树枝、树叶、根等主要器官组成的有机整体,它们之间存在着相互影响、相互制约的关系(洪伟等,2000;何东进等,2003;姚东和等,2000)。单株木各器官生物量在单株木总生物量中存在一定的比例关系,这是由各器官在总体中所起的作用所决定的(马增旺等,2006)。不同年龄、不同的立地条件以及不同的林分密度,所同化物质在各器官的分配规律是不一致的。树木各器官生物量的分配对树木的生长发育有很大影响。马尾松各器官生物量的分配见表 5-3。从表中可以看出,林木生物量的分配规律为干材 > 树枝 > 树皮 > 树叶;且在同一年龄下随着林木胸径和树高的增加而生物量增大。

为能更好地说明各器官生物量分配情况，通过样品干重计算了各器官生物量占总生物量的百分比（表 5-4）。从表 5-4 中可以看出，对于干材和树枝在总生物量中所占的比例，随着林龄、胸径和树高的增大，比例有增大的趋势。马尾松各器官生物量占地上总生物量的百分比变化规律为干材 > 树枝 > 根系 > 树皮 > 树叶。随着年龄的变化，树干所占的比值迅速增加，枝、叶所占的比值也明显减小。树皮、树叶在总生物量中所占比例的变化趋势相近，随着林龄、胸径和树高的增大呈现比较稳定的比例。从图 5-3 可见，马尾松树皮、干材、树叶、树枝、根系各器官生物量占单株地上生物量的比重分别是 7.02%、56.63%、5.07%、18.69%。

表 5-3 马尾松样木各器官的生物量

Table 5-3 Each component's biomass of sample trees

标准木号	胸径(cm)	树高(m)	年龄(a)	树干(%)	树皮(%)	干材(%)	枝(%)	叶(%)	根系(%)
1	16.5	14.9	23	79.695	8.669	71.026	28.383	4.874	14.946
2	14.8	14.0	21	60.198	8.397	51.801	17.872	3.995	13.241
3	13.2	16.2	22	57.446	5.159	52.287	9.399	2.535	9.166
4	13.1	17.5	24	57.819	4.767	53.052	7.855	3.171	10.367
5	11.1	8.8	12	18.367	2.825	15.543	13.630	3.042	5.423
6	13.9	15.1	23	63.089	7.660	55.428	21.518	7.784	16.689
7	19.5	15.5	21	94.843	9.058	85.562	28.107	7.172	17.623
8	15	15.7	19	63.752	7.208	57.220	13.081	5.323	9.449

表 5-4 不同器官各生物量的比例

Table 5-4 The ratio of each component biomass

标准木号	胸径(cm)	树高(m)	年龄(a)	树皮(%)	干材(%)	枝(%)	叶(%)	根系(%)
1	16.5	14.9	23	6.78	55.53	22.19	3.81	11.69
2	14.8	14	21	8.81	54.35	18.75	4.19	13.89
3	13.2	16.2	22	6.57	66.57	11.97	3.23	11.67
4	13.1	17.5	24	6.02	66.97	9.92	4.00	13.09
5	11.1	8.8	12	6.98	38.41	33.68	7.52	13.40
6	13.9	15.1	23	7.02	50.81	19.73	7.14	15.30
7	19.5	15.5	21	6.13	57.91	19.02	4.85	11.93
8	15	15.7	19	7.87	62.46	14.28	5.81	10.31

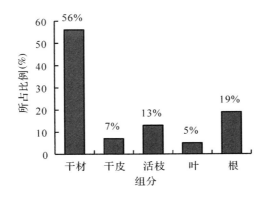

图 5-3 马尾松林分标准木单株各器官生物量分配

Fig. 5-3 Distribution diagram of biomass of sample trees

5.3 马尾松生物量估测模型

5.3.1 自变量的设定与选取

乔木生物量模型样本选取在原则上应该按照 2 个以上径阶（由最小径阶到最大径阶进行等距划定）来均匀分布。并且每一个径阶组内的样本量应该尽可能的根据树高来均匀分布。在选择和计算时，应该充分考虑冠幅、冠长等测树因子的差异。依照马尾松乔木层的生物量与林木主要特征因子之间的相关性分析，选取相应模型的自变量；之后进一步选取拟合模型的类型（线性、非线性、多项式），根据计算，构造其相容性模型；采用加权最小二乘法、非线性最小二乘法来拟合模型的参数，以达到消除异方差，建立准确单木生物量模型的目的。

关于立木生物量模型的建立，模型 0 变量可选用不同的变量，如：胸径、树高、胸径的平方与树高的乘积、冠长冠幅、冠表面积、树冠体积、立木材积等等。但是在实际工作中，林分的胸径、树高是最主要且较容易测定的测树因子。本研究就以胸径、树高作为基本因子，以 0、D^2H、V 作为自变量估算马尾松人工成熟林各组分的生物量。

从表 5-5 和表 5-6 可知，部分自变量之间存在明显的相关性。为了避免多重共线性和信息冗余，在构建生物量估测模型时要慎重选择自变量。

表 5-5　马尾松各林分因子间的相关系数

Table 5-5　Correlation relationship among characteristics of stand

自变量	D	D^2	B	H	C_w	C_l	D^2H	$C_w^2C_l$	A
D	1.000								
D^2	0.989	1.000							
B	0.718	0.764	1.000						
H	0.779	0.695	0.417	1.000					
Cw	0.182	0.150	0.303	0.321	1.000				
Cl	0.602	0.620	0.531	0.432	0.082	1.000			
D^2H	0.988	0.985	0.765	0.793	0.200	0.626	1.000		
$C_w^2C_l$	0.441	0.418	0.543	0.538	0.842	0.579	0.487	1.000	
A	0.790	0.708	0.265	0.919	0.205	0.459	0.762	0.405	1.000

表 5-6　马尾松各部分生物量与各林分因子间的相关系数

Table 5-6　Correlation relationship between characteristics of biomass and stand

自变量	D	D^2	B	H	C_w	C_l	D^2H	$C_w^2C_l$	A
W_A	0.977	0.991	0.738	0.697	0.192	0.594	0.981	0.439	0.699
W_S	0.989	0.979	0.673	0.803	0.185	0.600	0.988	0.447	0.816
W_B	0.773	0.844	0.714	0.304	0.187	0.453	0.781	0.327	0.296
W_L	0.142	0.239	0.726	0.150	0.016	0.247	0.226	0.163	0.302
W_C	0.751	0.831	0.773	0.268	0.175	0.461	0.770	0.332	0.240

5.3.2　模型类型

相关领域学者曾提出不同形式的线性模型、幂函数模型、多项式模型来进行估测相应的林木生物量。本研究通过充分调查考证，依照前人研究成果，选取以下 5 种方程式进行拟合：

$$W = a(D^2H)^b \tag{5-1}$$
$$W = aD^b \tag{5-2}$$
$$W = ab^D \tag{5-3}$$
$$W = aV^b \tag{5-4}$$
$$W = ab^V \tag{5-5}$$

式中：W 为各组分生物量；D 为胸径；H 为树高；V 为材积。

5.3.3　模型的检验

对得出的相应模型，进行回归显著性检验，将 F 值、残差平方和（Q）与相关系数(R)来进行相应比较，从而推断各模型的拟合优度。充分考虑各种情况，再从中选取最佳模型。为能够真实反映单株生物量估测值和实际值之间的差异情况，在最后采取总相对误差、平均相对误差和平均相对误差绝对值 3 个指标对模型进行检验(表 5-7)。

表 5-7 马尾松人工林各组分生物量模型

Table 5-7 **Biomass model of *Pinus massoniana's* various components**

生物量类型	方程序号	方程类型	参数		拟合优度		F 值
			a	b	R	Q	
全树重	5-1	$W = a\ (D^2H)^b$	0.0395	0.9330	0.9810	0.3006	278.59
	5-2	$W = aD^b$	0.2231	2.2377	0.9649	0.5493	162.26
	5-3	$W = ab^D$	22.6609	1.1042	0.9453	0.8483	100.83
	5-4	$W = aV^b$	687.8385	1.0393	0.9808	0.3030	303.87
	5-5	$W = ab^V$	66.4793	17.5564	0.9550	0.7025	124.30
根系	5-1	$W = a\ (D^2H)^b$	4.44^{-03}	0.9392	0.9772	0.3661	254.96
	5-2	$W = aD^b$	0.0250	2.2573	0.9632	0.5881	154.20
	5-3	$W = ab^D$	2.6698	1.1048	0.9401	0.9461	91.31
	5-4	$W = aV^b$	82.5956	1.0461	0.9772	0.3677	253.73
	5-5	$W = ab^V$	7.9200	17.5577	0.9452	0.8680	100.61
树干	5-1	$W = a\ (D^2H)^b$	0.0249	0.9617	0.9762	0.5289	404.42
	5-2	$W = aD^b$	0.1667	2.2693	0.9611	0.8557	242.33
	5-3	$W = ab^D$	19.0576	1.1039	0.9481	1.1350	177.78
	5-4	$W = aV^b$	587.6907	1.0685	0.9686	0.6935	303.69
	5-5	$W = ab^V$	57.8240	16.3470	0.9475	1.1479	175.55
树枝	5-1	$W = a\ (D^2H)^b$	9.88^{-06}	1.4795	0.8219	12.1257	41.67
	5-2	$W = aD^b$	1.31^{-04}	3.6006	0.8347	11.3641	45.94
	5-3	$W = ab^D$	0.2392	1.1704	0.8257	11.9258	42.83
	5-4	$W = aV^b$	51.0094	1.6341	0.8107	12.8412	38.36
	5-5	$W = ab^V$	1.4063	84.2104	0.8228	12.1051	41.91
树叶	5-1	$W = a\ (D^2H)^b$	4.60^{-06}	1.4227	0.7800	15.0670	31.07
	5-2	$W = aD^b$	5.07^{-05}	3.4892	0.7987	13.9160	35.23
	5-3	$W = ab^D$	0.0778	1.1617	0.7767	15.2467	30.41
	5-4	$W = aV^b$	13.1712	1.5785	0.7733	15.4462	29.76
	5-5	$W = ab^V$	0.4386	61.9742	0.7563	16.4486	26.73

5.3.4 不同方程对拟合效果的影响

不同方程对全树重、根系、树干这 3 个组分的生物量模型拟合效果有较大影响。从拟合优度综合分析看，$W = a\ (D^2H)^b$ 的拟合效果最好；$W = aV^b$ 的拟合效果也较好；$W = ab^V$ 和 $W = ab^D$ 的拟合效果较差；$W = aD^b$ 居中。树枝、树叶这 2 个组分的生物量模型，不同方程的拟合效果较为一致。从拟合优度综合分析看，

$W = aD^b$ 方程略好一些。

5.3.5　最优方程

5.3.5.1　相对生长方程

根据各自变量之间、因变量与自变量之间的相关性拟合生物量相对生长方程。利用相关系数和残差平方和作为模型的拟合优度指标。以相关系数最大、残差平方和最小为标准，从各模型中选取最优方程，见表 5-8。W_T、W_A、W_S 的拟合方程效果最佳，W_R、W_B、W_L 次之，W_C 效果最差。

表 5-8　马尾松各部分生物量估测模型

Table 5-8　Biomass model of *Pinus massoniana*

生物量	模型	决定系数 R^2
总生物量 W_T	$W_T = 2569.750D^{1.752}$	0.967
地上生物量 W_A	$W_A = 188.180 \, (D^2H)^{0.802}$	0.937
根生物量 W_R	$W_R = 224.900D^{1.531}$	0.839
树干生物量 W_S	$W_S = 136.708 \, (D^2H)^{0.756}$	0.980
树冠生物量 W_C	$W_C = 4.495D^{1.281}B^{1.327}$	0.758
树枝生物量 W_B	$W_B = 145053D^{5.671}(D^2H)^{-1.447}$	0.848
叶花果生物量 W_L	$W_L = B^{1.833}Cl^{0.104}A^{-0.817}$	0.863

5.3.5.2　基于神经网络构建马尾松生物量模型

通过多种神经网络算法模拟马尾松生物量模型的网络结构，筛选出"LM-D-10-W_T"为最优神经网络结构模型。输入变量为胸径 D，输出变量为单木总生物量 W_T，隐层节点数预设为 10，训练算法为 Levenberg-Marquardt 优化算法；LM-DH-10-W_T 输入变量为胸径 D 和树高 H，其他参数同 LM-D-10-W_T。

由拟合效果图（图 5-5）看出，马尾松总生物量随胸径呈"J"型增长，随胸径和树高按幂指数曲线增长，这与传统的一元、二元生物量相对生长方程的拟合结果相符合，表明 LM-D-10-W_T 和 LM-DH-10-W_T 的模拟结果符合客观规律。从拟合效果图（图 5-5）可以看出，LM-D-10-W_T（一元）偏差大于 LM-DH-10-W_T（二元），说明在拟合精度上后者更优；从预估效果图看出，后者的预估值更接近于实测值。因此，输入变量的增加，不但不会影响 BP 神经网络模型的预估效果，而且使其精度略有提高。

5.3.5.3　材积因子转换模型

为方便计算林分生物量，构建材积转换因子模型，表 5-9 为拟合结果。W_T、W_A、W_S 效果较好，而 W_R 拟合效果较差，R^2 仅为 0.682。

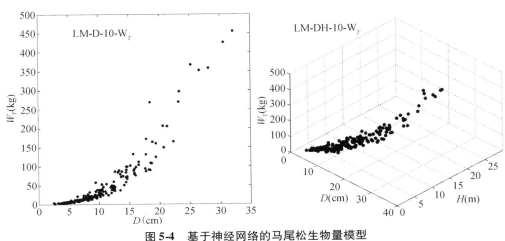

图 5-4 基于神经网络的马尾松生物量模型

Fig. 5-4 LM-D-10-W_T biomass model of *Pinus massoniana*

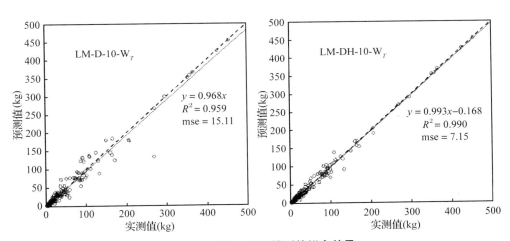

图 5-5 两种神经网络模型的拟合效果

Fig. 5-5 Estimated effect of two types of biomass model for *Pinus massoniana*

表 5-9 材积转换因子模型

Table 5-9 Volume- biomass model for different compartment of *Pinus massoniana*

生物量	模型	决定系数 R^2
总生物量 W_T	$W_T = 661.030V + 5.03$	0.968
地上生物量 W_A	$W_A = 579.840V + 3.11$	0.978
根生物量 W_R	$W_R = 55.524V^{0.737}$	0.682
树干生物量 W_S	$W_S = 430.920V + 3.41$	0.988

5.3.6　误差检验结果分析

5.3.6.1　总相对误差分析

总相对误差反映了所有样木的生物量实测总值与相应的生物量模型估计总值之间的相对误差，表示检验总体的误差大小，其值以接近 0 为佳。从该评价指标看，各模型对样本生物量估计的总相对误差均在 ±1.7% 以内，说明各模型的拟合效果良好。其中 5-3 式接近 0 为最佳，其余各式相近。

5.3.6.2　平均相对误差分析

平均相对误差反映了每株样木的生物量实测值与相应的生物量模型估计值的相对误差平均水平，表示该模型估计生物量是否存在整体偏大或偏小的系统误差。其值以接近 0 为佳。从该评价指标看，各模型对样本生物量估计的平均相对误差均在 ±3.20% 以内，说明各模型的拟合效果良好。其中 5-1 式的平均相对误差最小，只有 −1.15%，5-4 式与 5-1 式相近，5-3 式的平均相对误差最大，达 −3.20%。

5.3.6.3　平均相对误差绝对值分析

平均相对误差绝对值表示每株样木的生物量实测值与相应的生物量模型估计值的相对误差绝对值的平均数，它排除了不同样木之间正负误差的相互抵消。从该评价指标看，5-1 式和 5-4 式的平均相对误差绝对值分别为 7.51% 和 7.80%，拟合效果良好；5-3 式和 5-5 式的平均相对误差绝对值分别为 21.77% 和 20.18%，拟合效果较差；5-2 式居中。

综合而言，5-1 式虽然总相对误差最大，但其值只有 1.64%，并且与 5-2、5-4、5-5 式相近，同时 5-1 式的平均相对误差和平均相对误差绝对值均最小，拟合效果最佳；5-4 式的总相对误差居中，平均相对误差和平均相对误差绝对值均居次小位置，拟合效果次优；同理，5-3 式和 5-5 式拟合效果较差，5-2 式拟合效果居中。因此可以判断，误差检验指标除总相对误差较为一致外与拟合优度指标在各模型之间的变化规律是一致的，用拟合优度指标选出的最优估测模型拟合效果良好，无系统偏差。

5.4　马尾松林生物量

5.4.1　生物量与蓄积关系

根据生物量材积因子转换模型计算样地内每株马尾松的生物量。之后，将样地内所有单木生物量累积，便得到样地生物量。表 5-10 为样地单位面积蓄积量和生物量。

　　根据表5-10中9块样地的生物量与蓄积之间的关系(图5-6),构建生物量蓄积转换因子模型:$B = 0.7095M - 1.5155$,$R^2 = 0.9975$。

表5-10　样地生物量统计

Table 5-10　Biomass statistics of plot for *Pinus massoniana* plantation

样地号	单位面积蓄积量 $M(\text{m}^3 \cdot \text{hm}^{-2})$	单位面积生物量 $B(\text{t} \cdot \text{hm}^{-2})$
10071501	171.940	121.873
10072301	172.428	119.178
10072302	95.255	64.727
10072402	215.987	151.744
10072901	194.472	134.756
11071602	167.425	117.268
11071601	163.454	116.976
11071501	111.487	77.804
11071502	119.781	84.041

　　从模型的决定系数及图5-6可以看出,马尾松林生物量与蓄积量之间存在显著的线性相关性。采用此模型预估林分生物量较为合理。

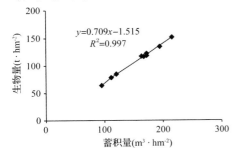

图5-6　马尾松生物量与蓄积量关系图

Fig. 5-6　Relationship between volume and biomass of *Pinus massoniana* plantation

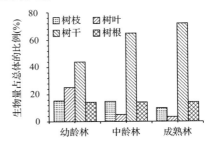

图5-7　马尾松林生物量分布

Fig. 5-7　Biomass distribution of *Pinus massoniana* plantation

5.4.2　生物量的时间变化规律

　　马尾松林生物量主要分布于树干中,但不同林组的马尾松林生物量按器官分布规律不同。树干生物量占总生物量比例随林分年龄的增大而增大。在幼龄林阶段树干仅有44.25%;成熟林阶段达到72.12%。枝叶生物量占总生物量的比例随年龄的增大逐渐减小,而树根生物量所占比例则基本保持不变。

　　不同年龄的林分生物量差异很大,最高者可达最低者的7倍,各器官生物量及分配情况见表 5-11、图 5-7。

表 5-11   林分各部分生物量及占林分乔木层生物量的百分比

Table 5-11   Percentage of each part of standing forest's biomass

（单位：t·hm^{-2}，%）

林龄	林分生物量	地上部分		干材		枝		皮		叶		根	
		生物量	比例	生物量	比例	生物量	比例	生物量	比例	生物量	比例	生物量	比例
8	33.94	29.17	85.95	16.39	48.3	6.47	19.07	2.92	8.6	3.39	9.98	4.77	14.05
12	89.94	77.49	86.15	52.6	58.48	11.35	12.61	7.3	8.11	6.24	6.94	12.46	13.85
18	204.51	182.99	89.48	134.52	65.78	24.28	11.88	16.18	7.91	8.02	3.92	21.52	10.52
22	223.71	199.71	89.27	150.96	67.48	25.82	11.54	14.92	6.67	8.01	3.68	24.01	10.41
30	234.12	207.56	88.65	158.94	67.89	24.98	10.67	15.74	6.72	7.9	3.37	26.56	11.35

由表 5-11 可知，林分各个部分的生物量伴随着林龄的增加而增加，但林分整体的增加速率要小于单株马尾松生物量增加的速率。尤其是到了中龄以后，其增加速率减小的十分明显。而且生物量增加的速率在各个器官的不同发育阶段差异十分明显。干材生物量占整株树木生物量的百分比随着林龄的增大而增加。相应的，从整个林分来看，每株树木的枝、叶、皮、根生物量所占整株树木的百分比随林龄的增大而减小。地上部分所占的百分比在 18 年生以前随林龄的增大而增加，在 18 年之后趋于稳定状态；根系生物量所占百分比有随林龄增大，呈现减小的趋势，但规律性并未表现得十分明显。上述林分各组分生物量的变化规律及特点与单株树木个组分的生物量变化规律有很大不同。单株树木变化规律明显，且持续时间相对较长（22 年生仍很明显）；而林分生物量的变化还受到林分群体密度的影响。到 18 年生后，林分生物总量及各部分生物量增长速率明显减缓。林分不同年龄阶段增加的速率和幅度与单株不同。通过计算可以得出，整个林分的干材、枝、皮生物量的定期生长量（即年增加值）均是干材阶段（12～18 年生）最大，分别为：19.10、13.65、2.15、1.48 t·hm^{-2}·a^{-1} 比单株的变化提前了 4～6 年。其次是速生阶段（8～12 年生）；而叶和根生物量年增加速率最迅速的时间段为 8～12 年生。林分各部分生物量在近成熟（22 年生）以后其增长速率均十分缓慢，且在密度指数近于相同情况下，各部分生物总量近于相同，即遵循 3/2 定律和产量恒定论。由此可以得出结论：为了提高相对利用价值，对于林分密度较高，且以生物量为利用对象的马尾松林分，可考虑在 22 年生前进行采伐利用。

5.4.3   生物量的径阶分配特点

根据研究可知，马尾松林生物量按径阶的分布近似正态分布（图 5-8）。在马尾松幼林阶段以及刚进入中龄阶段的密度较高的林分中，生物量按径阶分布的规律和株数按径阶分配规律十分相似，略呈左偏态。具体而言，在 16cm 径阶时达到最大值，达33.82%；随后是20cm径阶和12cm径阶。8cm径阶和32cm径阶所占比例最小，均不到5%。因为此时个体间的生物量差异相对较小，在径阶生物量中，径阶株数起主导作用。而到中龄以后，由于个体间的生物量差异显著加大，使个体间生物量的差异成为主导因素。之后，生物量的径阶分布均呈现明显的右偏态，且与株数按径阶分布有很大不同，分布的峰值出现比株数按径阶分布大1~2个径阶，即峰值向右移动了1~2个径阶。

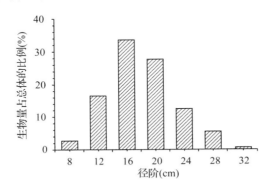

图5-8　马尾松林生物量分布

Fig. 5-8　Biomass distribution of *Pinus massoniana* plantation

5.4.4　乔木层净生产力分析

林分净生长量(生产力)是现有林分年生长量及当年生长量中因凋落枯损和被食损失量3项之和。因后两者的量很小，本研究按研究方法中介绍的计算公式，计算各部分的净生产量，所估算的净生产量，比实际情况要略低些(表5-12)。经调查，不同年龄的林分，其松针的构成、针龄不同。因调查时，当年生松针尚未抽出，松针均以1、2年生为主。8、12、18、22、30年生林分的松针叶龄分别取为：1.4、1.5、1.7、1.8、1.8年。

表5-12　不同年龄的林分及各器官净生产力

Table 5-12　Net productivity of each part of forest's different age

（单位：t·hm^{-2}）

林龄	林分	地上	干	枝	皮	叶	根
8	6.338	5.642	2.049	0.809	0.365	2.419	0.596
12	11.237	10.100	4.383	0.946	0.608	4.163	1.038
18	15.532	14.525	7.473	1.376	0.96	4.716	1.106
22	14.067	12.981	6.862	1.174	0.678	4.447	1.091
30	11.930	11.045	5.298	0.833	0.525	4.389	0.885

由表 5-12 可知，在中等立地上，马尾松人工林到中龄时，已具很高的生产力，乔木层年均生产干物质达 15.63 t·hm^{-2}·a^{-1}，其中经济价值最大的树干生物量也达 7.473 t·hm^{-2}·a^{-1}，占乔木层净生产力的 47.81%。各器官净生产力由大到小的排列顺序为：干材 > 叶 > 枝 > 根 > 皮。不同年龄净生产力差异很大，其中以干材的相对差异最大，达 2.1～3.6 倍。净生产力在 18 年生以前，均随林龄增加而增加；18 年生后，随林龄增加而降低。不同年龄干、枝、皮净生产力由大到小的排序均为：18 年生 > 22 年生 > 12 年生 > 30 年生 > 8 年生。从排序结果可以看出，若培育纸浆材，以追求单位时间内生产的生物量最大为目标，则应适当增加林分密度，且在 18 年生前后进行利用最佳。曾经有人对 10 年生前的马尾松林就进行砍伐，以达到通过马尾松木材制作纸浆的目的。研究表明，马尾松人工林在 10 年生以前，生产力尚没有达到最大限度，此时进行砍伐利用，反而降低了相应的经济效益。有研究表明，我国传统的等到马尾松林达到 30 年后，再进行采伐利用也不是最佳方案。因为马尾松人工林在 22 年左右时，林分生物量的生长速率已明显减缓，说明此时再利用已偏晚。若继续延长到 30 年生，年均生产力下降已十分明显，已错过最佳利用时机。为了充分利用林地资源，对于纸浆用人工林在 30 年生前就应及时采伐。根据调查结果说明，在 22 年生以前采伐效果最佳，效益最大。

5.5　马尾松林碳储量

5.5.1　乔木层含碳率

由表 5-13 可知，马尾松幼龄林、中龄林和成熟林乔木层平均含碳率分别是 49.19%、51.35% 和 51.79%。表现为成熟林最大，中龄林次之，幼龄林最小，且成熟林与幼龄林间差异达显著水平（$P < 0.05$）。但不同器官含碳率在不同发育阶段间的差异程度有所不同，其中幼龄林叶的含碳率与中龄林的差异达到了显著水平；幼龄林的干含碳率与成熟林的差异亦达到了显著水平（图 5-9）。同一发育阶段，马尾

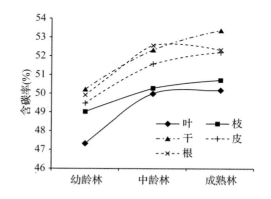

图 5-9　不同龄组马尾松各器官含碳率
Fig. 5-9　Carbon concentration of *Pinus massoniana* plantation at different stages

松人工林乔木层各器官含碳率均表现为干＞根＞皮＞枝＞叶。幼龄林、中龄林、成熟林各器官含碳率变异系数分别为 2.86%，1.07% 和 3.25%，这与之前相关研究者对马尾松各器官含碳率大小顺序的测定结果一致；但本研究所测含碳率可数值普遍偏低。

马尾松林其他灌草和凋落物等含碳率可参照杉木林。

表 5-13　不同发育阶段马尾松林乔木层各器官的含碳率

Table 5-13　Carbon content of *Pinus massoniana* organs in plantation of different stages

（单位：%）

林龄	叶	枝	干	皮	根	平均值
幼龄林	47.33	49.03	50.26	49.46	49.85	49.19
中龄林	50.01	50.26	52.38	51.56	52.53	51.35
成熟林	50.19	50.72	53.35	52.24	52.29	51.76

5.5.2　碳储量及分配

马尾松人工林生态系统碳储量由土壤层、乔木层、林下植被层和残体层碳储量 4 部分组成。和杉木林同理，根据不同层次的生物量及相应含碳率，计算出马尾松人工林生态系统不同层次碳储量的结果见表 5-14。结果表明，马尾松幼龄林、中龄林和成熟林生态系统碳储量分别是 107.19，152.87 和 183.94 t·hm^{-2}，表现出随林龄增大而增加的趋势，且两两间差异均达到了显著水平（$P < 0.05$）。同时可见，不同组分碳储量在不同发育阶段间的差异程度有所不同，乔木层、残体和土壤碳储量均表现出随林龄增加而增大的趋势。乔木层和残体层碳储量在幼龄林、中龄林和成熟林间两两差异均达到了显著水平；土壤层碳储量只是在幼龄林和成熟林间差异显著；而林下植被碳储量表现为中龄林最大，幼龄林次之，成熟林最小。

表 5-14　马尾松人工林生态系统的碳储量及分配

Table 5-14　Carbon storage and its distribution in *Pinus massoniana* plantation ecosystem

（单位：t·hm^{-2}）

林龄	乔木层	林下植被层	残体层	土壤层（cm）					合计
				小计	0~20	20~40	40~60	60~100	
幼龄林	16.62 ±2.16	2.2 ±0.37	0.58 ±0.46	87.79 ±1.87	33.34 ±2.14	29.09 ±2.16	16.89 ±2.14	8.47 ±1.02	107.19
中龄林	50.28 ±3.47	2.38 ±0.46	1.61 ±0.57	98.59 ±2.95	42.05 ±4.38	30.42 ±3.56	17.45 ±3.14	8.67 ±0.71	152.87
成熟林	73.01 ±2.2	0.99 ±0.46	2.85 ±0.51	107.09 ±1.97	48.33 ±2.1	31.82 ±2.58	17.97 ±2.19	8.97 ±1.02	183.94

从图5-10可以看出，在马尾松林森林植被碳库的垂直结构中，乔木层占绝大部分(92.95%)，而林下灌草及残体所占比例极少，且二者近乎相等。同时，整个生态系统碳储量分配以土壤层最多(66.1%)，是乔木层的2倍之多。土壤层是最大的碳库层。

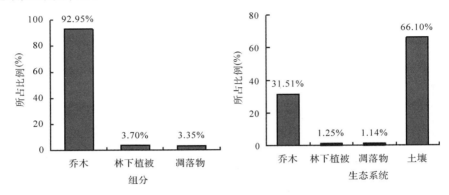

图5-10   马尾松林植被及生态系统碳储量分配比例

Fig. 5-10   Carbon ratio distribution of *pinus Massoniana* plantation

第**6**章

落叶松林生物量和碳储量的估算

6.1 落叶松林分和标准地

以黑龙江省东折凌河经营所（小兴安岭南坡）的落叶松林为研究对象，综合考虑其区域分布、立地条件、林分龄组结构等因素后，在该所 329 hm² 落叶松林中，选取了按林龄 7 ~ 48 年序列排布的 10 块典型林分设置标准地，涵盖未成林、幼龄林、中龄林、近熟林和成熟林 5 个较为完整的生长阶段（国家林业局，2004）。所选的林分基本分布在阳面缓坡中部，具有相近的环境因子，实现了立地条件的相近。落叶松林林分初植密度为 3330 株·hm⁻² 以培育大径级用材林为目标，经历相似的人工抚育间伐（一般为 3 次，周期为 8 ~ 10 年，强度不超过 30%）及自然稀疏，具体海拔、坡度、坡向、坡位、平均直径和平均高等林分特征见表 6-1。

表6-1 不同林龄落叶松林基本林分特征因子

Table 6-1 Stand situation of *Larix* spp. plantation at different ages

林龄 （年）	海拔 （m）	坡度 （°）	坡向 （°）	坡位	平均胸 径（cm）	平均树 高（m）	林分蓄积 （m³·hm⁻²）	株数密度 （株·hm⁻²）	枯损 率（%）	郁闭度
7	300	9	285	下坡位	3.0	3.0	3.917	1963	6.26	0.16
9	299	8	280	下坡位	4.9	6.7	22.479	1947	8.76	0.14
15	308	7	197	坡底部	11.5	12.4	94.178	1623	5.80	0.65
19	296	7	240	中坡位	12.7	13.9	137.017	1560	9.74	0.76
23	354	10	264	中坡位	15.2	15.8	143.796	1352	8.60	0.83
27	304	5	174	下坡位	15.8	16.0	146.737	1014	4.83	0.80
33	376	6	150	中坡位	19.3	18.9	169.487	936	5.83	0.75
37	383	6	212	下坡位	20.7	20.4	240.464	783	4.72	0.73
41	309	9	210	下坡位	23.5	21.0	263.478	576	2.78	0.63
48	312	10	204	下坡位	27.7	23.6	253.712	520	1.53	0.57

为确保所选取的标准地能反映被调查林分的平均状况，在选取前全面踏查整个林分，掌握林分概况，远离林缘，避免有明显人为破坏和病虫害的地块，于每

片林分选出具有典型代表性和原始性的两个地块作为标准地。

6.2　落叶松林乔木层生物量与碳储量

6.2.1　乔木生物量模型构建及估算

6.2.1.1　单木生物量模型构建

　　本研究在 10 个不同林龄林分中，共采集了 53 株落叶松标准木的生物量数据。分别林龄和林木器官统计，得到相同林分中标准木各器官组分的平均生物量（表 6-2）。

表 6-2　不同年龄落叶松各器官组分生物量

Table 6-2　Organ or component-specific biomass of *Larix* spp. at different ages

（单位：kg）

器官组分	7	9	15	19	23	27	33	37	41	48
干材	0.796	3.756	24.143	42.563	49.264	62.643	81.646	139.888	307.000	311.619
树皮	0.197	0.837	5.517	8.649	9.028	9.057	11.102	19.354	35.411	36.411
活枝	0.564	1.151	3.038	8.032	11.443	13.658	35.586	36.968	42.852	44.703
死枝	0.003	0.813	3.117	4.337	5.179	11.074	9.195	5.171	3.627	4.037
叶	1.055	1.383	3.573	4.185	4.690	4.770	10.071	11.965	14.252	15.685
树干	0.993	4.593	29.66	51.212	58.292	71.700	92.748	159.242	342.411	348.030
树冠	1.622	3.34	9.728	16.554	21.312	29.502	54.852	54.104	60.731	64.426
地上部分	2.615	7.941	39.388	67.766	79.604	101.202	147.600	213.346	403.142	412.456
根系	0.562	1.744	6.891	10.12	12.451	12.745	16.102	27.646	63.809	84.034
单株木	3.177	9.685	46.279	77.886	92.055	113.947	163.702	240.992	466.951	496.490

　　为了估算林分生物量，依据标准木构建生物量估算模型。53 株标准木中 42 株用于构建模型，其余 11 株用于模型检验。样本特征因子及生物量的分布范围分别见表 6-3、表 6-4。

表 6-3　落叶松标准木取样及特征因子分布

Table 6-3　Distribution range of mean trees characteristics from 20 korean larch plantations

项目	株数	年龄 A	胸径 D（cm）	根径 D_0（cm）	树高 H（m）	冠幅 C_w（m）	冠长 C_l（m）
建模样本	42	7~48	3.4~27.7	5.6~36.3	3.5~24.7	0.8~4.9	3.3~13.3
检验样本	11	7~48	4.3~26.8	7.4~35.5	4.5~23.6	0.9~4.8	3.8~12.6

表6-4 落叶松样木各器官或组分生物量分布范围

Table 6-4 Distribution range of organ, component and whole tree biomass of mean trees

（单位：kg）

项目	单株木	地上部分	根系	树干	树冠	树枝	树叶
建模样本	3.150 ~ 496.490	2.588 ~ 412.456	0.562 ~ 84.034	0.966 ~ 403.142	1.623 ~ 64.426	0.994 ~ 48.741	0.629 ~ 15.685
检验样本	4.221 ~ 434.921	3.410 ~ 365.165	0.811 ~ 69.756	1.631 ~ 305.73	1.779 ~ 59.435	0.875 ~ 45.135	0.653 ~ 14.296

（1）模型自变量选取 由于生物量与材积紧密相关，所以在自变量筛选时倾向于选取相与材积模型的基本一致，而大量的材积公式都基于 D 这一易测且准确的测树因子（彭小勇等，2007）。在自变量的相关系数矩阵中（表6-5），D 或基于的 D^2 和 D^2H 与其他变量的相关系数较大。特别是由于树高与材积关系紧密，它的增长对所有变量的增长影响较为显著，而且树高充分代表了不同林分在林龄和立地条件等方面的差异，所以有高相关性的 D^2H 是比较理想的自变量。树高、年龄 A 和根径（D_0）同样与其他因子都有较强的相关性，但这几个因子通常都不容易准确测定。此外，由于受多方干扰，其增长趋势与胸径、树高存在差异，冠幅（C_w）和冠长（C_l）等与其他因子相关性更低；而且它们在量测时容易造成误差，经直观判断，可以剔除。

表6-5 落叶松林木特征因子之间相关系数矩阵

Table 6-5 Correlation relationship between characteristics of mean trees

变量	A	D	D^2	H	D^2H	D_0	C_w	C_l	C_w^2	$C_w^2C_l$
A	1									
D	0.807	1								
D^2	0.832	0.970	1							
H	0.863	0.863	0.834	1						
D^2H	0.836	0.894	0.967	0.937	1					
D_0	0.808	0.921	0.886	0.907	0.950	1				
C_w	0.759	0.826	0.873	0.804	0.882	0.856	1			
C_l	0.712	0.819	0.708	0.830	0.775	0.762	0.730	1		
C_w^2	0.787	0.794	0.835	0.827	0.878	0.826	0.961	0.767	1	
$C_w^2C_l$	0.811	0.816	0.865	0.863	0.902	0.832	0.925	0.982	0.982	1

再由表6-6可知，所有筛选得到的自变量与生物量因变量间相关，且不同因子对不同器官的相关性表现不同。总体而言，D^2H 与各器官、组分生物量及单株总生物量之间表现出极高的相关性。具体而言，D^2H 中的 D 和 H 从横向和纵向上全面地表达了林木的外形，直接影响着树干、树枝、地上部分、整株生物量，保持着高度的相关性，可确定进入模型。但是，D^2H 对根系、树皮、枯枝和树叶生物量相关性相对较低，说明这几部分生物量的累积受胸径、树高作用影响的同时也存在某些干扰，二者的增长不是完全趋同。同时，各器官、组分和单株总生物量之间也表现出不同的相关性。作为林木生物量的主体，干材、树干和地上部分均与其他部分显著相关，树皮、树枝和根系等相关性也较高。这是因为落叶松在生长过程中，树干、根系和树枝的生物量是随年龄逐渐累积的，总的趋势是一样的。然而，树叶只与树冠各部分相关性较好，枯枝生物量与所有生物量相关性都明显偏低。究其原因，树叶和枯枝生物量自身的累积遭受更多的自然或人工干扰，特别是作为光合作用器官的树叶对于光照条件敏感、异质性较大，它们的生物量累积趋势是不稳定的，还有可能是采集时的误差或疏忽造成的。

表6-6 落叶松林木自变量 D^2H 与各器官或组分生物量之间相关系数矩阵

Table 6-6 Correlation relationship between biomass and characteristics of mean trees

项目	D^2H	树干	干材	树皮	树枝	活枝	枯枝	树叶	树冠	地上	根系	单木
D^2H	1											
树干	0.983	1										
干材	0.983	0.999	1									
树皮	0.877	0.975	0.970	1								
树枝	0.884	0.852	0.851	0.855	1							
活枝	0.910	0.886	0.888	0.875	0.972	1						
枯枝	0.608	0.514	0.505	0.557	0.596	0.595	1					
树叶	0.797	0.842	0.842	0.839	0.940	0.965	0.560	1				
树冠	0.858	0.858	0.858	0.860	0.997	0.981	0.749	0.963	1			
地上	0.981	0.994	0.994	0.975	0.903	0.928	0.565	0.887	0.909	1		
根系	0.842	0.932	0.939	0.885	0.807	0.861	0.413	0.828	0.820	0.934	1	
单木	0.984	0.993	0.994	0.970	0.896	0.926	0.544	0.886	0.903	0.999	0.952	1

（2）模型构建及拟合结果　以 D^2H 为自变量，按照3种主要模型形式，构建落叶松各器官组分的生物量模型（表6-7）。结合各项评价指标，进一步分析比较，并选择最优的模型。具体而言，单木、地上部分、树干、干材和树皮都有最大的相关系数，很大程度上保证了生物量主体估算的准确。同时，构建的大部分

模型的误差项离差平方和(SSE)、均方根误差(Rmse)和剩余标准差(S)指标都在正常范围内，结合参数变动系数的大小，最终确定模型形式 4-3-3-1 最适于单木、地上部分、树干、干材、树枝和活树枝等绝大部分地上木质器官组分生物量的估算。在最优模型的标准化残差图(图 6-1)上，在置信度 95% 下，所有残差点均随机分布，在横坐标方向上没有出现趋势性，反映了较好的拟合效果，因此可以认为选用的模型是合理的。

表 6-7 落叶松各器官组分生物量估测模型及相关评价指标

Table 6-7 **Parameters of the candidate allometric equations used to predict tree-component biomass of korean larch**

器官组分	模型形式	a	b	c	C_1(%)	C_2(%)	C_3(%)	SSE	Rmse	S	R	备注
整株	4-54	4.488	260.294	–	2.28	5.89	–	395.846	3.070	8.974	0.967	
	4-55	1.554	276.644	-11.118	3.32	9.15	14.69	197.774	2.170	12.928	0.968	
	4-57	2.353	0.846	–	2.31	10.98	–	119.106	1.684	2.226	0.976	最优模型
地上	4-54	4.105	222.299	–	2.10	5.40	–	288.305	2.620	11.915	0.968	
	4-55	1.842	235.031	-8.645	3.06	13.53	8.43	144.212	1.853	9.911	0.971	
	4-57	2.292	0.856	–	1.94	8.37	–	70.762	1.298	0.697	0.976	最优模型
树干	4-54	-0.444	182.630	–	1.65	4.265	–	30.131	0.847	7.395	0.972	
	4-55	2.139	168.323	9.790	2.39	6.59	10.58	26.679	0.797	6.311	0.973	
	4-57	2.222	0.944	–	1.28	3.04	–	22.505	0.732	0.203	0.980	最优模型
干材	4-54	-1.745	164.693	–	1.47	3.79	–	27.149	0.804	8.356	0.973	
	4-55	0.681	151.173	9.392	2.12	5.85	9.39	19.250	0.677	6.265	0.964	
	4-57	2.175	0.972	–	1.54	4.97	–	22.137	0.726	0.452	0.979	最优模型
树皮	4-54	1.397	18.152	–	2.25	5.79	–	203.650	2.202	1.275	0.868	次优模型
	4-55	1.344	18.446	-0.200	3.30	14.59	0.91	144.056	1.852	1.298	0.818	
	4-57	1.270	0.805	–	1.97	12.40	–	230.368	2.342	0.096	0.873	
树冠	4-54	4.469	39.458	–	11.30	29.08	–	442.806	3.247	6.405	0.808	
	4-55	-0.197	65.464	-17.683	4.56	8.36	4.01	325.761	2.785	11.291	0.843	次优模型
	4-57	1.565	0.692	–	3.57	10.49	–	364.514	2.946	0.663	0.850	
树枝	4-54	3.557	30.873	–	9.16	23.59	–	346.432	2.872	5.196	0.850	
	4-55	-0.132	51.435	-13.981	11.90	52.60	3.27	254.994	3.070	4.629	0.885	
	4-57	1.512	0.779	–	13.42	24.22	–	142.659	2.170	0.193	0.916	最优模型
活枝	4-54	1.005	29.665	–	7.65	19.69	–	332.817	2.815	4.337	0.880	
	4-55	-1.992	46.363	-11.354	10.00	14.23	2.75	242.323	2.402	3.892	0.906	最优模型
	4-57	1.402	0.859	–	4.77	15.82	–	131.582	1.770	0.238	0.875	

（续）

器官组分	模型形式	a	b	c	C_1 （%）	C_2 （%）	C_3 （%）	SSE	Rmse	S	R	备注
枯枝	4－54	2.565	1.753	－	3.93	10.11	－	19.650	0.684	2.222	0.609	
	4－55	1.681	6.681	－3.351	5.57	15.35	2.46	22.015	0.724	2.167	0.730	次优模型
	4－57	0.850	0.811	－	10.02	12.45	－	61.188	1.207	0.763	0.626	
树叶	4－54	0.911	8.587	－	2.57	6.61	－	96.399	1.515	1.457	0.748	
	4－55	－0.607	14.037	－3.706	3.38	5.96	0.93	70.653	1.297	1.317	0.840	次优模型
	4－57	0.809	0.563	－	4.72	5.80	－	36.953	0.938	1.774	0.766	
根系	4－54	0.383	37.994	－	6.47	16.66		426.325	3.186	3.669	0.842	次优模型
	4－55	－0.269	41.630	－2.472	9.44	41.73	2.60	301.661	2.680	3.672	0.843	
	4－57	1.461	0.787	－	12.97	13.74	－	339.232	2.842	0.374	0.835	

　　然而，树皮、根系、树冠生物量估算模型相关系数不高，树叶相关系数更低，而枯树枝为最低。虽然这些模型相关系数较显著（0.7 以上），但相关参数和参数变动系数也不尽如人意，模型精度无法保证，不能确定为最优模型。由于林木树冠形态和疏密度受树势和气象环境因子影响较大，所以树冠部分生物量存在较大变化（贾炜玮等，2006），采用标准枝的抽样方法也不可避免地造成了误差，这些都影响了模型的拟合和估计效果。可见，直接通过有限的样本数据构建的这些器官组分（特别对于树叶与枯枝）次优模型来获取准确的生物量估算值较困难。此外，正如上文所述，这些独立估测模型存在相容性问题。为此，以相对稳健的单株木、地上部分和树干等模型为基础，利用各器官组分的代数和关系可以直接得到树皮、根系、树冠、树叶与枯枝的生物量，具体的代数和关系表示为：

　　①根系生物量为单株木生物量总量和地上部分之差，即：

$$B_{Root} = \hat{B}_{Tree} - \hat{B}_{Tree-ABG} \tag{6-1}$$

　　②树冠生物量为地上和树干生物量之差，即：

$$B_{Crown} = \hat{B}_{Tree-ABG} - \hat{B}_{Trunk} \tag{6-2}$$

　　③树皮生物量为树干和干材生物量之差，即：

$$B_{Bark} = \hat{B}_{Trunk} - \hat{B}_{Stem} \tag{6-3}$$

　　④树叶生物量为树冠和树枝生物量之差，即：

$$B_{Foliage} = B_{Crown} - \hat{B}_{Branch} \tag{6-4}$$

　　⑤枯枝生物量为树枝和活树枝生物量之差，即：

$$B_{DBranch} = \hat{B}_{Branch} - \hat{B}_{LBranch} \tag{6-5}$$

　　可见，再采用相应的模型联合估计，可实现所有生物量之和相容于单株木总

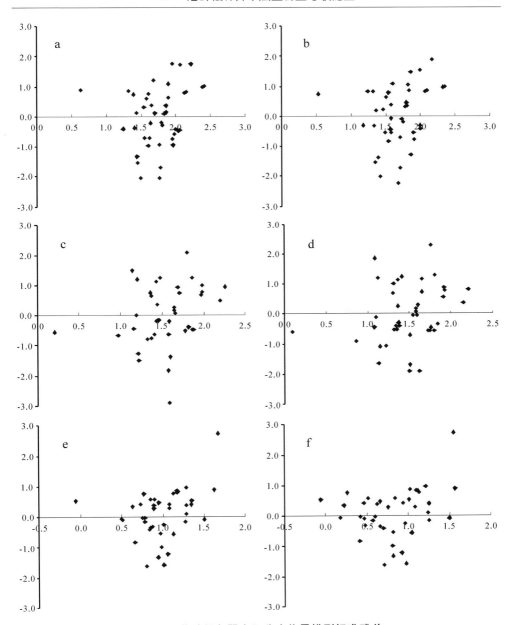

图 6-1 落叶松各器官组分生物量模型标准残差

（a. 单株木；b. 地上部分；c. 树干；d. 干材；e. 树枝；f. 活树枝）

Fig. 6-1 Standardized residuals of optimal models for tree-component
biomass of korean larch

量，即：

$$\hat{B}_{\text{Tree}} = \hat{B}_{\text{Stem}} + B_{\text{Bark}} + B_{\text{Root}} + \hat{B}_{\text{LBranch}} + B_{\text{DBranch}} + B_{\text{Foliage}} \qquad (6\text{-}6)$$

其中，$\hat{B}_{\text{Tree}}$、$\hat{B}_{\text{Tree-ABG}}$、$\hat{B}_{\text{Stem}}$、$\hat{B}_{\text{Branch}}$ 和 $\hat{B}_{\text{LBranch}}$ 分别为独立模型估计的单株木、地上部分、干材、树枝和活树枝生物量，B_{Root}、B_{Bark}、B_{Crown}、B_{Foliage} 和 B_{DBranch} 均为联合估计的生物量。

（3）模型检验　利用11株检验样木数据，根据胸径大小分成3组（<10cm，10~20cm，>20cm），对落叶松单木各器官组分生物量的最优模型进行分组检验。由表6-8检验结果可见，各模型对样本生物量估计的总相对误差基本在±5%以内，单株、地上部分及树干的总相对误差设置在±3%以内。预估精度除树枝和活树枝保持在90%左右，其余达到95%以上，总体精度高。分组检验结果表明，各模型的估计误差略有增大，预估精度略有下降，但还是保持在较高水平。与总体趋势类似，整株、地上部分、树干及干材的总相对误差均在±3%以内，预估精度也保持在90%以上的较高水平。然而，树枝与活树枝的总相对误差多数在±5%左右，平均相对误差绝对值的变动范围也较大（最高为25.74%），预估精度甚至跌至86.734%。可见，树枝较之干材及以干材为主体的生物量估计效果偏差。同时，各模型对中径级林木的估算最为准确，大径级一般，而小径级较差。总体而言，各最优模型能够达到较高的精度要求，基于相容性思想构建的生物量模型实现了各器官组分生物量与单株木总量的相容，使模型的应用更具实际意义。

表6-8　落叶松各器官组分生物量最优模型的分组检验结果

Table 6-8　Population and sample-groups testing results of optimal models

（单位:%）

生物量模型	组别	评价指标			
		RS	EE	RMA	P
单株木	总体	1.38	3.02	2.79	95.138
地上部分	总体	2.92	-2.42	1.47	95.411
树干	总体	1.81	1.09	1.20	96.122
干材	总体	0.47	0.93	0.71	96.237
树枝	总体	3.45	3.56	9.58	91.784
活树枝	总体	2.98	2.73	7.65	92.147
单株木	一组	-2.04	2.18	3.55	92.246
	二组	0.11	-0.16	1.99	96.108
	三组	1.76	0.23	0.43	94.799
地上部分	一组	-2.15	-3.08	1.85	93.090
	二组	1.04	-1.59	6.35	96.098
	三组	2.70	1.83	1.08	96.800

（续）

生物量模型	组别	评价指标			
		RS	EE	RMA	P
树干	一组	1.35	5.67	13.85	93.885
	二组	0.93	1.67	3.34	97.122
	三组	-2.25	-4.35	9.40	96.542
干材	一组	-1.71	-13.89	17.10	94.835
	二组	1.00	0.12	5.19	97.432
	三组	1.16	2.84	11.45	96.197
树枝	一组	5.28	26.42	20.91	86.734
	二组	2.18	16.89	11.97	92.686
	三组	-6.80	-1.26	18.99	89.054
活树枝	一组	-4.83	-9.40	25.74	91.880
	二组	2.74	7.56	12.23	95.536
	三组	4.81	4.88	13.43	88.712

6.2.1.2 林分生物量估算结果

根据样地内实测活立木的胸径和树高数值，生成 D^2H 自变量，应用上述最优模型以及其他各器官组分的代数和关系，可以估算调查样地中所有落叶松的生物量。最终推算得到林分林木生物量（表6-9）。样地内其他树种，如蒙古栎、色木槭和白桦等的生物量则直接采用陈传国等（1989）建立的生物量模型来估算。

表6-9 不同年龄落叶松各器官组分生物量

Table 6-9 Component-specific biomass of *Larix* spp.

plantations at different ages （单位：t·hm^{-2}）

器官组分	7	9	15	19	23	27	33	37	41	48	平均
干材	1.4	7.8	39.7	67.3	67.6	70.3	82.4	117.2	161.5	167.7	78.3
树皮	0.4	2.9	8.5	12.6	11.2	9.6	11.6	17.7	16.6	17.8	10.9
活枝	1.0	2.2	5.2	13.1	16.0	15.8	34.4	30.0	22.6	24.5	16.5
死枝	0.0	1.6	4.1	5.5	6.1	12.3	9.2	4.4	1.9	2.2	4.7
树叶	1.8	2.5	7.1	8.2	7.8	6.0	9.7	9.5	8.2	9.7	7.0
树干	1.8	10.7	48.1	79.9	78.8	79.9	93.9	134.9	178.1	185.5	89.2
树冠	2.8	6.3	16.4	26.8	29.9	34.1	53.2	43.9	32.7	36.4	28.2
地上	4.6	17.0	64.5	106.7	108.7	113.9	147.1	178.8	210.8	221.9	117.4
根系	0.9	2.9	11.6	16.0	17.9	15.0	16.3	22.8	35.9	49.0	18.8
单株木	5.5	19.9	76.1	122.6	126.6	128.9	163.5	201.6	246.7	270.9	136.2

6.2.1.3　林分生物量计量参数

由于林木是由树干、树枝、树叶和根等主要器官组成的有机整体，各器官之间存在着相互影响、相互制约的关系。各器官在单株木中所起的作用决定了各自生物量与单株木总量或相互之间存在一定的比例关系，由此可以得到各生物量计量参数（罗云建等，2007）。如图6-2所示，落叶松林分生物量转换因子（*BEF*）随林龄增大而缓慢不明显地增大，在 0.456～0.676 之间变动，平均为 0.564。地下根系生物量与树干生物量的根茎比（root/shoot ratio，*R*）在初期未成林时偏高，林分郁闭后下降，基本处于稳定状态，在 0.516～0.169 之间变动，平均为 0.215（除7年生），与罗云建等得到的落叶松 *R* 值平均值 0.245 近似（罗云建等，2007）。而地下根系与树冠生物量之间的比值（root/crown，*R/C*）平均值为 0.641，但随林龄而起伏变化明显，与人工抚育修枝等

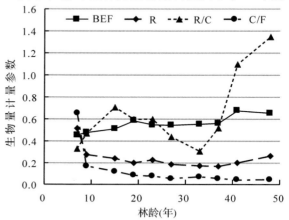

图 6-2　落叶松 BEF 等生物量计量参数分布
Fig. 6-2　BEF, *R*, *R/C*, *C/F* for *Larix* spp.

干扰关系紧密。例如在幼龄林抚育后升高至 0.707；此后林分郁闭，地上部分生长加快，到32年生近熟林时降至 0.307 的最低点；最终因林木成熟，地上生长逐渐减缓，而地下根系生物量仍在不断累积，该值达到 1.346 的最高值。此外，林木光合作用器官（叶）生物量与非同化器官（干、枝、根）生物量总和之间的光合作用器官与非同化器官比（assimilation organs/non-assimilating，*C/F*）随林龄增加而逐渐减小，变化趋势与根茎比相似，平均值为 0.361（除7年生）。

6.2.2　乔木各器官含碳率

为了能更准确地估算林木碳储量，应该分别器官类型进行含碳率的测定，有些树种的含碳率直接采用 Zhang 等人（2009）的测定结果。经实验测定，不同年龄落叶松各器官含碳率见表6-10。不同器官的含碳率不尽相同，平均而言，活树枝碳含率最高，平均为 49.9%，且变异系数（CV）只有 0.9%，而细根 40.8% 为最低且变化幅度较大。各器官碳含率大小顺序为：活枝＞干材＞枯枝＞树叶（和树皮）＞根桩＞中根＞粗根＞大根＞细根。再结合上文计算的生物量结果和具体器官含碳率，利用公式3-107加权平均得到树冠、树干和根系三大组分碳含率分

别为 49.2%、48.5% 和 46.5%。所以，可以初步判断地上器官含碳率大于地下根系，这可能是因为木材中纤维素和木质素含量较高所致。最终，加权平均所有器官含碳率，得到落叶松单株木含碳率为 48.3%。可见，林木在不同生境条件下的生物学特性存在差异。所以，虽然在同一区域、近似立地条件林分内，因为年龄的差异，仍导致落叶松各器官含碳率的变化，特别是地下根系部分变异系数较大。

表 6-10　不同年龄落叶松各器官含碳率

Table 6-10　Carbon concentrations of all organs from a chronosequence of korean larch

（单位：%）

年龄	树叶	活枝	枯枝	干材	树皮	根桩	大根	粗根	中根	细根	单株木
7	48.6	52.3	50.3	49.2	50.8	50.9	–	–	45.3	43.0	50.3
9	47.8	51.9	50.6	48.6	49.8	47.5	–	–	47.5	41.0	49.0
15	49.5	50.6	48.0	50.6	49.7	49.5	–	47.2	41.9	39.8	49.7
19	47.4	51.8	48.3	49.3	48.8	48.6	46.2	48.2	50.4	47.8	49.0
23	48.7	51.5	47.5	47.8	48.1	46.2	44.3	46.5	46.6	42.7	47.8
27	46.3	50.5	49.7	48.6	47.6	47.7	45.1	45.4	46.7	43.1	48.2
33	47.6	49.4	47.7	46.7	48.4	45.6	43.2	47.4	44.5	38.5	47.1
37	47.4	48.6	46.9	47.6	46.6	46.9	46.7	46.5	42.4	40.9	47.4
41	47.4	49.6	47.6	47.7	47.3	47.3	43.1	42.0	47.2	37.5	47.3
48	46.6	48.7	46.4	48.8	46.4	44.1	43.6	45.9	45.6	40.0	47.7
平均	47.5	49.9	47.8	48.2	47.5	46.5	44.5	45.7	45.8	40.8	48.3
CV(%)	0.9	1.9	2.0	1.2	2.1	3.8	2.1	3.6	6.3	8.4	2.27

6.2.3　乔木碳储量

6.2.3.1　乔木各器官碳储量及分配

依据林分标准地的调查结果，结合落叶松林乔木层各器官组分的生物量和含碳率值，利用公式 4-114 计算了相对应的有机碳储量（表 6-11），研究不同林分乔木层碳储量总体差异以及同一林分内部碳储量的分配。平均而言，落叶松林乔木层碳储量为 64.822 tC·hm^{-2}。其中，各器官碳储量以树干 37.344 tC·hm^{-2} 为最高；其次是树根 8.587 tC·hm^{-2}；其余依次是活枝 7.889 tC·hm^{-2}，树皮 5.116 tC·hm^{-2}，树叶 3.787 tC·hm^{-2}，最后是死枝 2.098 tC·hm^{-2}。乔木层和各器官碳储量均随林龄增大而增加。48 年生乔木层碳储量是 7 年生的近 160 倍，体现了落叶松的速生特性。具体而言，48 年生乔木层碳储量最大，为 270.9 tC·hm^{-2}，其干材、树皮和根系也是最大；而活枝和树叶是 33 年生为最大。林木各器官碳储量在不同生长发育阶段的大小排序也不相同。具体而言，未成林 7 年生时为树叶＞干材＞树枝＞根系＞树皮＞枯枝，此时林分尚未郁闭，树冠得到了足够的生长空间。未成林到中龄林的 9、15、19 和 23 年生为干材＞根系＞活枝＞树皮＞树叶＞枯枝，此时林分已经郁闭，树干成为林木的主体，而人为抚育修枝等干扰降低了树枝的碳储量。中龄林 27 年生为干材＞活枝＞根系＞树皮＞枯枝＞树叶，近熟林 33 和 37 年生为干材＞活枝＞根系＞树皮＞树叶＞枯枝，这段期间林分高度郁闭，树枝生物量累积超过根系，但林木对于生长空间和资源的竞争激烈。成熟林 41、48 年生为干材＞根系＞活枝＞树皮＞树叶＞枯枝，此时林分已经成熟，地上部分生长速度开始下降，而根系的生物量累积达到最大，这也加大了浅根性的落叶松在风雪灾中的抵抗能力。可见，各器官碳储量的变化除了因为自身不同生长发育阶段的差异，还伴随着自然稀疏和人工抚育导致林分郁闭变化的影响。

表 6-11　不同年龄落叶松各器官组分碳储量

Table 6-11　Carbon density of arbor layer in different
age *Larix* spp. plantations　　　（单位：tC · hm^{-2}）

器官	7	9	15	19	23	27	33	37	41	48	平均
干材	0.669	3.708	18.965	32.128	32.269	33.848	38.917	55.845	76.869	80.227	37.344
树皮	0.182	1.398	3.958	5.916	5.261	4.188	5.812	8.399	7.920	8.129	5.116
活枝	0.474	1.137	2.386	6.063	7.495	7.380	16.962	14.758	10.730	11.509	7.889
死枝	0.002	0.783	1.449	1.974	2.392	5.984	4.383	2.064	0.908	1.039	2.098
树叶	0.888	1.140	4.148	5.021	4.681	3.254	4.614	4.597	4.330	5.196	3.787
根系	0.455	1.395	5.448	7.690	8.200	6.916	7.341	10.544	16.162	21.723	8.587
乔木层	2.670	9.561	36.354	58.791	60.298	61.569	78.029	96.207	116.919	127.823	64.822

同时，各器官碳储量在乔木层总碳储量中存在一定的比例关系，即碳储量的分配比例，这是由各器官所起的作用决定的。树干在树体中起机械支撑作用，其所占比重明显最大；树根在树体中起固定作用，所占比重位于第二；然后依次为树枝、树皮、树叶和枯枝(图 6-3)。具体而言，干材碳储量所占比例增加的趋势最明显，由 7 年生的 25.06％上升到 41 年生的 65.75％，可见干材逐渐占据并稳固了其碳储的主导地位。树叶碳储量所占比例随年龄的增大而减小的趋势最明显，由 7 年生的 33.25％下降到 41 年生的 3.70％，这与落叶松叶年年脱落而非长期积累的生长习性有关。活枝与枯枝因为其受抚育修枝等人工干扰较大，例如在 15 年左右进行整枝后明显下降，所占比例起伏不定，但总体呈减小趋势。树皮比例稍有减少后保持在 9％左右。根系比例经历减少、上升，但基本稳定在13％左右。总体而言，除 7 年生未郁闭的未成林外，其余林分的碳储量分配基本

处于稳定状态。

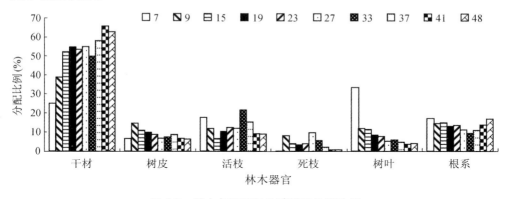

图 6-3 乔木各器官组分碳储量分配比例

Fig. 6-3 Organ-specific carbon allocation ratio of arbor layer in different age *Larix* spp. plantations

6.2.3.2 乔木层碳储量及其变化

依据表 6-11 乔木层各器官碳储量的计算结果,以及移除木碳储量,进一步分析比较包括移除木在内的林分乔木层碳储量变化规律。在所有落叶松林造林初始密度一致的情况下,根据所调查的时间序列的林分,假设年龄相邻两片林分的密度差异是由于抚育间伐造成的(由于自然稀疏等原因造成林分密度下降的枯立木的碳储量将在下文论述),而且认定所有移除木大小等于标准木。如此,移除木中被移除树干组分的碳储量可以方便地计算得到(移除木余留树冠和树根部分计入残体层)。从图 6-4 可以看出,在未成林阶段几乎没有移除木碳储量。随着林木生长,其胸径达到 10cm 时,对林分采取了第一次间伐,部分小径材被移除。此后,大致以 10 年为一周期,又对林分进行了两次抚育间伐,越来越多林木被移除。在 41 年生的成熟林,移除碳储量达到 22.416 tC·hm^{-2},是现存活立木的 19.17%。移除木碳储量的变化曲线为逐渐上升的锯齿形曲线,明显反映了人为

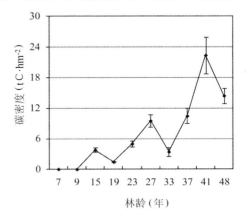

图 6-4 不同年龄落叶松林移除木碳储量

Fig. 6-4 Removed C density of different ages plantation

干扰对其碳储量的重要影响。最终,落叶松林乔木层的平均碳储量为 71.9 tC·

hm^{-2}。在各组分碳储量垂直分布格局中（表6-12、图6-5），树干的碳储量最大，为49.5 tC·hm^{-2}，占乔木层碳储量总量的68.84%；其次是树冠13.8 tC·hm^{-2}，所占比例为19.19%；地下根系的碳储量最低，为8.6 tC·hm^{-2}，所占比例为11.96%。

研究表明，林龄这一客观因子确实是影响林分生物量蓄积的主导因子之一。随林龄增大，树干碳储量及其所占比重越来越大，树冠和树根碳储量也增大，但树冠增大的比重逐渐下降，而树根则基本稳定在12%左右。值得一提的是，林分郁闭后的幼中龄林，乔木层各组分碳储量均稳定增长，所占比例差异不大，以树干最高，表现出长白山落叶松林的速生丰产特性。然而，随林龄的增大，33年生林分树冠碳储量是所有林分中最大的，其比重上升到31.86%；而树干和树根碳累积缓慢，所占比重均为最低。调查发现，33年生林分内林木竞争激烈，枯损率高。事实上，在采取间伐措施后，不同器官碳储量的组成比例发生变化，逐步由树叶和树枝等转移到干材上，此后林分碳储量显著增长。当林分成熟后，由于41年生林分有部分林木被移出，48年生林分碳储量开始下降。可见，落叶松在9～48年间为干材生长期，营养成分用于树干生长的比重随林龄的增加而增强，树干占据碳储量主导地位。较晚的成熟期，加之占总碳储量比例稳定的发达根系（细根是植物中最活跃的器官）是落叶松具有速生特性及较高且持续时间较长的生产力的重要原因。此外，通过人工抚育间伐，达到林木径级变化幅度减小、平均胸径和碳储量变大的预期效果。

表6-12　不同年龄落叶松各器官组分碳储量

Table 6-12　Carbon density of arbor layer in different age *Larix* spp. plantations

（单位：tC·hm^{-2},%）

指标	器官组分	7	9	15	19	23	27	33	37	41	48	平均
碳密度	树干	0.9	5.1	26.7	39.5	42.5	47.5	48.2	74.7	107.2	102.8	49.5
	树冠	1.4	3.1	8.0	13.1	14.6	16.6	26.0	21.4	16.0	17.7	13.8
	地上	2.3	8.2	34.7	52.6	57.1	64.2	74.1	96.2	123.2	120.5	63.3
	树根	0.5	1.4	5.4	7.7	8.2	6.9	7.3	10.5	16.2	21.7	8.6
	乔木层	2.7	9.6	40.2	60.3	65.3	71.1	81.5	106.7	139.3	142.2	71.9
分配比	树干	33.52	53.61	66.56	65.58	65.13	66.89	59.13	70.05	76.94	72.25	68.90
	树冠	49.84	31.86	19.87	21.67	22.31	23.38	31.86	20.07	11.46	12.47	19.16
	地上	83.36	85.47	86.44	87.24	87.44	90.27	90.99	90.12	88.40	84.73	88.06
	树根	16.64	14.53	13.56	12.76	12.56	9.73	9.01	9.88	11.60	15.27	11.94

图6-5中碳储量随林龄的动态增长较好地反映了树木生长具有的"S"形曲线的特点。具体而言，未成林时由于水热条件充分，干物质更多地分配到了枝叶，

树干、根系乃至林木整体生长都较为较慢。幼龄阶段，枝叶生长仍然繁茂，而且树干呈指数生长，整体生长迅速。进入中龄时期，林分竞争越发激烈，生长速度减缓。而在近熟林时期，适当的人工抚育间伐等措施，降低了林分密度，却促进了林木又一次快速生长。成熟阶段，由于树冠的叶量维持在一个稳定状态，植物能通过光合作用所固定的碳量也处于一个稳定水平，于是干物质量的增长有所降低。从成熟林林分碳储量增长速度减缓的趋势看，"S"形曲线的特点较为明显，

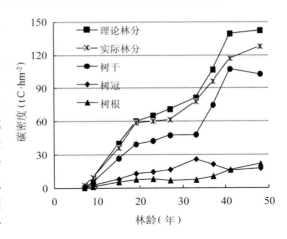

图 6-5 不同年龄落叶松林碳储量

Fig. 6-5 C density of different ages plantation

但其后过熟林的变化是否遵从"S"形曲线还有待深入研究。

　　研究地的落叶松林未经历大面积病虫害和林火等灾害干扰，经受自然稀疏但并未因林分密度过大而产生大量枯立木。虽然不可避免地受到多种人为的干扰，但营林措施在一定程度上促进了林木生长。在合理经营管理下，落叶松林林木的单位面积生物量稳步上升，同时增加了森林生态系统碳储量（Jandl et al.，2007；邢艳秋等，2008）。在落叶松林造林初期，碳储量增加主要包括高林分密度的幼苗木和林下植被生长。抚育间伐等营林措施的进行，减少了林木竞争，促进了保留木更好的生长，并且控制着林木生物量的垂直分布。事实上，这些人为的周期性干扰对整个生态系统碳储量影响并不大，因为随后林木生长增加的碳储量足以弥补移除木的碳储量。但是随着林分成熟甚至过成熟，林木生长日渐滞缓，这时森林无法有效地发挥碳汇的功能。此时主伐，把林木固定的碳以木材产品的形式保留，再进行造林，可以充分利用林地固碳（Gorte，2009）。

　　森林生态系统中林木在不同生长时期的固碳能力和碳储量不同。一般说来，幼龄林和中龄林生长迅速，植被固碳能力强，在生长过程中碳储量不断增加；而到成熟林时，森林的碳储量达到最高值，碳吸存能力下降。如果不对林分采取合适的经营管理措施，就不能有效地固碳，如果对林分经营不当，甚至可能将其变为巨大的碳源。事实上，人工林经营的理论和模式非常丰富，其中群落结构调整以及合理的整地、采伐和施肥等措施都可对人工林生态系统碳固定、储存和排放产生影响，进而影响人工林植被和土壤在减缓全球气候变化中的效应（冯瑞芳等，2006；张国庆等，2007）。Lal（2005）将通过提高人工林的经营和管理水平，来增强人工林土壤

碳汇功能称为"双赢策略",并认为这是"减缓全球气候变化的一种可能机制和最有希望的选择"。Iverson 等(1994)根据在南亚和东南亚的研究结果,认为现有的森林生态系统的实际碳储量只有潜在的一半左右,王效科等(2000)认为现今我国落叶松林实际的碳储量仅为潜在碳储量的59.33%。可见,如何经营管理林分,发挥它们固定、积累大气碳的作用,将会促使森林成为更为有效的碳汇,以减缓大气中的CO_2浓度的升高。但是,目前有关人工林经营与人工林碳储量关系的研究较少,而本研究区域较小,研究样本数偏少,还无法完全客观地反映出落叶松林生态系统碳储量与人工经营管理之间的关系。此类研究还有待加强。

6.3　落叶松林林下植被层生物量与碳储量

6.3.1　林下植被层生物量

通过对 80 个灌木小样方和 240 个草本样方调查数据的整理和统计分析,得到不同龄组林分内林下植被主要种类(表 6-13)。灌木层中,不同龄组灌木植物的重要值变化明显,未成林地以柳叶绣线菊、金花忍冬和野蔷薇等小型灌木为主,幼中龄林时出现软木条荚蒾和毛榛,最终形成以东北山梅花、珍珠梅和毛榛为主的较为稳定的灌木种群。草本层中,宽叶山蒿等阳生性草本较早侵入未成林地并迅速发育。随着林分郁闭,林下光照减少,加之土壤阴湿,草本层逐渐改变为以白花碎米荠、蕨类、水金凤等湿生性优势种为主。其中苔草始终占据相对优势的地位,形成一定的种群规模。根据主要种类建模样本的基径等形态特征因子,建立生物量估算模型(表 6-14)。

从表 6-14 可以看出,不同林下植被种类单株生物量的最佳估算模型的自变量、类型和参数都有所不同,其中灌木枝干以基茎和株高因子的组合 D_0^2H 为自变量,不同种类适用不同的模型形式。叶生物量估算基于冠幅和冠长因子的组合 $C_w^2C_l$,多数采用二项式和幂函数形式;金花忍冬叶则以直线形式为最优模型。根系生物量是通过根长,并认为冠幅近似于根幅,采用 $D_0^2l_0$ 为自变量,并且多数以二项式为最优模型。草本地上茎叶生物量以冠幅和株高因子的组合 $C_w^2C_l$ 为自变量,多采用二项式形式;地下根系采用 $D_0^2l_0$ 为自变量,并且多数以二项式为最优模型。所有构建的生物量模型具有较高的相关系数值($R > 0.85$),回归关系显著(sig. < 0.05),说明拟合效果较好。在对林下植被生物量进行估算时,使用这些生成的模型可以较方便、快捷,并且较准确地得到结果。

表6-13　不同龄组落叶松林下植被主要种类的重要值及特征因子分布范围

Table 6-13　Importance value of main species and distribution range of mean plant characteristics of understory vegetation in korean larch plantations of different age-groups

层次	序号	种类	重要值					特征因子分布范围及样本数 n					
		龄组	0~10	11~20	21~30	31~40	41~50	基径 D_0(cm)	株高 H(cm)	冠幅 C_w(cm)	冠长 C_l(cm)	根长 l_0(cm)	n
灌木层	1	柳叶绣线菊	53.81					0.2~0.9	49.3~75.4	46.1~65.2	27.9~55.2	28.9~48.2	7
	2	野蔷薇	16.19					0.2~0.4	26.1~42.7	16.2~35.9	13.7~24.1	20.0~27.8	3
	3	金花忍冬	30.00	18.29				0.2~2.2	65.2~166.3	30.7~93.5	38.2~115.2	53.5~76.8	6
	4	软木条荚蒾		31.43	27.30			0.4~1.2	54.5~152.4	39.8~68.9	28.5~96.9	44.5~59.3	5
	5	毛榛		11.52	25.87	11.75	12.94	0.5~2.3	53.3~195.1	39.5~109.1	40.4~112.8	43.1~104.2	18
	6	珍珠梅			26.83	18.61	15.90	0.4~1.5	38.3~145.4	23.1~66.9	29.7~96.8	25.7~97.6	16
	7	东北山梅花				14.44	17.28	0.6~1.8	63.5~154.8	45.0~92.9	32.3~123.4	29.6~86.3	12
草本层	1	宽叶山蒿	17.93						25.3~56.6		5.8~17.6	13.5~32.5	14
	2	粗茎鳞毛蕨	4.98	6.06			9.31		23.2~53.9		38.7~66.2	11.8~28.7	9
	3	蚊子草	10.18	6.49	8.96	8.12			16.4~62.4		6.4~12.5	12.1~34.1	26
	4	白花碎米荠	3.38	18.52	6.42	12.11			14.6~49.9		9.5~43.0	9.7~26.5	36
	5	凸脉苔草	28.92	15.21	32.02	14.71	19.42		3.5~13.2		13.2~25.8	3.1~11.9	12
	6	水金凤		10.58	6.80	15.90	12.32		7.3~35.4		3.2~18.9	4.4~23.0	10
	7	泽芹			9.99	9.19	9.44		6.6~15.26		5.5~15.3	3.2~9.3	13
	8	酢浆草					15.91		9.4~13.8		5.1~7.7	11.5~21.3	12

表 6-14　落叶松林林下植被主要种单株生物量估算模型

Table 6-14　Parameters of the optimal allometric equations used to predict biomass of main understory vegetation species in korean larch plantation

层次	种名	器官组分	模型	自变量	a	b	c	R	sig.
灌木层	柳叶绣线菊	枝干	4－54	D_0^2H	14.301	0.733		0.967	0.015
		叶	4－55	$C_w^2C_l$	14.108	-9.562E-6	9.166E-10	0.985	0.016
		根系	4－55	$C_w^2l_0$	3.302	-3.564E-5	2.758E-10	0.912	0.039
	野蔷薇	枝干	4－55	D_0^2H	12.032	0.011	1.587	0.982	0.018
		叶	4－55	$C_w^2C_l$	6.907	0.001	3.642E-8	0.949	0.013
		根系	4－55	$C_w^2l_0$	2.545	-7.023E-5	1.250E-8	0.931	0.015
	金花忍冬	枝干	4－55	D_0^2H	97.300	2.756	-0.002	0.932	0.010
		叶	4－54	$C_w^2C_l$	23.328	0.001		0.929	0.024
		根系	4－55	$C_w^2l_0$	-1.282	0.000	7.691E-11	0.934	0.023
	软木条荚蒾	枝干	4－55	D_0^2H	-29.272	6.816	-0.019	0.901	0.026
		叶	4－55	$C_w^2C_l$	-49.231	0.002	-1.554E-9	0.928	0.008
		根系	4－55	$C_w^2l_0$	-60.873	0.001	-1.701E-9	0.905	0.210
	毛榛	枝干	4－55	D_0^2H	80.751	1.281		0.961	0.027
		叶	4－55	$C_w^2C_l$	39.452	0.000	4.182E-10	0.934	0.066
		根系	4－55	$C_w^2l_0$	18.011	-1.930E-5	2.463E-10	0.923	0.026
	珍珠梅	枝干	4－56	D_0^2H	58.196	0.503		0.937	0.013
		叶	4－56	$C_w^2C_l$	0.246	0.576		0.976	0.008
		根系	4－55	$C_w^2l_0$	23.522	0.000	-3.813E-11	0.982	0.067
	东北山梅花	枝干	4－56	D_0^2H	33.484	0.605		0.944	0.031
		叶	4－56	$C_w^2C_l$	0.028	0.688		0.924	0.014
		根系	4－56	$C_w^2l_0$	0.009	0.751		0.907	0.017
草本层	宽叶山蒿	地上茎叶	4－56	$C_w^2C_l$	0.048	0.444		0.883	0.006
		根系	4－56	$C_w^2l_0$	0.021	0.455		0.845	0.026
	粗茎鳞毛蕨	地上茎叶	4－55	$C_w^2C_l$	-45.805	0.004	-9.008E-9	0.857	0.019
		根系	4－55	$C_w^2l_0$	-30.013	0.006	-2.664E-8	0.815	0.029
	蚊子草	地上茎叶	4－55	$C_w^2C_l$	1.547	0.001	-1.775E-8	0.878	0.157
		根系	4－55	$C_w^2l_0$	1.360	0.001	-1.564E-8	0.860	0.016
	白花碎米荠	地上茎叶	4－55	$C_w^2C_l$	0.427	1.015E-5	4.641E-11	0.829	0.047
		根系	4－55	$C_w^2l_0$	0.305	-1.314E-6	3.718E-10	0.857	0.043
	凸脉苔草	地上茎叶	4－55	$C_w^2C_l$	0.192	0.000	-5.747E-9	0.885	0.001
		根系	4－55	$C_w^2l_0$	0.222		-7.128E-9	0.866	0.000
	水金凤	地上茎叶	4－56	$C_w^2C_l$	0.53	0.597		0.848	0.010
		根系	4－54	$C_w^2l_0$	1.146	0.001		0.871	0.006
	泽芹	地上茎叶	4－55	$C_w^2C_l$	0.297	0.001	-3.785E-8	0.881	0.037
		根系	4－55	$C_w^2l_0$	0.229	0.001	-7.586E-8	0.874	0.004
	酢浆草	地上茎叶	4－54	$C_w^2C_l$	-1.559	0.007		0.895	0.070
		根系	4－56	$C_w^2l_0$	1.632E-6	2.115		0.885	0.001

根据林下植被的调查数据，利用上述模型可以估算出调查小样方和样方内主要灌草种类的生物量，加上利用公式4-83计算得到的不常见种类的生物量，推算林分林下植被生物量(表6-15)。

表6-15 不同林龄落叶松林林下植被层生物量

Table 6-15 Biomass of shrub and herb of *Larix* spp.

stand at different ages （单位：t·hm^{-2}）

层次	组分	7	9	15	19	23	27	33	37	41	48	平均
灌木层	枝干	0.012	0.274	0.093	0.540	0.894	1.244	1.869	3.082	5.869	6.995	2.087
	叶	0.008	0.035	0.091	0.782	0.869	1.460	1.099	1.109	2.022	2.156	0.963
	根系	0.008	0.179	0.022	0.048	0.117	0.185	0.310	0.692	1.307	1.408	0.428
	小计	0.028	0.487	0.206	1.370	1.879	2.889	3.278	4.883	9.197	10.559	3.478
草本层	茎叶	3.932	2.471	1.402	0.427	0.527	0.573	0.814	0.921	1.360	1.131	1.356
	根系	1.597	1.862	0.949	0.356	0.411	0.608	0.750	0.994	1.111	1.059	0.970
	小计	5.530	4.333	2.352	0.783	0.938	1.180	1.563	1.915	2.471	2.190	2.326
林下植被		5.558	4.820	2.557	2.153	2.817	4.069	4.841	6.798	11.668	12.749	5.803

6.3.2 林下植被含碳率

经实验测定，林下植被主要灌木和草本种类的各器官组分含碳率如表6-16所示。灌木各器官组分含碳率与乔木相近，变化区间在51.58%~41.59%，其中枝干含碳率明显高于叶和根系。利用公式3-107加权平均得到单个种类的含碳率。灌木中以金花忍冬最高，而野蔷薇最低；草本中以宽叶山蒿最高，酢浆草最低。这说明木质化程度越高的植物的含碳率越大，多年生草本植物含碳率高于一年生草本。平均而言，灌木含碳率47.98%高于草本的41.29%，二者平均45.56%。其他不常见种直接采用平均值。

表6-16 落叶松林林下植被主要种类各器官组分含碳率

Table 6-16 Carbon concentrations of main understory vegetation

species of korean larch （单位：%）

层次	种类	含碳率			
灌木	器官组分	枝干	叶	根系	平均
	柳叶绣线菊	49.52	47.09	43.83	48.02
	野蔷薇	46.07	45.31	41.59	45.36
	金花忍冬	51.58	49.02	46.81	50.23
	软木条荚蒾	47.01	46.04	44.43	46.41
	毛榛	49.52	47.55	43.81	48.37

（续）

层次	种类	含碳率			
	珍珠梅	47.72	46.22	45.06	49.53
	东北山梅花	50.02	49.06	47.98	47.92
	平均	48.93	47.32	44.75	47.98
草本	器官组分	茎叶	根系		平均
	宽叶山蒿	45.82	43.50		45.17
	粗茎鳞毛蕨	45.41	43.04		44.40
	蚊子草	42.23	41.17		41.73
	白花碎米荠	41.49	39.62		40.76
	凸脉苔草	41.44	37.68		39.55
	水金凤	39.25	38.58		38.97
	泽芹	41.73	39.59		40.78
	酢浆草	39.58	38.43		38.95
	平均	42.12	40.20		41.29

6.3.3　林下植被碳储量

　　以落叶松林各标准地内林下植被的调查数据为基础，结合生物量和含碳率值，利用公式 3-114 计算了相对应的有机碳储量（表 6-17、表 6-18）。据此，进一步分析林下植被各器官组分碳储量大小及分配，并分析林下植被碳储量的变化规律。

表 6-17　不同林龄落叶松林林下植被层碳储量

Table 6-17　Carbon density of understory layer in different age korean larch plantations

（单位：tC·hm^{-2},%）

层次	组分	7	9	15	19	23	27	33	37	41	48	平均
灌木层	枝干	0.006	0.131	0.044	0.258	0.426	0.593	0.891	1.470	2.798	3.336	0.995
	叶	0.004	0.016	0.043	0.366	0.406	0.683	0.514	0.519	0.946	1.008	0.450
	根系	0.003	0.078	0.010	0.021	0.051	0.081	0.136	0.303	0.573	0.618	0.187
	小计	0.013	0.225	0.096	0.644	0.884	1.357	1.541	2.292	4.317	4.961	1.633
草本层	茎叶	1.596	1.003	0.569	0.173	0.214	0.233	0.330	0.374	0.552	0.459	0.550
	根系	0.619	0.721	0.368	0.138	0.159	0.235	0.290	0.385	0.430	0.410	0.376
	小计	2.215	1.724	0.937	0.311	0.373	0.468	0.621	0.759	0.982	0.869	0.926

表 6-18　不同林龄落叶松林林下植被层碳储量及分配

Table 6-18　**Biomass distribution of understory in korean larch plantation at different ages** （单位：tC·hm^{-2},%）

指标	层次	7	9	15	19	23	27	33	37	41	48	平均
碳储量	灌木	0.013	0.225	0.096	0.644	0.884	1.357	1.541	2.292	4.317	4.961	1.633
	草本	2.215	1.724	0.937	0.311	0.373	0.468	0.621	0.759	0.982	0.869	0.926
	合计	2.228	1.949	1.033	0.955	1.257	1.825	2.162	3.051	5.299	5.831	2.559
分配比	灌木	0.59	11.56	9.33	67.44	70.32	74.37	71.29	75.13	81.46	85.09	63.82
	草本	99.41	88.44	90.67	32.56	29.68	25.63	28.71	24.87	18.54	14.91	36.18

灌木平均碳储量为 1.633 tC·hm^{-2}，其中枝干碳储量 0.995 tC·hm^{-2}明显大于叶 0.450 tC·hm^{-2}和根系 0.187 tC·hm^{-2}。草本平均碳储量为 0.926 tC·hm^{-2}，其中地上茎叶碳储量 0.550 tC·hm^{-2}，与地下根系 0.376 tC·hm^{-2}相近。依据图 6-6 和图 6-7，进一步分析灌木和草本各器官组分碳储量的动态变化：在林分生长发育初期，灌木种类和数量极少，枝干、叶和根系碳储量均处于低水平，增长平缓；而草本碳储量远高于灌木，特别是地上茎叶部分碳储量丰富。随着林龄增长，灌木的枝干保持迅速的增长，叶与根系一致增长；草本碳储量下降到 19 年的 0.311 tC·hm^{-2}后开始缓慢增长。

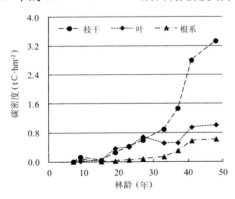

图 6-6　灌木枝干、叶和根系碳储量

Fig. 6-6　C density of shrub

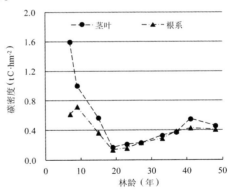

图 6-7　草本茎叶和根系碳储量

Fig. 6-7　C density of herb

与各器官组分碳储量变化相对应的是它们所占比例分配的变化（图 6-8）。

由于受所在林分年龄不同，以及受经营密度、干扰程度及自身生物学特性等因素影响，不同林分林下植被生物量变化较大（秦武明等，2008）。总体而言，落叶松林林下植被平均总碳储量为 2.559 tC·hm^{-2}。其中，草本层为 0.926 tC·hm^{-2}，占林下植被碳储量的 36.18%；灌木层的碳储量为 1.633 tC·hm^{-2}，所占比

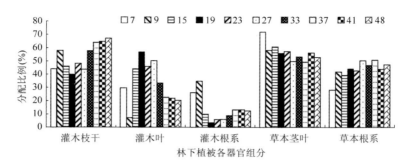

图 6-8　不同林龄落叶松林林下植被各器官组分碳储量分配比例

Fig. 6-8　Organ-specific carbon allocation ratio of understory in different age *Larix* spp. plantations

例为 63.82%（表6-18）。随林龄增加。长白山落叶松林林下植被碳储量表现出明显规律，其中灌木生物量呈持续增大的趋势，而草本层则先降后升。从图6-9可知，7 年生林分草本碳储量为最高的 2.215 tC·hm^{-2}，之后逐年下降到 19 年生林分达到最少的 0.311 tC·hm^{-2}；随后又缓慢增加，至 48 年恢复到 0.869 tC·hm^{-2}。而灌木碳储量则从 7 年生的 0.013 tC·hm^{-2}，稳定上升到 33 年的 1.541 tC·hm^{-2}，再迅速上升到 48 年的 4.961 tC·hm^{-2}。从林下植被的碳储量分配来看，灌木所占比例由 7 年生极少的 0.59% 最终上升至 48 年生的 85.09%，随林龄增长而稳定表现出持续升高的动态特征；草本层碳储量所占比例由 99.41% 下降为 14.91%，下降明显。

　　具体而言，在林分处于未成林时期以及幼龄林初期，林分郁闭度较小，光照充分，草本层为群落的优势层，迅速侵入，旺盛生长，在植物群落中处于非常重要的地位。其种类组成、个体数量和自身生长发育，都在此时达到鼎盛时期，碳储量所占比例维持在 90% 左右。随着乔木逐渐郁闭，开始进入较旺盛的生长发育阶段，在群落中表现出较强的优势。由此，乔木的生长发育开始对林下植被种类的消长产生影响，草本则受到来自乔木和灌木双重的遮蔽，生长受到抑制，不耐阴而个体较大、生物量较高的阳生性种类（例如宽叶山蒿）逐渐消失，导致其碳储量持续并且显著下降。而且草本层多为一年生植物，其自身碳含量偏低，并且偶尔遭受放牧等人为干扰严重。19 年生林分的林下植被总碳储量跌至最低，仅 0.955 tC·hm^{-2}。但是，多年生的灌木的生长发育受乔木影响较小，碳储量稳定上升；而一些耐阴的草本种类（例如凸脉苔草）的生长逐渐恢复了草本层碳储量，只是因为自身生物量较低，而增长缓慢。15 ~ 37 年间，灌木和草本的碳储量比例相对稳定，分别在 70% 和 30% 左右。之后，随着林分管理措施的施行，林分密度逐渐下降，林下透光增大，促进了生长发育良好的灌木的碳储量更迅速地增长。

林下植被是人工林生态系统的一个重要组成部分，在落叶松林的经营管理过程中，林下植被的生长直观地反映了林分郁闭度的变化和人工抚育的影响（林开敏等，2001），有助于人们合理选择间伐或透光伐时间，保留适当的林分密度，减少林木竞争。同时，林下植被层在促进人工林养分循环，恢复和维护地力中起着不可忽视的作用。长白山落叶松林林下植被碳储量虽然总量较小，但是随着林龄的增长而增加，这种积累规律对于林地土壤肥力的恢复、维持与改善仍起到积极的促进作用。

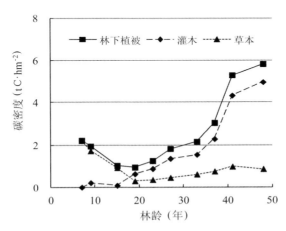

图 6-9　不同林龄落叶松林林下植被碳储量动态变化

Fig. 6-9　C density of understory vegetation in different age *Larix* spp. plantations

6.4　落叶松林残体层生物量与碳储量

6.4.1　残体生物量

残体（down dead materials，DDM）来源于周期性抚育间伐、植被自然死亡和凋落，特别是受林木的影响。经实验测定和计算，得到不同腐烂等级木质物残体，包括枯立木、粗木质物（CWD）、剩余堆积物（SP）和细木质物（FWD）的体积密度（表 6-19），以及不同林龄林分枯落物 L 层和 D 层的体积密度（表 6-20）。由表 6-19 可见，木质物残体的体积密度随腐烂等级增大而降低。随腐烂程度加深，木质物残体的体积密度与落叶松活立木木材密度 0.594 g·cm^{-3} 差异越来越大，但在完全腐烂而又未被彻底分解时稳定在 0.209 g·cm^{-3}。根据抽样面积里一定蓄积计算得到的凋落的花叶果等枯落物的体积密度明显小于枝条等木质物残体，这除了因为用于计算的体积并非枯落物实际体积（包括空气的原状态）外，还存在微生物等分解消耗了部分干物质等原因。

通过对调查数据的整理和统计分析，计算得到不同林龄林分残体的生物量（表 6-21）。

表 6-19　落叶松不同腐烂等级木质物残体体积密度

Table 6-19　Bulk density of korean larch dead woody materials in different decay classes　（单位：g·cm^{-3}）

腐烂等级	1	2	3	4	5
体积密度	0.544	0.489	0.437	0.272	0.209

表 6-20　不同林龄枯落物 L 层和 D 层蓄积密度

Table 6-20　Bulk density of litter and duff layer in different ages korean larch plantations　（单位：g·cm^{-3}）

层次	7	9	15	19	23	27	33	37	41	48	平均
L 层	0.107	0.109	0.098	0.107	0.107	0.103	0.109	0.110	0.110	0.116	0.108
D 层	0.207	0.193	0.177	0.187	0.175	0.186	0.191	0.198	0.199	0.198	0.191

表 6-21　不同林龄落叶松林残体生物量

Table 6-21　Biomass of DDM in different age *Larix* spp. plantations　（单位：t·hm^{-2}，%）

组分	7	9	15	19	23	27	33	37	41	48	平均
枯立木	0.019	0.091	0.576	2.051	2.965	3.834	5.584	5.896	5.949	6.235	3.320
CWD	0.000	0.000	2.273	3.044	5.781	10.105	11.606	16.014	23.287	28.430	10.053
SP	0.291	0.627	2.928	3.709	8.494	11.189	20.033	25.896	31.647	32.062	13.688
FWD	4.988	6.185	12.690	13.700	15.004	15.556	20.040	20.826	22.596	23.091	15.468
枯落物	0.297	1.865	1.808	2.719	3.018	3.294	4.236	5.257	6.082	7.525	3.610
总计	5.595	8.768	20.274	25.223	35.262	43.978	61.499	73.889	89.561	97.343	46.139

6.4.2　残体含碳率

实验测定结果（表 6-22）表明所有倒落物残体含碳率均低于其来源树种器官的含碳率（章节 6.2.2）。平均而言，心材未腐（腐烂等级 1 和 2）和心材腐烂（腐烂等级 3、4 和 5）两种木质物残体的含碳率分别为 44.13% 和 38.16%。其中大多阔叶树残体含碳率均高于落叶松，特别是水曲柳和蒙古栎等硬阔类。细木质物难以区分树种，所以直接测定混合各种乔木和灌木细枯枝样品的含碳率作为细木质物含碳率。利用公式进行加权平均后，粗木质物和细木质物的平均含碳率分别为 43.50% 和 39.95%，而包括枯立木和剩余堆积物在内的所有木质物残体的平均含碳率为 41.21%。

表 6-22 落叶松林常见木质物残体含碳率

Table 6-22 Carbon concentrations of dead woody materials of main tree species

（单位:%）

残体类型	落叶松	白桦	水曲柳	色木槭	春榆	蒙古栎等	细木质物	平均
心材未腐	42.05	41.80	46.66	45.54	43.41	47.52	41.89	44.13
心材腐烂	36.08	38.22	39.66	39.24	38.10	39.53	36.29	38.16

同样，在假定林分内凋落物成分相同且均匀堆积分布的情况下，混合取样测定其含碳率，不同年龄林分间测定结果较为一致，无明显差异（表6-23）。其中 L 层和 D 层平均含碳率分别为 38.30% 和 33.83%，明显低于木质物残体。再以凋落物生物量为权值进行平均后，得到凋落物平均含碳率为 37.36%。

表 6-23 落叶松林凋落物含碳率

Table 6-23 C concentrations of litter and duff layer in different ages korean larch plantations

（单位:%）

凋落物层次	7	9	15	19	23	27	33	37	41	48	平均
L 层	39.49	37.56	38.29	37.53	37.89	38.37	37.17	38.81	38.27	39.65	38.30
D 层	35.82	33.67	33.48	34.29	33.35	34.31	33.18	32.73	34.91	32.60	33.83

6.4.3 残体碳储量

林分内各种倒落木质残体和凋落物主要来自森林的冠层和林下灌草层，与植被关系紧密。结合表6-24可以看出，残体碳储量随着林龄增加而不断累积，因为林分生长初期植被生物量小，7 年生林分残体碳储量仅 2.239 $tC \cdot hm^{-2}$。随着林龄增长，残体碳储量逐渐增长，并在到 48 年生成熟林达到最大值 40.264 $tC \cdot hm^{-2}$，增长了近 20 倍。

表 6-24 不同林龄落叶松林残体碳储量

Table 6-24 C density of DDM in different age *Larix* spp. plantations

（单位: $tC \cdot hm^{-2}$,%）

组分	7	9	15	19	23	27	33	37	41	48	平均
枯立木	0.008	0.041	0.257	0.914	1.321	1.709	2.488	2.627	2.651	2.778	1.479
CWD	0.000	0.000	0.920	1.232	2.339	4.088	4.696	6.479	9.422	11.503	4.068
SP	0.127	0.273	1.273	1.613	3.695	4.867	8.714	11.265	13.766	13.947	5.954
FWD	1.993	2.471	5.070	5.473	5.994	6.215	8.006	8.320	9.027	9.225	6.179
枯落物	0.111	0.697	0.675	1.016	1.128	1.231	1.583	1.964	2.272	2.811	1.349
总计	2.239	3.482	8.195	10.248	14.477	18.110	25.487	30.655	37.138	40.264	19.029

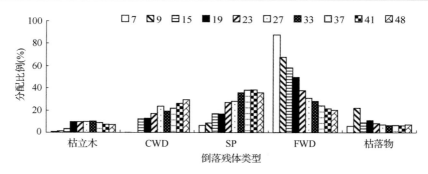

图 6-10　林下各器官组分碳储量分配比例

Fig. 6-10　**C allocation ratio of dead materials in different age *Larix* spp. plantations**

　　结合表 6-24 和图 6-10 来分析各残体碳储量的大小及分配。枯立木碳储量相对较小，平均为 1.479 tC·hm^{-2}，初期所占比例小，而自林分郁闭后稳定在 10% 左右。粗木质物和剩余堆积物两种大型木质物残体的平均碳储量分别为 4.068 tC·hm^{-2} 和 5.954 tC·hm^{-2}，二者大小及所占比例随林龄增加而增加的趋势相似。细木质物在林分发育初期所占比例非常高(7 年生林分达到 87.44%)，此后逐渐下降并日趋稳定在 25% 左右，其平均碳储量为 6.179 tC·hm^{-2}。枯落物碳储量大小增长缓慢，平均为 1.349 tC·hm^{-2}，除了 9 年生林分因为明显受抚育影响而达到 22.24%，其所占比例稳定在 7% 左右。

　　正如上文所述，每年都有大量的树叶和嫩枝条凋落，而且由于气候较寒冷，林下微生物种类少、数量小，加之针叶较难分解，落叶松林地表明显积累了以针叶为主、伴以细小枯枝的地表枯落物层(通常称为"林褥")，并且因为较少受人为等干扰影响，这些细木质物和凋落物事实上一直在累积，其碳储量呈指数增长(图 6-11、图 6-12)。与之不同，粗木质物残体、剩余堆积物和枯立木碳储量都呈现"S"型曲线增长(图 6-11、图 6-12)，与林木生长发育相似。这是因为林分内大枝、伐桩、剩余堆积物等大型木质物残体是随着人工抚育间伐、自然稀疏乃至风雪灾害导致的凋落和林木死亡，以及采伐后的余留而产生的。虽然可能有部分倒落木质物残体被移出林分，剩余的粗木质物和剩余堆积物的碳储量仍较为可观。可见，林分郁闭后，林木的快速生长促进了残体碳储量的增加。调查发现，近熟林冠层厚度最大，虽然林木死亡率较低，但枯立木个体生物量大，而且存在一定数量的风倒木。同时，林下灌草较为发达，所以多数残体碳储量都在此时保持迅速的增长速度，而后由于林分密度明显降低而逐渐减缓。总体而言，残体碳储量为 19.029 tC·hm^{-2}，呈近线性增长趋势(图 6-13)。

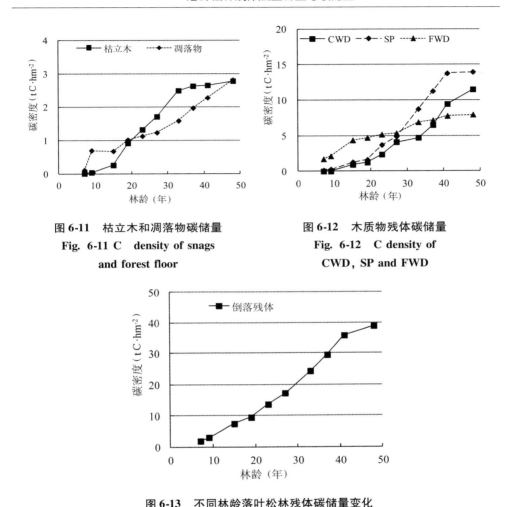

图 6-11 枯立木和凋落物碳储量
Fig. 6-11 C density of snags and forest floor

图 6-12 木质物残体碳储量
Fig. 6-12 C density of CWD, SP and FWD

图 6-13 不同林龄落叶松林残体碳储量变化
Fig. 6-13 C density of dead materials of *Larix* spp. plantations at different age

　　由于自身特性决定了倒落木质物和凋落物的碳储存不及活立木，但远高于林下灌草，而且它们是土壤有机碳的主要来源，也是"土壤—植被"系统碳循环的联结库。研究发现，由于落叶松的根系发育较浅，可见到风倒和风折木残体，所以该地区落叶松林残体碳储量稍高于落叶松天然林的 15.12 tC · hm^{-2} 和红松人工林的 17.64 tC · hm^{-2}（王春梅等，2010）。残体一般是自然散落或堆积在林分内，没有采取进一步处理措施（如碾压碎化等）以加速它们被腐烂分解。受气候等环境生态因子限制，有研究认为，该地区残体分解和转化速度相对较慢（李克让，2003），覆盖在地面，可以有效地减少或防止土壤的碳流失（黄宇，2005），并有利于土壤有机碳的形成（方晰，2005；张国庆，2007），对于土壤理化性质和活性也具有重要的调节作用（杨玉盛，2005）。因此，采用合理的管理方法来维持木质物残体移出和保留量的平衡，将有利于提高长白山落叶松林的自肥能力，减缓地力衰退，并促进植被碳库向土壤碳库的过渡转化，以达到生态系统碳循环的动态平衡（Hudiburg *et al.*，2009），最终有利于长白山落叶松林持续生产力的维持和提高，促进长白山落叶松林经营发展。

6.5　落叶松林土壤碳储量

6.5.1　土壤基本理化性质

土壤有机质是土壤里生物残体及其转化、降解的有机化合物，大小受自身多种因素影响。表 6-25 列出不同林龄落叶松林的 pH 值、厚度、土壤容重和有机碳含量（soil organic carbo，SOC）变化情况。这些理化性质的变化直接关乎土壤有机质的变化，通常作为土壤肥力和地力维持的重要指标（Drewry *et al.*，2008）。从图 6-14 可知，随着林龄增加，土壤 pH 值逐渐下降，土壤越显弱酸化。同样，土壤容重也随林龄增加而逐渐下降，并且在林分郁闭后显著下降，之后下降的幅度逐渐变小。土壤厚度随林龄增长表现出了缓慢增加的趋势，且增幅不稳定，48年土壤厚度较之 7 年增长了 33.7%。

表 6-25　不同林龄落叶松林土壤 pH、厚度、有机碳含量和碳储量等指标

Table 6-25　pH、SOC density and other indexes of soil
in *Larix* spp. plantations at different ages

指标	7	9	15	19	23	27	33	37	41	48	平均
pH	6.95	6.43	6.19	6.55	6.59	6.37	6.22	6.28	6.15	6.23	6.40
土层厚度（cm）	40.3	41.1	41.74	46.86	46.1	47.5	44.6	51.6	50.7	53.9	47.1
土壤容重（g·cm^{-3}）	1.247	1.218	1.167	0.997	0.997	0.955	0.987	0.929	0.905	0.875	1.028
有机碳含量（g·kg^{-1}）	16.047	16.219	16.703	17.540	18.856	20.509	21.536	21.236	22.929	23.810	19.538
碳储量（tC·hm^{-2}）	80.613	81.197	81.470	81.865	86.640	93.001	94.609	101.573	105.139	112.363	91.847

土壤有机碳含量的变化是土壤质量与土壤持续能力的重要表征。不同林龄落叶松林土壤中有机碳含量的增长较为明显，平均为 19.538 g·kg^{-1}，未成林地的有机碳含量为成熟林的 67.40%。对不同林龄林分土壤有机碳含量进行 Duncan 法多重比较分析（表 6-26），结果表明除了未成林地（7、9 年生）和幼龄林（15、

19 年生)土壤碳含量差异不明显，其他林分的土壤有机碳之间差异达到显著水平($P < a = 0.05$)。

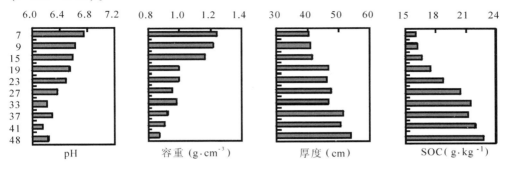

图 6-14　不同林龄落叶松林土壤理化性质变化

Fig. 6-14 Dynamic indexes of soil in *Larix* spp. plantations in different age

表 6-26　不同林龄落叶松林土壤有机碳含量 Duncan 法比较分析

Table 6-26 Multiple comparison analyse of SOC of *Larix* spp. plantations at different ages

（单位：$g \cdot kg^{-1}$）

林分	N	1	2	3	4
7、9	12	16.130			
15、19	12	16.903			
23、27	12		20.336		
33、37	12			22.083	
41、48	12				23.675
Sig.	12	0.575	1.000	1.000	1.000

6.5.2　土壤碳储量

6.5.2.1　土壤碳储量垂直分布

根据分层测定的土壤厚度、容重和碳含量，利用公式 3-111 计算得到不同林龄落叶松林的土壤碳储量(表 6-27)。表 6-27 中的计算结果表明，土壤各层间有机碳储量分布范围为 2.452 ~ 57.667 tC·hm^{-2}。土壤各层间有机碳储量随着土壤深度的增加而逐渐下降，变化很大，明显存在差异，大小排序为：0 ~ 10 cm 土层 >10 ~ 20 cm 土层 > 20 ~ 40 cm 土层 >40cm 以下土层(图 6-15)。具体而言，0 ~ 10cm 表层土壤的平均有机碳储量 44.049 tC·hm^{-2}为最高；10 ~ 20cm 次之，为 27.398tC·hm^{-2}；20 ~ 40cm 更小，为 13.983 tC·hm^{-2}；而 40cm 以下土层的有机碳储量最低，仅 6.417 tC·hm^{-2}。0 ~ 10 cm 土层有机碳储量是 40cm 以下土层有机碳储量的 6.8 倍之多。

表 6-27　不同林龄落叶松林土壤各层及总碳储量

Table 6-27　C density of soil profile layers of korean larch plantations in different age

（单位：$tC \cdot hm^{-2}$）

林分	0~10cm	10~20cm	20~40cm	40cm 以下	总计
7	35. 221	26. 414	13. 853	5. 125	80. 613
9	37. 358	26. 607	11. 197	6. 035	81. 197
15	37. 984	29. 564	11. 470	2. 452	81. 470
19	40. 483	26. 303	11. 853	3. 226	81. 865
23	44. 764	22. 584	16. 640	2. 652	86. 640
27	45. 078	26. 634	13. 001	8. 288	93. 001
33	42. 171	27. 037	14. 609	10. 792	94. 609
37	46. 734	30. 458	15. 731	8. 650	101. 573
41	53. 021	29. 077	15. 139	7. 902	105. 139
48	57. 677	29. 303	16. 332	9. 051	112. 363
平均	44. 049	27. 398	13. 983	6. 417	91. 847

　　根据图 6-16 各层碳储量的分配比例，可见落叶松林土壤有机碳主要集中分布于 0~10cm 和 10~20 cm 土层中，所占比例平均分别为 47.84% 和 30.07%。这是因为，大量来源于植物的地表枯落物等残体加上动物、微生物残体，经微生物分解后，它们的碳首先转移归还到表层土壤中来，所以这表层土壤（0~20 cm）占有将近 80% 的土壤碳储量。同时，落叶松属于浅根性树种，表层土壤是植物根系的集中分布区，大量死根的腐烂和分解同样是土壤丰富的碳源，而且细根等分泌物产生的有机碳同样不容小觑（Jobbagy *et al.*，2002）。因此植物根系的分布直接影响土壤中有机碳的垂直分布。此外，由于下底层土壤浅薄，自身碳储量小，而且表层土壤碳需经历长期的淋溶作用才能抵达这里，所以碳储量低。但是，一般认为表层土壤容易受自然及人为干扰，稳定性最差，而下底层土壤有机碳虽然较低，但是稳定性较好（方华军等，2003）。

6.5.2.2　土壤碳储量时间分布

　　随着林分的生长发育，土壤中的碳储量处于不断分解与形成的动态过程中，受生物、环境变化等因素共同影响，是生态系统在长期特定条件下的动态平衡值。通过对不同林龄落叶松林林分同一土层之间土壤有机碳储量的比较分析（图 6-15），发现 0~10cm 的土层有机碳储量随林龄增加而明显增大，10~20cm 的土层有机碳储量相对稳定，而 20cm 以下土层的有机碳储量则有较为明显的增加。从图 6-17 可以看出，不同林龄落叶松林土壤有机碳储量随着林龄的增加而升高。这说明土壤碳储量的高低受林分生长发育的直接影响，同时与土壤有机碳含量的高低直接有关，也受土壤容重和土层厚度的影响。

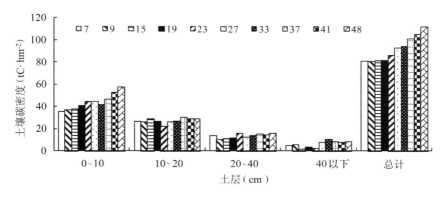

图 6-15　不同林龄落叶松林土壤有机碳储量分布特征

Fig. 6-15　Distribution of soil C density in different age *Larix* spp. plantations

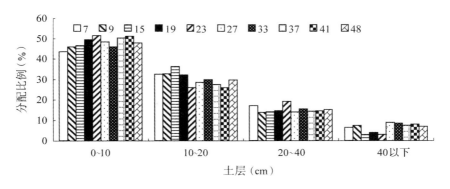

图 6-16　不同林龄落叶松林土壤有机碳储量分配比例

Fig. 6-16　C allocation ratio of soil layers in different age *Larix* spp. plantations

成熟林土壤碳储量达到 112.363 tC・hm^{-2}，是幼龄林 80.613 tC・hm^{-2}的 1.4 倍。与南方进行炼山后杉木、马尾松人工林幼龄林土壤有机碳含量较高（杨艳霞，2010）有很大不同。究其原因，首先是不同林龄的林分内直接作用于土壤的凋落物和木质残体现存量的大小，再因林分郁闭度、密度大小直接造就林内的水热条件，进而影响着土壤内微生物的活动，使其加速或减缓残体的分解。具体而言，在造林更新过程中，林分初期受整地、抚育等干扰影响而发生碳流失。此时，林木个体较小，产生的凋落物生物量较少，而且此时林分尚未郁闭，开放、高热的环境有利于土壤微生物的活动，进一步加速了土壤碳的分解。但是因为幼龄林生长消耗较少，所以直至幼龄林结束，土壤碳储量基本保持在稳定状态。随着林木的生长，中龄林及近熟林初期林下植被盖度、林分密度及林分郁闭度日趋增大，林木的生长旺盛，地表凋落物和木质残体逐渐累积，且根系活动旺盛，都有利于土壤有机碳的增长（罗云建等，2007）。但是正因为较高的郁闭度，造成林内水热环境相对较差，凋落物不易分解转移，土壤有机碳累积相对缓慢。随着林分密度下降，近、成熟林林内水热条件见好，有利于植物进行光合作用，林下植被恢复生长；林木根系生长加快，固定土壤肥力的能力相应增强，土壤碳快速积累。同时，林内微生物活动频率高，凋落物分解容易，土壤碳交换旺盛。可见，不同林龄的人工林生态系统微环境对土壤有机碳的形成、积累和分解都具有显著的作用（杨艳霞，2010）。鉴于诸多因素的影响，林龄与土壤碳的关系待深入研究。

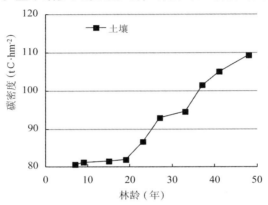

图 6-17   不同林龄落叶松林土壤有机碳储量分布

Fig. 6-17   Distribution of soil C density in different age *Larix* spp. plantations

此外，抚育间伐等林木经营管理措施，产生的残体或剩余物归还土壤，有可能表层土不断增厚，致使的土层位置及性质等发生变化。有研究认为，抚育间伐和主伐降低了林地树冠覆盖度并干扰了地表土壤，加速了土壤碳的分解（Robert *et al.* ，1991；David *et al.* ，1997），而且有一部分封存在土壤里的碳直接被抚育间伐后生长更旺盛的植被根系吸收（Gorte，2009）。但是，各种剩余物残体中部分碳的回归输入，有效地补偿了土壤碳损失（DeWit and Kvindesland，1999）。凋落物层碳转移到土壤中后，较不稳定，短时间内即被分解释放（Trumbore，2000；Hagedorn *et al.* ，2003）。土壤碳平衡也是由影响植被生长和有机质转化率的气候条件决定的。长期而言，土壤碳储量随林龄增加而增长（Hooker & Compton，2003；Johnson *et al.* ，2003；DeGryze *et al.* ，2004）。研究发现，表层土碳累积最为明显，中层和下底层土壤碳储量的增长则需经历一段迟滞时间。此外，一些研究表明，过熟林甚至在更长久时期内，土壤碳储量都会不断增加（Silver *et al.* ，2004；周玉荣等，2000）。根据（Richardson *et al.* ，2002）的研究，我们认为合理经营下日趋良好的林分结构有助于进一步提高森林生态系统的土壤碳汇的功能，增强碳循环过程，减少土壤碳的释放。在不移除抚育间伐或采伐剩余物的营林管理方式下，保证土壤有机碳的输入，有利于林地土壤肥力的恢复、维持与改善，而落叶松林土壤势必将封存更多的碳。当然，人工林生态系统中土壤碳汇变化机理较复杂，并受到多种因素的影响（史军等，2004），有关土壤碳储量和人工干扰之间的关系有待更广泛研究。

综上所述，落叶松林表层土壤碳储量大于下底层，总碳储量随林龄增加而增加，且近、成熟林土壤有机碳储量是落叶松生态系统碳储的主要组成部分。落叶松林土壤碳储量平均值为 91.847 tC·hm^{-2}，与李克让等（2003）估算的中国陆地生态系统平均土壤碳储量 91.7 tC·hm^{-2} 基本相等，但低于解宪丽等（2004）估算的全国针叶林平均土壤碳储量 105.8 tC·hm^{-2}。

6.6 落叶松林生物量变化规律

6.6.1 不同林龄的分布

总结上文计算得到的落叶松林各部分的生物量可以得到包括植被、残体以及整个群落的生物量（表6-28）。落叶松林群落生物量随林龄增长而增大，7 年生未成林地生物量仅 5.595 t·hm^{-2}，为最低；48 年生成熟林拥有最高的生物量，为410.518 t·hm^{-2}，平均为 202.843 t·hm^{-2}。具体而言，植被活生物量有156.704 t·hm^{-2}；而残体死生物量为 46.139 t·hm^{-2}。其中，乔木生物量136.225 t·hm^{-2} 是所有部分中最高的。

表 6-28 不同年龄落叶松林群落生物量

Table 6-28 Biomass of *Larix* spp. plantation community at different ages

（单位：t·hm^{-2}）

库层	7	9	15	19	23	27	33	37	41	48	平均
乔木	5.503	19.943	76.073	122.645	126.575	128.887	163.455	201.586	246.699	270.879	136.225
林下植被	5.558	4.820	2.557	2.153	2.817	4.069	4.841	6.798	11.668	12.749	5.803
移除木	0.134	0.086	7.540	2.996	10.469	19.566	7.368	22.061	46.994	29.547	14.676
植被小计	11.195	24.849	86.170	127.794	139.861	152.522	175.664	230.445	305.361	313.175	156.704
枯立木	0.019	0.091	0.576	2.051	2.965	3.834	5.584	5.896	5.949	6.235	3.320
木质残体	5.279	6.812	17.891	20.453	29.279	36.850	51.679	62.736	77.530	83.583	39.209
凋落物	0.297	1.865	1.808	2.719	3.018	3.294	4.236	5.257	6.082	7.525	3.610
残体小计	5.595	8.768	20.274	25.223	35.262	43.978	61.499	73.889	89.561	97.343	46.139
群落	16.790	33.617	106.444	153.017	175.123	196.500	237.163	304.334	394.922	410.518	202.843

不同林龄落叶松林植物群落的结构特征是由各个层的植物在群落中所占的比

例所决定的。通过生物量可以较客观地描述所占比例，并反映出群落各层植物在群落中所处的地位。生物量高的植被在群落中处于优势地位，对群落的影响大，反之则小。从图6-18可以看出，在林分发育初期，乔木和林下植被生物量所占比例分别为49.16%和49.65%，几乎完全相等，说明林下植被（特别是草本植物）生长旺盛。尚处于发育中的个体幼小的林木在群落中不占明显优势。随着林龄增大，特别在林分郁闭后，迅速生长的林木生物量骤增，而林下植被生物量变小，说明此时群落外貌特征为乔木林，乔木已成为群落中的优势层，林下植被（特别是草本植物）处于乔木荫庇之下，种类组成、数量及生长发育都受较大影

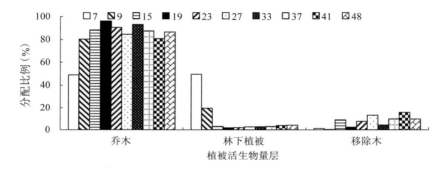

图 6-18　不同林龄落叶松林植被活生物量分配比例
Fig. 6-18　Biomass allocation ratio of live vegetation biomass *Larix* spp. plantations

响，此时群落成为明显的单层结构。此后，随着周期性人为的抚育间伐，移除了部分林木以及自然稀疏的发生，乔木生物量在仍占据明显优势的条件下有所变化，林下植被（特别是灌木）生物量缓慢增长，但所占比例仍然保持较低的2.88%平均水平。以上说明：落叶松林群落植被活生物量随林龄增长而不断增大，乔木逐渐占据并长期保持优势地位；移除生物量的比例不容小觑，而林下植被生物量基本处于较低水平。

　　从图6-19可以看出，群落残体死生物量中，相比枯立木和地表凋落物，木质残体生物量始终占据主导地位，所占比例较为稳定，保持在85%左右。对于枯立木，所占比例较小，而且林分郁闭前后明显不同。虽然林分生长发育初期枯立木数量较多，但因个体较小，所以总量偏低；而后枯立木数量下降，但个体生物量大，所以总量上升，所占比例并保持在8%左右。对于凋落物，虽然每年都有大量针叶凋落，但其非木质的特性决定了较低的生物量，并且比例基本稳定在7%左右。在9年生林分，因抚育间伐而产生的大量残体基本为细小的嫩枝叶，一同产生的木质残体相对较少，所以凋落物生物量比例高达21.27%。总体而言，残体层的生物量分配较为稳定，木质残体占据绝对优势地位，枯立木和凋落

物所占比例较小。

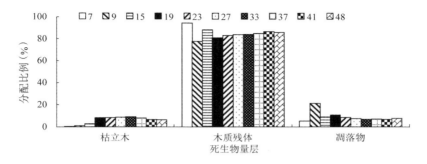

图 6-19 不同林龄落叶松林群落残体死生物量分配比例

Fig. 6-19 Biomass allocation ratio of dead materials biomass *Larix* spp. plantations

6.6.2 不同林分密度的分布

林分密度既是林分的数量、质量指标，也是影响林分生长发育的主要因子。本书基于落叶松林林分密度与群落生物量分布和生产的数据，对人工经营措施下林分生物量的分配进行综合性研究。在东折凌河林场林分初植密度为 2500 株/hm² 左右以培育大径材为目的的用材林分内选取立地条件相近，24 年生的落叶松林为研究对象，从林木个体、群落各层和总体水平上探讨不同林分密度人工林群落生物量及其空间分布特征。落叶松中龄人工林林分结构比较简单，落叶松是蓄积占 90% 以上的绝对优势树种，林分的平均胸径、平均树高、蓄积量等基本特征因子见表 6-29。

表 6-29 落叶松林林分基本特征及调查因子

Table 6-29 Stand condition of *Larix* spp. plantation at middle age

样地	海拔 (m)	坡度 (°)	坡向 (°)	下层抚育经历	密度组	林分密度 (株·hm⁻²)	平均胸径 (cm)	平均树高 (m)	林分蓄积 (m³·hm⁻²)
1	293	9	150	70%(16a)、70%(16a)	I	936	16.6	17.8	139.747
2	317	5.5	174	70%(16a)、70%(16a)	I	950	17.1	16.3	136.916
3	260	2	237	80%(16a)、70%(19a)	II	1109	15.9	15.4	128.346
4	304	6	161	80%(16a)、70%(19a)	II	1114	15.8	17.2	130.277
5	383	13	335	80%(16a)、80%(19a)	III	1383	15.3	15.9	118.796
6	354	10	231	80%(16a)、80%(16a)	III	1352	15.2	16.3	130.404
7	310	9	330	尚无抚育措施	IV	1624	11.9	13.0	84.178
8	295	2	164	尚无抚育措施	IV	1663	12.4	13.8	109.227

根据林分现存株数密度大小，将样地分成 I、II、III 和 IV 4 个密度组（表 6-

29）。落叶松林造林后的保留率约为86%，所有林分在郁闭初期（10年左右）进行过初次抚育（强度30%）。之后密度组Ⅱ、Ⅲ又进行了1次强度不同的下层抚育（强度20%），而密度组Ⅰ则进行了2次下层抚育（强度分别为20%和30%）在同时经历抚育和自然稀疏后，样地现存林分密度为936～1663株·hm^{-2}。

森林生物量是森林生态系统最初的第一性生产积累量，通常以年平均生产量来衡量林分生产力的高低。落叶松林群落中，乔木层及倒落木质物的年平均生产量通过乔木层或倒落木质物的生物量直接除以林分年龄得到。林下植被受人为抚育干扰严重，特别是灌木数量较少，取10年（平均抚育间隔期）来计算林下灌草年平均生产量。剩余堆积物同样取10年来计算平均净生产量。干物质累计速率（NP/B）值是各层生物量的年生产量与累积生物量之比值。

在生物量年平均生产力基础上，进一步研究群落中活生物量与死生物量之间的转化关系。根据群落生长过程变化，在每一期群落生物量中，上一期活生物量中有部分转化为本期死生物量，将活生物量（乔木与林下植被生物量）减去死生物量（剩余堆积物与倒落木质物生物量）即可得到每年群落中活生物量生产量。

6.6.2.1　群落生物量

（1）乔木层　首先，根据单株各器官生物量测定结果，24年生落叶松单株木平均生物量为98.027kg。树干在单株总生物量中所占比重最大，为55.70%；树枝、树根、树皮和树叶所占比例依次为18.34%、12.94%、9.08%和3.94%。根据上文构建的生物量经验式计算得到乔木层平均生物量为108.495t·hm^{-2}，分配序列为树干＞树冠＞根系。同时，不同林分密度下，落叶松器官生物量及分配呈现一定的变化规律。随着林分密度的增加，林木生物量在变小，树枝、树叶所占比重减少，而干材、树皮及根系的比重逐渐增加（表6-30）。在低密度林分，林木生长空间充足，叶和根系生物量增加，R/S（根径比）、C/F（非光合与光合作用器官比）合理，所争取的光热、水分和养分多，各器官生物量累积速率大（马炜等，2010；刘强等2004）。而在高密度林分，大部分林木受竞争影响，冠体窄小，得不到充足的阳光维持正常的光合作用，直接导致单株林木生物量低下。最后，根据上文经验方程估算出4种密度落叶松林乔木层生物量分别为117.98 t·hm^{-2}、112.126 t·hm^{-2}、100.952 t·hm^{-2}和103.701 t·hm^{-2}（表6-31），林分乔木层生物量随着林分密度的增大反而减小，与单株木生物量在不同林分密度下的变化规律相似。可见，林分密度过大不利于林木的生长，单株木生物量较之林分密度在乔木层生物量上起到更为重要的作用。

表 6-30　不同密度组落叶松单株平均木各器官生物量及其所占比例

Table 6-30　Biomass distribution of mean mid-aged *Larix* spp. tree at different density classes

（单位：kg,%）

密度组	干材	树皮	树枝	树叶	根系	总计	R/S	G/F
I	72.144(53.06)	10.089(7.47)	34.589(24.30)	6.822(4.66)	14.277(10.51)	137.920	0.174	22.65
II	52.603(57.104)	8.862(9.68)	17.898(18.75)	3.960(4.442)	10.671(11.37)	93.993	0.205	23.37
III	57.140(62.88)	7.976(8.99)	11.131(12.41)	2.799(3.11)	11.433(12.61)	90.478	0.196	31.28
IV	36.179(51.09)	6.919(10.17)	13.106(17.90)	2.706(3.57)	10.806(17.27)	69.715	0.215	30.08
平均值	54.516(55.70)	8.461(9.08)	19.18(18.34)	4.072(3.94)	11.796(12.94)	98.027	0.197	26.85

注：括号中数据为所占比例，下同。

表 6-31　不同密度组落叶松中龄林乔木层生物量垂直分配

Table 6-31　Biomass distribution of mid-aged *Larix* spp. plantation at different density classes

（单位：t·hm^{-2},%）

密度组	树冠	树干	根系	小计
I	34.603(28.96)	70.376(60.53)	12.218(10.51)	117.198
II	17.069(15.52)	80.845(71.87)	14.212(12.61)	112.126
III	23.408(23.17)	66.073(65.47)	11.471(11.37)	100.952
IV	23.885(21.47)	64.279(61.26)	15.536(17.27)	103.701
平均值	24.742(22.80)	70.394(64.88)	13.360(12.31)	108.495

　　由于树干在总体生物量中起的主导作用，以不同径阶林木数量变化来作图，进一步说明生物量分布（图 6-20）。以径阶和生物量作图，密度组 IV 的生物量呈"左偏态"分布，$D \leq 14\text{cm}$ 以下的树因为具有较多的个体数所以有较大的生物量比率；而密度组 I 生物量呈"右偏态"分布，$D > 18\text{cm}$ 的树虽然个体数很少，但具有较大的胸高直径和树高，因此也具有较高的生物量；密度组 II、III 的生物量均呈"正态"分布，比较集中分布在 $14 < D \leq 18\text{cm}$ 的中等林木。不难发现，生物量径阶结构基本呈"山峰状"偏态分布，高密度下以小径阶林木为主，而低密度下则以大径阶林木为主。可见，乔木层生物量分布格局的形成是由不同径阶林木的个体数量和生物量决定的。

　　（2）林下生物量　调查发现，落叶松林林下植被生物量随着林分密度减小，显示出"U"型的变化趋势，4 种密度组之间差异较明显（表 6-32）。尤其是灌木生物量随密度减小呈明显的指数递减。可见在经历抚育的干扰后，灌木植株锐减，生物量相应减少。而由于草本层受人为干扰相对较小，草本生物量表现出较明显的"U"型变化趋势：在密度组 II、III 和 IV 随密度下降而降低，密度组 II 的灌草生

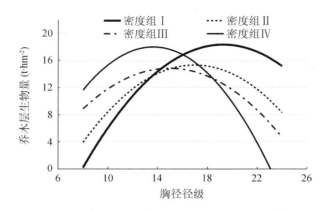

图 6-20　不同林分密度乔木层生物量随径级变化

Fig. 6-20　Relationship between biomass distributionand dbh of mid-aged *Larix* spp. plantation at different density classes

物量最低；而在低密度的密度组 I 林分，生存空间和条件的改善促使草本生物量回升。灌木平均生物量为 0.645t · hm^{-2}，草本层为 0.686t · hm^{-2}。随着抚育力度的加强，灌木生物量急剧下降，而草本层占林下植被生物量比率从 29.62% 逐渐上升到 96.12%。可见，相比林分密度，林下植被生物量的变化与林分的抚育管理等人为因素的关系更为紧密（杨昆等，2006；Chastain，2006）。

（3）倒落木质物　落叶松林中倒落的粗细木质物在不同林分密度下表现出不同的变化（表 6-32）。其中细木质物主要由每年凋落的细小枯枝落叶累积组成，林分密度的降低促使乔木层 C/F 值变小，即树冠生长更为繁茂，在一定程度上也加快了细木质物的累积。粗木质物是受人为及风折、病虫害等自然灾害干扰而形成的倒落木、伐桩、大残枝。Ⅱ 和 Ⅲ 密度组较多的粗木质物间接反映出如此密度下林分结构的不稳定。由于粗细木质物由植被自身生长发育过程的新陈代谢形成，在相同林龄下，不同密度林分内倒落木质物总生物量差异较小，变异系数为 9.25%，平均值为 21.275t · hm^{-2}。其中，细木质物平均蓄积为 430m^3 · hm^{-2}，平均生物量 21.103t · hm^{-2}；粗木质物储量较少，平均蓄积为 0.601m^3 · hm^{-2}，平均生物量仅 0.172t · hm^{-2}，处在针叶林标准下限以下（侯平等，2001）。

（4）剩余堆积物　剩余堆积物是经历抚育后人工堆积的林木剩余物，抚育力度的加强直接降低了林分密度。剩余堆积物的体积、生物量随之明显增多（表 6-33），平均蓄积为 20.895m^3 · hm^{-2}，平均生物量为 7.531t · hm^{-2}。而不同密度林分内变异系数达到 59.15%，可以说，倒落木质物和剩余堆积物的变化规律对人工抚育的强度有着较好的指示作用。

表6-32　落叶松林分林下植被及地表倒落木质物生物量分配

Table 6-32　Biomass distribution of understory vegetation and dead woody
materials in mid-aged *Larix* spp. plantation at different density classes

（单位：t·hm^{-2}）

密度组	林下植被		地表枯落物	
	草本	灌木	粗木质物	细木质物
Ⅰ	0.904	0.036	0.129	23.911
Ⅱ	0.493	0.174	0.203	20.678
Ⅲ	0.685	0.796	0.213	20.585
Ⅳ	0.762	1.574	0.144	19.239
平均	0.711	0.645	0.172	21.103

表6-33　落叶松林群落生物量空间分配

Table 6-33　Biomass distribution of mid-aged *Larix* spp.
plantation community at different density classes

（单位：t·hm^{-2}，%）

密度组	乔木层	林下植被	剩余堆积物	倒落木质物	总计	地上	地表	地下
Ⅰ	117.198 （75.23）	0.94 （0.603）	13.596 （8.728）	24.04 （15.43）	155.774 （100）	105.452 （67.69）	37.636 （24.16）	12.687 （8.144）
Ⅱ	112.126 （88.98）	0.667 （0.529）	3.499 （2.776）	20.881 （16.57）	126.0 （100）	89.851 （71.31）	24.38 （19.34）	11.769 （9.340）
Ⅲ	100.952 （70.94）	1.482 （1.041）	7.896 （5.548）	20.798 （14.61）	142.303 （100）	98.826 （69.44）	28.694 （20.16）	14.782 （10.38）
Ⅳ	103.701 （79.53）	2.236 （1.714）	5.064 （3.883）	19.382 （14.86）	130.383 （100）	89.784 （68.86）	24.446 （18.74）	16.153 （12.38）
平均	108.494 （78.42）	1.331 （0.97）	7.513 （5.23）	21.275 （15.37）	138.615 （100）	95.978 （69.33）	28.789 （20.61）	13.847 （10.07）

6.6.2.2　群落生物量空间分布

（1）群落生物量变化规律　已有研究一般认为林分密度增大使全林分林木生物总量增长（方晰等，2003），本书研究结果表明，群落总生物量随林分密度变小而增加，分布范围为125.999～142.178t·hm^{-2}（表6-33）。同时，乔木层生物量所占比例则随林分密度变小而变小，在75.24%～80.12%，即低密度林分其他层生物量占有比例增加。林下植被层生物量及所占比例均随林分密度变小而变小，所占比例在0.53%～1.71%。倒落木质物特别是细木质物变化不大，所占比例稳定在14.62%～16.57%，而剩余堆积物生物量所占比例为2.78%～

8.73%，二者均随林分密度减少而稍有增加。在高密度林分内，由林木竞争引起的林分自然稀疏作用强烈，最终导致群落生物量降低。

（2）群落生物量空间分布格局 计算可知，处于中龄阶段的24年生落叶松林群落生物量平均值为138.615t·hm^{-2}，变异系数为9.48%，分配格局较为稳定，其空间分配序列是：乔木层＞倒落木质物层＞剩余堆积物＞林下植被层，所占比例分别为78.42%、15.37%、5.23%和0.97%。地上、地表和地下所占比例分别为69.33%、20.61%、10.07%。群落生物量的分配情况（表6-33）首先突出了乔木层所占据的群落生物量的主体地位，高达108.494t·hm^{-2}，直接反映了人工林群落有机物质生产与积累的水平，对群落生物量影响重大。其次，分布于地表的倒落木质物和剩余堆积物由于该地区气候条件及其他生态因子的限制作用，分解和转化的速度较缓慢，现存量大（李可让等，2003）。特别是细木质物在4种不同林分密度条件下，所占比例均在15%左右，是一个不可忽视的重要层次。再次，林下植被层生物量所占的极小比例直接反映了人工抚育的效果，对乔木层乃至群落生物量都起到很好的指示作用。此外，乔木层、倒落木质物层生物量占有90%以上的比例足以说明落叶松林作为典型的人工生态系统所拥有的独特层次结构。

6.6.2.3 生物量与林分密度控制

通过研究发现，随着林分密度变小，落叶松林群落总生物量、乔木层及剩余堆积物生物量增大，倒落木质物有少量增加，而林下灌草生物量则基本呈减少趋势。高密度林分内虽然株数较多，但主要集中在小径级，总体上生物量较小。进行第二次抚育后，中等密度林分生物量有所上升，然而水分和温湿条件等生境的变化导致枯死的粗木质物增多。低密度林分内的林木能最大限度地利用空间，使个体有充分发育的营养条件，大径级林木使乔木总体生物量升高。可见，单株木生物量较之林分密度在乔木层生物量上起到更为重要的作用。同时，因为抚育次数的增加，剩余堆积物随密度降低而明显增多，细木质物也随之增多，二者所占比例也逐渐增加。与前人（林开敏等，2001）研究不同的是，调查发现，林下植被生物量与林分密度基本呈显著正相关。这是由于在人为干扰较小的高密度林分内，林下灌草生物量达到最大；而后由于人工的抚育刈割，使灌木生物量随林分密度变小而明显减少，草本层生物量逐渐取得林下植被主导地位。

由于落叶松是早期速生的树种，通过对不同林分密度落叶松林的群落生物量分配结构的分析，笔者进一步探讨了抚育间伐的技术指标和林分合理经营密度，以期调整林分结构、提高林分质量、缩短工艺成熟期。随着林分密度变大，乔木层树冠及根系的G/F、R/S比值均逐渐上升，林木采光、持水以及养分吸收能力都降低，直接影响了光合效能和生物量的积累，导致乔木层生物量降低。从生态和经济方面考虑，高密度林分应首先作为林分结构调整的对象，控制一定的密度，以达到丰产的目的。所以，从林分的个体生长和总产量来看：第一次抚育可在 7~9 年时进行，保留 1600 株·hm^{-2}，强度 30% 左右较适宜；为培育中、小径级材种，同时又可以对在自然稀疏过程即将死亡的那一部分中小径木实现早期利用，可在第 15 年进行第二次抚育间伐，保留 1300 株·hm^{-2}，强度 20% 左右较适宜；为培育大径材，可在第 20 年进行第三次抚育间伐直到主伐，保留 900 株·hm^{-2}，强度 30% 左右较适宜，促使空间资源有利于高生产力的乔木。

因此，基于林分密度变化，结合人工林经营理论和模式来系统、全面地估测人工林生态系统的潜在生物量，以及研究由人类、自然干扰引起的群落生物量和生产力的动态变化具有重要意义。

6.6.3　与物种多样性的关系

物种多样性与生态系统的功能过程密切相关，而生物量是生态系统功能的重要表现形式，研究这两个群落中最基本的量化特征的关系，是阐明物种多样性对生态系统功能作用的重要途径之一（Hooper，1997）。国内外已有大量相关研究成果，以 Shannon-Wiener 指数等多样性测度指标来表征多样性与生物量的关系已经成为研究的焦点之一（Hector，1999；常学礼等，2003；Bunker，2005）。但目前针对草地较多（Sternberg，2000；李海英等，2004），而以人工林为对象的研究尚未见报道。当前一些文献研究的主要结论以及存在的问题主要是人工林群落植物多样性锐减或物种原本单一，导致地力衰退和生物产量下降等，严重影响了生态功能的发挥（盛炜彤等，2004；温远光等，2005）。为此，在生态学研究基础上，笔者分析比较了 5 个不同龄组落叶松林的群落物种多样性与生物量，揭示出物种多样性与生物量之间的相互关系，为人工林生态系统的恢复与重建提供了科学依据。

6.6.3.1　物种多样性调查和计算方法

调查样地内乔木的种类、数量、高度、胸径（起测胸径 5 cm）等，其中 7 年生未成林地内树高 >1.5 m 的计为乔木。调查每个样地的样方内灌木（乔木样地 4 个角）和样方内草本植物（灌木样地 4 个角）的种类、个体数（丛数）、高度和盖度等。根据相对密度、相对频度和相对显著度（乔木）或相对盖度（灌木、草本）计算各物种的重要值（importance value，IV），并选取所有样方的 Sorensen 相似性指数（sorensen similarity index，S_s）、Shannon-Wiener 指数（Shannon-Wiener index，H'）、Pielou 均匀度指数（peilou evenness index，J）和 Margalef 丰富度指数（margalef richness index，D）的平均值作为研究的基本测度指标（刘灿然等，1997），以此了解群落结构和多样性特征，并综合度量人工林群落相似度和物种多样性水平。计算方法如下：

（1）重要值

$$IV = (RD + RF + RD)/3 \tag{6-7}$$

式中：IV 为重要值；RD（relative density）为相对密度；RF（relative frequency）为相对频度；RD（relative dominate）为乔木相对显著度或灌草的相对盖度。

（2）Sorensen 相似性指数

$$S_s = 2a/(b + c) \tag{6-8}$$

式中：a 为 2 个群落的共有种数；b 和 c 分别为 2 个群落各自拥有的物种数。

（3）多样性指数，如下：

①Shannon-Wiener 多样性指数：

$$H' = 3.3219\left(\lg N - \frac{1}{N}\sum_{i=1}^{s} n_i \lg n_i\right) \tag{6-9}$$

②Pielou 均匀度指数：

$$J = \left(-\sum_{i=1}^{s} P_i \log_2 P_i\right) / \log_2 S \tag{6-10}$$

③Margalef 丰富度指数：

$$D = (S - 1)/\ln N \tag{6-11}$$

三式中：S（spicies）为样地中物种总数；N（number）为样地中所有物种的个体数之和；n_i 为种 i 的个体数；p_i 为种 i 的相对值，$p_i = n_i/N$；3.3219 是对数底 2 转化为 10 的转换系数。

6.6.3.2　群落物种组成及结构特征

表 6-34 中列出了落叶松林群落主要的乔木、灌木和草本，可以看出不同龄组群落结构发生了明显的变化，优势种组成的差异直观地反映了群落的恢复、发育状况和结构多样性特征（杨利民等，2002；于晓梅等，2009）。乔木层中，以落叶松数量多，为建群种，均为人工的。其他物种为天然起源，尽管两者建群方式不同，不能定论衰退种群，但物种的分异已经有所表现。从表 6-34 看 I 龄组落叶松的重要值为 83.06；而 II 龄组为 48；III 和 IV 龄组稳定在 69 左右；V 龄组略有下降（57.65）。而其他次优势和伴生树种属旺盛增长种群，随着时间推移逐渐进入了林冠层，重要值呈现增大的趋势。灌木层中，不同龄组灌木植物的重要值变化明显。早期以柳叶绣线菊、金花忍冬和野蔷薇等小型灌木为主，中期出现软木条荚蒾和毛榛，最终形成以东北山梅花、珍珠梅和毛榛为主的较为稳定的灌木种群。草本层中，宽叶山蒿等阳性草本较早侵入并迅速发育。随着林分郁闭，林下光照减少，加之土壤阴湿，草本层逐渐演变为以白花碎米荠、蕨类、水金凤、酢浆草等湿生性优势种为主。其中苔草始终占据相对优势的地位，形成一定的种群规模。

表6-34 不同龄组人工林群落主要物种的重要值

Table 6-34 Importance value and number of species of plantation in different age-groups

层次	物种名	I	II	III	IV	V
乔木层	物种数	4	5	8	13	9
	落叶松	83.06	48.00	68.31	69.53	57.65
	蒙古栎	5.84				
	五角槭	5.63		9.71		
	水曲柳		13.00			
	春榆		21.00		5.46	14.08
	白桦			5.37	12.91	
	鱼鳞云杉					7.80
灌木层	物种数	4	7	14	12	9
	柳叶绣线菊	53.81				
	野蔷薇	16.19				
	金花忍冬	30.00	18.29			
	软木条荚蒾		31.43	27.30		
	毛榛		11.52	25.87	11.75	12.94
	珍珠梅			26.83	18.61	15.90
	东北山梅花				14.44	17.28
草本层	物种数	41	34	24	21	20
	宽叶山蒿	17.93				
	粗茎鳞毛蕨	4.98	6.06			9.31
	蚊子草	10.18	6.49	8.96	8.12	
	白花碎米荠	3.38	18.52	6.42	12.11	
	突脉苔草	28.92	15.21	32.02	14.71	19.42
	水金凤		10.58	6.80	15.90	12.32
	泽芹			9.99	9.19	9.44
	酢浆草					15.91

利用群落相似性指数 S_s 对5个龄组群落进一步进行比较(表6-35),发现乔木、林下植被及群落 S_s 指数均表现为随林龄间隔增大而降低。其中 I 龄组与其他龄组群落的 S_s 指数在 0.000 ~ 0.421 之间,表现为极不或中等不相似; I 与 II、III 龄组幼中龄林的乔木则表现为中等相似。II 与 IV、V 龄组近熟和成熟林的 S_s 指数在 0.375 ~ 0.473 之间,表现为中等不相似。III 与 V 龄组的 S_s 指数在 0.545 ~ 0.609 之间,表现为中等不相似。其他各相邻龄组的 S_s 指数在 0.517 ~ 0.692 之间,均表现为中等相似。总体而言,乔木层表现为中等相似,群落和林下植被则表现为中等相似,群落各层物种组成存在相似性和差异性。

表 6-35　不同龄组落叶松林群落相似系数比较

Table. 6-35　Sorensen similarity index of community at different age-groups

层次	Ⅰ—Ⅱ	Ⅰ—Ⅲ	Ⅰ—Ⅳ	Ⅰ—Ⅴ	Ⅱ—Ⅲ	Ⅱ—Ⅳ	Ⅱ—Ⅴ	Ⅲ—Ⅳ	Ⅲ—Ⅴ	Ⅳ—Ⅴ
乔木层	0.667	0.500	0.353	0.273	0.615	0.444	0.429	0.571	0.588	0.636
灌木层	0.364	0.222	0.250	0.000	0.571	0.421	0.375	0.692	0.609	0.571
草本层	0.400	0.400	0.387	0.341	0.517	0.473	0.407	0.578	0.545	0.634
群落整体	0.421	0.379	0.358	0.230	0.543	0.457	0.405	0.609	0.571	0.619

6.6.3.3　群落物种多样性分析

不同龄组群落内部物种组成及构成方式存在差异，因此通过 Shannon-Winner 多样性指数(H')、Pielou 均匀度指数(J)和 Margalef 丰富度指数(D)对群落物种多样性特征进行定量研究。从图 6-21 可以看出，乔木 H' 值造林初期较低，此后

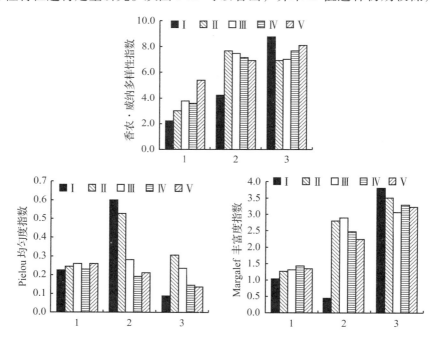

图 6-21　不同层次物种多样性指数变化

1. 乔木层；2. 灌木层；3. 草本层

Fig. 6-21　Changes on diversity index of different layers

因落叶松优势地位的逐步衰退以及其他阔叶树的成长，H' 值呈逐步上升的趋势，但落叶松的优势度导致 H' 值整体偏低。乔木 J 值基本保持稳定状态，说明人工

林均匀分布的格局变化较小。而 D 值则表现出单峰曲线变化，与物种组成及林木枯损变化相符。相比乔木，林下灌木和草本的 H' 值和 D 值普遍较高，且变化趋势相同。灌木层中，Ⅰ龄组虽然有最高的 J 值，但由于物种数目少，H' 值和 D 值均为最低。Ⅱ龄组的 H' 值、D 值和 J 值基本为最大，之后 H' 值和 D 值表现为平缓的梯度下降，而 J 值急剧下降后在Ⅳ、Ⅴ龄组保持一个稳定水平。可见，灌木层物种先增后减、植株相对密度变小、分布越来越不均匀。草本层物种最为多样和丰富，但受乔木及灌木的双重影响，表现出更为复杂的变化趋势。其中草本 H' 值和 D 值均以Ⅰ龄组最大，Ⅱ、Ⅲ龄组时则迅速降低，表现为"U"型变化，说明草本侵入较早且建群种数量多，林分郁闭后草本层及时表现出物种减少、相对密度变大、优势种突出的特征。而Ⅳ、Ⅴ龄组时林分密度下降，草本层可利用空间增大，H' 值和 D 值略有上升。J 值呈明显的单峰曲线变化趋势，与林分郁闭度变化规律相似。研究表明，Ⅰ龄组与其他龄组差异显著；Ⅱ和Ⅲ龄组、Ⅳ和Ⅴ龄组变化趋势较为一致。Ⅲ龄组中龄林向Ⅳ龄组近熟林的过渡时期植物多样性变化大，处于人工林经营调控的关键时期。总体而言，落叶松林群落 H' 值呈"S"型曲线上升趋势，J 值呈反"S"型曲线的下降趋势，D 值则为明显的单峰曲线变化，说明群落仍处于演替阶段，要达到一定的稳定程度还需较长的时间。

由图 6-22 群落水平上的多样性变化趋势可以看出，群落 H' 值与乔木相似，Ⅴ龄组最高，Ⅰ龄组最低，呈"S"型曲线上升趋势。D 值在Ⅴ龄组最低，仅有 5.836；而Ⅲ龄组最大，为 7.180，与乔木和灌木相似，为明显的单峰曲线变化。由于乔木分布相对均匀，林下灌草的聚集性生长决定了 J 值反"S"型曲线的下降趋势。可见，多样性测度指标的变化反映了光热、水土环境的差异和逐步改变，

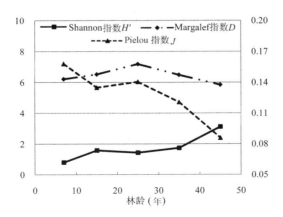

图 6-22　不同林龄群落物种多样性、均匀度、丰富度变化

Fig. 6-22　Diversity index of communities in different age-groups

也正体现了群落的演替趋势。随着植被的发育更新对群落的养分循环、土壤性质和养分状况等产生影响，促使环境中资源空间分配合理，物种竞争排除增加，又促进了植被生长，群落总体多样性指数因而上升（Tilman，2001）。研究表明，该区域落叶松林群落平均物种数为45.5，平均H'值为1.733，平均D值为6.4439，平均J值为0.128。

6.6.3.4　群落生物量及其变化

通过群落多样性分析可知，在不同发育阶段群落的结构、功能与稳定性不同，然而简单地从多样性来描述是不够的。将多样性结合生物量的分布格局和数量比例，可以反映出更丰富的群落动态变化情况。根据调查，落叶松林群落生物量主要包括乔木、林下植被和木质物残体三大方面，可细分为落叶松、其他树种、灌木、草本、粗木质物、剩余堆积物和细木质物5个层次的生物量（表6-36）。不同龄组的生物量变化具有一定的规律性（图6-23）。首先，林木随年龄增大出现生理学差异，表现出明显的速生特性。乔木生物量呈"S"型稳步增加，与H'值变化相吻合。乔木层占群落总生物量的比例在Ⅰ龄组时期仅为32.6%，此后则稳定在82.4%左右，Ⅴ龄组时达87.7%。同时落叶松占乔木层和群落生物量的比例逐步下降，Ⅴ龄组时仅为46.2%，其他树种则达到和40.5%，进一步反映了落叶松种群衰退的趋势。其次，林下植被中灌木层生物量随林龄增大呈持续增大的趋势，草本层则先降后升，与林分的郁闭度和密度负相关，呈先降后升的"U"形变化规律，与群落D值单峰曲线变化相反（林开敏等，2001）。其中，草本生物量与H'值和D值关系紧密，Ⅰ龄组草本种类多且长势良好，占林下生物量比例高达99.4%。Ⅱ龄组林木冠层发育及较高的林分密度造成草本物种减少，影响了生物量，导致林下植被层生物量减少（Bunker，2005）。随着林分密度持续下降，生存空间和条件的利好促使灌木生长旺盛，林下植被生产力回升，占群落生物量比例稳定在2.5%左右。林下植被生物量灌木则与多样性指数关系不大，主要种植株的迅速生长直接促使生物量增大。再次，地表木质物残体层生物量随乔木和灌草生物量增加呈单调增长趋势，H'值对其有较好的指示作用。由于木质物通过植被生长发育过程中新陈代谢形成，细木质物生物量在地表生物量中占据主导地位，剩余堆积物次之，倒木等粗木质物最少，占群落生物量比率不足1%。

研究得到郁闭林分的群落生物量序列为：乔木层＞木质物残体层＞灌木层＞草本层，占群落生物量的比例分别为82.41%、15.10%、1.69%和0.81%。可见，乔木层生物量占据主导地位，对群落生物量影响重大，木质物残体层的贡献次于乔木层，而林下植被层比例明显偏小，与国内相关研究结果相似（吴鹏飞等，2008）。Ⅰ龄组由于林木处于生长初级阶段，干物质积累缓慢；加之前地类

表 6-36　不同龄组落叶松人工林群落生物量分配

Table 6-36　Distribution of different age-group communities of *Larix* spp. plantation

（单位：t・hm^{-2}）

项目	龄组	乔木		林下层		木质物残体层		
		落叶松	其他树种	灌木	草本	粗木质物 CWD	剩余堆积物 RP	细木质物 FWD
生物量	I	4. 158	0. 756	0. 027	4. 808	5. 258	0. 005	0. 054
	II	64. 925	15. 545	0. 796	1. 353	15. 49	0. 045	1. 042
	III	77. 727	20. 421	2. 405	0. 92	18. 435	0. 118	4. 642
	IV	106. 636	67. 058	4. 121	1. 357	25. 18	0. 324	6. 964
	V	209. 087	179. 861	9. 206	2. 147	28. 679	1. 011	13. 596
占各层次生物量比例 P_1	I	84. 62	15. 38	0. 56	99. 44	0. 10	1. 01	98. 89
	II	80. 68	19. 32	37. 04	62. 96	0. 27	6. 30	93. 43
	III	79. 19	20. 81	72. 32	27. 68	0. 51	20. 01	79. 48
	IV	61. 39	38. 61	75. 23	24. 77	1. 00	21. 45	77. 55
	V	53. 76	46. 24	81. 09	18. 91	2. 34	31. 41	66. 25
占群落总生物量比例 P_2	I	27. 55	5. 01	0. 18	31. 86	0. 03	0. 36	35. 01
	II	65. 47	15. 68	0. 08	2. 08	0. 05	1. 05	15. 59
	III	62. 35	16. 38	1. 93	0. 74	0. 09	3. 72	14. 79
	IV	50. 39	31. 68	1. 95	0. 64	0. 15	3. 29	11. 90
	V	47. 14	40. 55	2. 08	0. 48	0. 22	3. 06	6. 47

注：P_1 为各类生物量占各层次生物量比例；P_2 为各类生物量占群落总生物量比例。

是采伐迹地，且造林时间短，剩余木质物残体较多，木质物残体层生物量多于乔木，草本层生物量也远高于灌木，与郁闭林分群落生物量差异显著。可见，群落各层植物利用空间资源日趋分明且合理，高生产力物种的增多，促使群落生物量随林龄增加而增加（Tilman，2001）。同时，落叶松所占比例显著降低，其他树种和灌木比例上升，草本层、地表木质物层比例缓慢下降。这直接反映了人工林群落有机物质生产与积累的水平，也说明生物量与人工林立地条件及群落生物学、生态学特性有较大的相关性。

6. 6. 3. 5　群落多样性与生物量相关性

采用相关系数分析不同的多样性指数与生物量的相关性（表 6-37），对相关系数高的配对作进一步回归分析，得到相关模型（表 6-38）。研究表明，随林龄增加，乔木层树种增多，H' 值呈逐步上升的趋势，同时除落叶松外其他树种生长加快，生物量显著增加（在 V 龄组时占群落生物量的比例达到 40.5%），二者

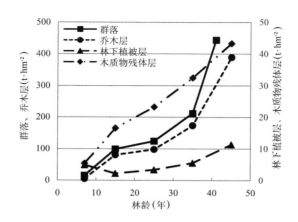

图 6-23　不同林龄林分各层生物量变化

Fig. 6-23　Biomass of community layers in different age-groups

关系最密切，相关系数均高于 0.95。模型预测乔木生物量（arbor biomass，AB）随 H' 值增大呈线性增加，正效应明显。然而，乔木层仍维持以落叶松为主体的均匀分布格局，J 值较平稳、D 值单峰曲线变化的趋势与生物量线性增加的相关性较低。灌木层生物量（shrub biomass，SB）只与 J 值的关系密切，且二者呈负相关；但 J 值对灌木层地上部分及整体生物量的预测效果差，相关系数基本在 0.5 以下，地下生物量相对较稳定，可用 J 值适当预测。草本层生物量（herb biomass，HB）和 H' 值及 D 值都显著相关，利用它们得到的回归模型较为理想。

表 6-37　不同龄组落叶松人工林群落中植物多样性指数与生物量的相关系数

Table 6-37　Correlative coefficient of species diversity and biomass（B）at different age – group communities

多样性指数	乔木层			灌木层			草本层			群落			
	AGB	BGB	AB	AGB	BGB	SB	AGB	BGB	HB	AGB	OGB	BGB	CB
H'	0.959	0.956	0.959	0.271	0.503	0.320	0.849	0.986	0.907	0.982	0.919	0.987	0.982
J	0.463	0.502	0.469	−0.713	−0.966	−0.777	−0.606	−0.871	−0.693	−0.988	−0.948	−0.985	−0.989
D	0.582	0.534	0.576	0.228	0.480	0.280	0.899	0.630	0.847	−0.534	−0.285	−0.554	−0.517

群落水平上，各组分生物量与 H' 值之间总的趋势成正相关，与 J 值成负相关，与 D 值之间则没有明显的相关性，采用 H' 值来研究二者间的关系更适宜。所得到的地上生物量（above – ground biomass，AGB）、地下生物量（below – ground biomass，BGB）及各层整体生物量模型较好，生物量变化趋势随 H' 值的增加而增加。地表生物量（over – ground biomass，OGB）预测模型稍差，生物量随 J 值增大

而减小。研究发现，群落各层次生物量与不同多样性指数关系紧密，与 H' 拟合的线性模型拟合较理想，且可信水平显著，可以得出研究区域内群落生物量（community biomass，CB）随 H' 值增大而增加的发展趋势。随林龄增大可能到达下降阶段，而成为单峰形曲线格局。可见，多样性作为环境压力和群落竞争的指示，可以间接地反映生物量，二者之间的关系和具体采用的预估指标有关，在群落各层及整体水平上的趋势是不同的，单纯用某项指标来预测生物量是不充分的（Wilsey，2000；王国杰等，2005）。

本研究依据得到的不同多样性指数与生物量的相关性，研究对象为人工混种群，乔木树种混交比例不同，且忽略人为干扰历史（如抚育间伐）的情况下，多样性与生物量基本呈单调的线性增长关系，Shannon 多样性指数较之 Pielou 均匀度指数更适合作为群落生物量的度量指标，生物量与 D 值之间无明显指示作用。事实上，群落多样性和生物量的变化主要取决于生境变化及植物的适应性，而生境变化又是通过植物的多样性特征和本身的生长发育反映出来的（Hooper，1998）。在人工抚育和自然稀疏作用下，适当降低林分密度让乔木保持均衡生长，同时促进林下植被更新发育，符合"中度干扰"假说。适当保留地表木质残体层有利于稳定土壤养分平衡，促进植物碳库向土壤碳库的转化（盛炜彤等，2004；Hudiburg，1998）。在适当人为抚育、调控下，乔灌草搭配的植被恢复模式有助于落叶松林演替成多样性高、生物量多且稳定性强的针阔混交林，对加速人工林生态效益的发挥具有重要意义。

然而，目前群落多样性与生物量间关系的影响至今还没有一致的结论，它们之间的相互关系和作用机制还不完全清楚。从生态学的角度讲，一般模型预测存在局限性，不能仅从植物群落内部来分析，还必须结合相应的环境因子测定进行深入研究。笔者的研究结果与其他国内外相关报道不是完全相符（Tilman，2001），究其原因主要有：①本研究综合而非单一使用物种丰富度、均匀度和多样性指数等多样性度量指标；②本研究考虑了人为干扰等扰动因子对多样性和生物量产生的平行变化的影响；③本研究以完整的地上、地表和地下生物量作为生物量度量指标，不同于只用地上现存量作为生物量的指标；④以往多数研究者均以草地、某一个群落或区域为研究对象，而本研究系统探讨了 5 个不同龄组人工林的群落特征与生物量。总之，受各自动态变化的影响，人工林群落多样性与生物量的关系极其复杂，在短期内、小范围内很难反映，必须建立固定样地，进行综合、长期、定量的试验研究。

表 6-38　落叶松人工林群落中植物多样性指数与生物量的相关关系分析

Table 6-38　The relationships between species diversity and
biomass of *Larix* spp. communities

层次	组分	回归方程	R^2	sig.
乔木层	地上生物量 AGB	$AGB = 105.021H' - 248.168$	0.919	0.002 *
	地下生物量 BGB	$BGB = 17.116H' - 40.797$	0.914	0.011
	乔木生物量 AB	$AB = 122.137H' - 288.964$	0.919	0.001 **
灌木层	地上生物量 AGB	$AGB = -11.556J + 6.724$	0.508	0.077
	地下生物量 BGB	$BGB = -3.373J + 2.030$	0.934	0.007 *
	灌木生物量 SB	$SB = -14.930J + 8.755$	0.604	0.034
草本层	地上生物量 AGB	$AGB = 1.310D^2 - 19.155D + 70.543$	0.979	0.021
	地下生物量 BGB	$BGB = -0.524H' - 3.260$	0.971	0.002 *
	草本生物量 HB	$HB = 1.416(H')^2 - 20.271H' + 73.612$	0.993	0.007 *
群落	地上生物量 AGB	$AGB = 149.545H' - 126.664$	0.976	0.002 *
	地表生物量 OGB	$OGB = -509.740J + 89.396$	0.898	0.014
	地下生物量 BGB	$BGB = 24.715H' - 20.680$	0.975	0.002 *
	群落生物量 CB	$CB = 190.070H' - 150.570$	0.978	0.001 **

注：* 为显著；** 为极显著。

6.7　落叶松林碳储量

6.7.1　落叶松林平均含碳率

　　总结上文计算得到的落叶松林各部分的碳储量，得到整个生态系统的碳储量（表 6-39）。

　　结合落叶松群落的生物量和碳储量，可以计算得到各部分及群落的平均含碳率（表 6-40）。总体而言，落叶松林群落生物量的平均含碳率为 46.08%，其中植被活生物量含碳率为 47.51%，而残体死生物量含碳率为 41.24%。随林龄增加，三者均表现为缓慢上升、保持稳定的变化规律。具体而言，植被活生物量中，移除木平均含碳率 48.17% 为最大，初期数值较大是因为此时移除木基本为小径级幼木，器官含碳率相对较高；乔木平均含碳率 47.58%，且随林龄变化不明显，基本保持稳定，但是乔木平均含碳率小于移除木是因为移除木基本为含碳率较高的干材，而乔木平均含碳率则是包括含碳率低的根系在内所有器官的平均值；林下植被因为木质化程度低，所以其平均含碳率 44.10% 明显小于乔木和移除木。特别是初期由于草本生物量占极高的比例，平均含碳率维持在 40%。在残体中，枯立木由于腐烂等级较低而保持了相对较高的平均含碳率 44.56%。木质残体因

表 6-39 不同年龄落叶松林生态系统碳储量

Table 6-39 Carbon density of ecosystem of korean larch plantations at different ages

（单位：tC·hm^{-2}）

库层	7	9	15	19	23	27	33	37	41	48	平均
乔木	2.67	9.561	36.354	58.791	60.298	61.569	78.029	96.207	116.919	127.823	64.822
林下植被	2.228	1.949	1.033	0.955	1.257	1.825	2.162	3.051	5.299	5.831	2.559
移除木	0.066	0.042	3.815	1.477	5.004	9.509	3.441	10.501	22.416	14.419	7.069
植被	4.964	11.552	41.202	61.223	66.559	72.903	83.632	109.759	144.634	148.073	74.451
枯立木	0.008	0.041	0.257	0.914	1.321	1.709	2.488	2.627	2.651	2.778	1.4794
木质残体	2.120	2.744	7.263	8.318	12.028	15.170	21.416	26.064	32.215	34.675	16.201
凋落物	0.111	0.697	0.675	1.016	1.128	1.231	1.583	1.964	2.272	2.811	1.3488
残体	2.239	3.482	8.195	10.248	14.477	18.110	25.487	30.655	37.138	40.264	19.029
土壤	80.613	81.197	81.470	81.865	86.640	93.001	94.609	101.573	105.139	112.363	91.847
生态系统	87.816	96.231	130.867	153.336	167.676	184.014	203.728	241.987	286.911	300.700	185.327

表 6-40 不同年龄落叶松林生态系统各库层及群落平均含碳率

Table 6-40 C concentrations of subsets and community of *Larix* spp. plantations at different ages

（单位:%）

库层	7	9	15	19	23	27	33	37	41	48	平均
乔木	48.52	47.94	47.79	47.94	47.64	47.77	47.74	47.73	47.39	47.19	47.58
林下植被	40.09	40.44	40.40	44.36	44.62	44.85	44.66	44.88	45.41	45.74	44.10
移除木	49.25	48.84	50.60	49.30	47.80	48.60	46.70	47.60	47.70	48.80	48.17
植被	44.34	46.49	47.81	47.91	47.59	47.80	47.61	47.63	47.36	47.28	47.51
枯立木	42.11	45.05	44.62	44.56	44.55	44.57	44.56	44.56	44.56	44.55	44.56
木质残体	40.15	40.28	40.59	40.67	41.08	41.17	41.44	41.55	41.55	41.49	41.32
凋落物	37.37	37.37	37.33	37.37	37.38	37.37	37.37	37.36	37.36	37.36	37.36
残体	40.01	39.71	40.42	40.63	41.06	41.18	41.44	41.49	41.47	41.36	41.24
群落	42.90	44.72	46.41	46.71	46.27	46.32	46.01	46.14	46.03	45.88	46.08

部分接触地面而受微生物的分解作用影响，平均含碳率降至41.32%，而非木质的凋落物平均含碳率最低，仅37.36%。凋落物平均含碳率非常稳定，基本不随林龄变化，这是因为地表凋落物基本为落叶松针叶，而且分布较为均匀，差异较小。早期枯立木较幼嫩，易被分解腐烂，所以含碳率较低，而后逐渐升高。与之相似，木质残体平均含碳率也随林龄增大而有所提高。对比植被，各种残体的平

均含碳率较为稳定。

6.7.2 落叶松林碳储量

根据统计，得到落叶松生态系统碳储量（表6-41），并进一步分析其比例分配和变化规律。其中，因为植被和残体中具体部分的含碳率差异相对于生物量总量的不同而言是微小的，所以它们的碳储量变化基本与生物量相似，不再进行统计分析。下面直接分析植被、残体和土壤三大库存碳储量的时空分布格局及累积规律。

表6-41 不同年龄落叶松各器官组分碳储量

Table 6-41 Carbon density of arbor layer in different age *Larix* spp. plantations

（单位：tC·hm^{-2}）

器官	7	9	15	19	23	27	33	37	41	48	平均
乔木层	2.67	9.56	36.35	58.79	60.30	61.57	78.03	96.21	116.92	127.82	64.82
林下植被	2.23	1.95	1.03	0.96	1.26	1.83	2.16	3.05	5.30	5.83	2.56
凋落物层	2.24	3.48	8.20	10.25	14.48	18.11	25.49	30.66	37.14	40.26	19.03
土壤	80.61	81.20	81.47	81.87	86.64	93.00	94.61	101.57	105.14	112.36	91.85
合计	85.08	86.63	90.70	93.07	102.37	112.94	122.26	135.28	147.58	158.46	113.44

6.7.2.1 时空分布格局

由图6-24可见，随着林龄增加，落叶松林生态系统碳储量明显增大，植被、残体和土壤碳储量也呈现不同的上升趋势，其动态变化过程均与林龄成正相关。其中，土壤碳储量和残体碳储量均缓慢地以近线性曲线增长，而植被碳储量则以S型曲线方式增长，上升趋势明显。事实上，明显可见生态系统碳储量的增长方式与植被碳储量相似。未成林及幼龄林时期，土壤和残体碳储量分别为最低的80.613 tC·hm^{-2}和2.239 tC·hm^{-2}，增长趋势都不明显；虽然植被碳储量主体为幼木和草本，储量值为最小的4.964 tC·hm^{-2}，但是迅速增大，生态系统碳储量也随之增大。之后，因为林木相互竞争生长空间，植被碳储量在中龄林阶段增长速度有所降低，但是其之前生产的部分碳经过一段滞后期后，仍以其他形式保存在生态系统的残体层和土壤内，所以该阶段生态系统碳储量的增长速度变化不大。而近熟林和成熟林时期，林分密度下降，林木又加快生长，植被碳储量增长速度加快，生态系统碳储量也相应表现出快速的增长的趋势。由于林分密度的下降，以及林木生长速度渐缓，植被和生态系统碳储量虽然在成熟林阶段（41~48年生）达到最大的148.073 tC·hm^{-2}和300.700 tC·hm^{-2}，但增长速度已明显低于幼中龄林以及近熟林。落叶松有着速生树种的特性，48 年生碳储量是 7 年生的 47.7 倍之多，少量的大径阶林木累积了生态系统近一半的碳，而且远远高于林分密度大的中幼龄林，表现出巨大的碳汇能力。三大库层和生态系统碳储量随林龄增长的动态变化，反映了它们之间的相互作用、影响和紧密关系。

从表 6-41 可知，落叶松林生态系统平均碳储量为 185.327 tC·hm^{-2}。郁闭前，7~9 年生林分平均碳储量只有 92.023；而郁闭后林分平均碳储量高达 208.652。所有库层及生态系统总碳储量均以 7 年生未成林时为最低，而在 48 年生成熟林时期增长了 3.42 倍，达到最大。且此时植被碳储量是未成林 7 年生时的 29.83 倍；残体碳储量增长了 26.15 倍；土壤碳储量变化相对较小，但也达到了 1.39 倍。可见落叶松林经历 40 多年生长和经营管理，成熟后是一个巨大的碳库，表现出较高的碳汇水平。

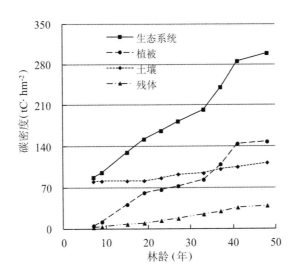

图 6-24　不同林龄落叶松林生态系统碳储量变化

Fig. 6-24　Carbon density of _Larix_ spp. plantation ecosystem at different age

落叶松林生态系统中土壤的碳储量最大，达到 91.847 tC·hm^{-2}；植被碳储量次之，为 74.451 tC·hm^{-2}；而残体的碳储量最小，为 19.029 tC·hm^{-2}。即落叶松林生态系统碳储量的空间分布序列是：土壤 > 植被 > 残体。结合图 6-25 反映的各库层所占比例大小结果，土壤作为最大的碳库，其碳储量是植被的 1.23 倍，但它在生态系统总碳储量中所占的比例从 91.80% 逐渐下降，其碳储量在 37 年生林分少于植被，所占比例平均为 49.56%。而作为生产者，植被碳储量所占比例从未成林地仅5.65%的最低值逐步上升到40.17%的平均值，在成熟林时达到49.24%，高于土壤碳储量的37.37%。由此可知，植被中的活体碳储量不但是整个生态系统运行的能量基础，也是人工林生态系统中有机物生产与积累水平的直接反映，特别是林分郁闭后，乔木逐渐占据绝对优势。此外，残体碳储量稳定增长，其所占比例平均为10.27%，虽然低于土壤和植被，但作为它们二者之间重要的过渡层次，在生态系统中不可忽视（Hudiburg *et al.* , 2009）。

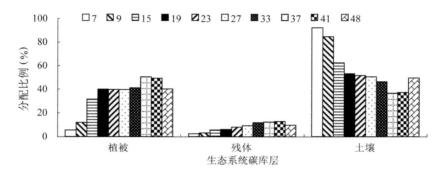

图6-25 不同林龄落叶松林生态系统碳储量分配

Fig. 6-25 Carbon allocation ratio of *Larix* spp. plantation ecosystem at different ages

6.7.2.2 回归模型估算

一般认为，平均树高、平均胸径、林分蓄积和林分密度等因子都与生物量（或者说碳储量，因为二者可通过相对稳定的含碳率转化）存在紧密的相关性（张会儒等，1999；胥辉，1997；孟宪宇，2006；程堂仁等，2007），对落叶松林而言同样如此（表6-42）。事实上，研究结果表明，在该研究区无论是对乔木、木质残体还是整个森林生态系统，其碳储量都以48年生林分为最大，林龄越小则碳储量越小。对此，可以确定落叶松林各库层及生态系统碳储量均随林分平均年龄的增加而增长，它们与林分年龄和蓄积之间存在更为明显的相关关系（表6-42）。在构建林分水平的碳储量回归预估模型时，如果同时引进蓄积等因子，则很可能造成模型复杂化，而且多个自变量之间的共线性也将造成信息的冗余。我们认为，林龄与林分蓄积等因子之间也都紧密联系，能解释大部分因子；而且该地区所有落叶松林立地条件相近，都经历相似的经营管理，林龄可以解释抚育间伐及自然灾害等难以量化的哑变量，所以只选择林龄一个为自变量来预估碳储量是合理的。由于上文已经详细介绍了适用于落叶松林乔木、林下植被、移除木、枯立木、木质残体和凋落物碳储量的准确、可行的估测方法，所以只对植被、残体和土壤三大库层以及整个生态系统的碳储量，建立它们与林龄之间的回归预测模型。

表 6-42　落叶松林不同库层碳储量与林分因子之间的相关关系

Table 6-42　The correlation results between stand characteristics and C densities of _Larix_ spp. plantations

林分因子	乔木	林下植被	移除木	植被	枯立木	木质残体	凋落物	残体	土壤	总计
林龄	0.985	0.773	0.831	0.982	0.972	0.988	0.980	0.991	0.968	0.990
平均树高	0.967	0.775	0.886	0.976	0.872	0.941	0.946	0.940	0.907	0.967
平均胸径	0.969	0.748	0.869	0.974	0.868	0.932	0.950	0.932	0.895	0.962
林分蓄积	0.995	0.708	0.842	0.990	0.940	0.960	0.962	0.964	0.919	0.983
林分密度	− 0.968	− 0.731	− 0.858	− 0.970	− 0.977	− 0.976	− 0.946	− 0.979	− 0.952	− 0.977
郁闭度	0.578	− 0.094	0.333	0.535	0.573	0.421	0.424	0.436	0.318	0.488

因为自身性质、碳累积方式和所受影响等方面均存在差异，落叶松林植被、残体和土壤三大库层以及整个生态系统的三大储碳库层和整个生态系统的碳储量增长的过程不尽相同。关于碳储量与林龄之间的关系，总的规律是随着年龄的增长而增大，拟合的趋势曲线则基本表现为直线型、三次曲线型和"S"型多种（图6-5、图6-13、图6-17和图6-24）。所以，在模型类型上，直线型较为单一简单，而三次曲线型和"S"型在数学上则有多种描述形式。对于三次曲线，本研究采用简单且应用最为广泛 Cubic 曲线模型（公式6-12）。"S"型曲线可用 Logistic 生长型曲线模型（公式6-13）描述，但是其中的 K 值难以得到，所以采用简单的 S 曲线模型（公式6-14）。这3种模型形式分别为：

$$Y = a + b X + c X^2 + d X^3 \tag{6-12}$$

$$Y = \frac{K}{1 + ae^{-bX}} \tag{6-13}$$

$$Y = e^{(a + b/X)} \tag{6-14}$$

式中：Y 为各库层和生态系统碳储量因变量；X 为自变量；a、b、c 和 d 为相关参数；K 值为碳储量增长的极限值（往往是未知的）。

根据以上提供的模型形式分别对各库层碳储量与林龄之间的关系进行回归分析，结果如表6-43所示。从表6-43可见，除少数模型的决定系数低于90%以外，其他模型的决定系数都高于95%，拟合效果比较理想。具体而言，3种模型形式均可用于植被碳储量的估计，而 S 曲线模型决定系数稍高于直线性和 Cubic 曲线模型，但参数变异系数小，所以认为是最适模型。同理，直线模型为残体碳储量的最优模型。土壤碳储量以 Cubic 曲线模型为最优模型，有最高的决定参

表 6-43　落叶松林各库层及生态系统碳储量估测模型及相关评价指标

Table 6-43　Parameters of the candidate allometric equations used to predict pools and ecosystem of *Larix* spp. plantation

库层	模型形式	a	b	c	d	C_1(%)	C_2(%)	C_3(%)	C_4(%)	SSE	Rmse	S	R	备注
植被	3-54	-16.411	3.508			6.908	0.238			48.341	2.318	10.522	0.982	
	6-12	-31.429	5.919	-0.101	0.001	27.881	4.077	0.167	0.002	48.393	2.319	13.511	0.983	
	6-14	5.444	-26.909			0.071	1.051			1.097	0.349	0.257	0.994	最优模型
残体	3-54	-6.780	0.963			1.307	0.045			13.268	1.214	1.991	0.991	最优模型
	6-12	3.746	-0.538	0.056	-0.001	2.844	0.416	0.017	0.003	13.352	1.218	1.378	0.998	
	6-14	3.890	-24.354			0.141	2.075			0.993	0.332	0.507	0.972	
土壤	3-54	71.048	0.803			2.122	0.073			11.066	1.109	3.232	0.968	
	6-12	85.444	-1.048	0.061	0.001	4.038	0.590	0.024	0.001	11.352	1.123	1.956	0.993	最优模型
	6-14	4.638	-2.245			0.047	0.693			0.091	0.101	0.169	0.753	
生态系统	3-54	64.268	1.766			3.149	0.109			24.334	1.644	4.797	0.985	
	6-12	57.761	4.334	0.015	-0.001	4.683	0.685	0.028	0.001	24.652	1.655	2.269	0.998	最优模型
	6-14	4.925	-4.434			0.074	1.091			0.181	0.142	0.266	0.821	

数。生态系统碳储量以 Cubic 曲线模型估测效果最好，以直线模型估测效果次之，S 曲线模型估测效果最差。虽然 Cubic 曲线模型参数变动系数较直线模型大，但其更符合生物特性。此外，考虑到残体受人为干扰较大，碳储量可能不稳定，根据它们之间的代数和关系（公式 6-15），可以利用生态系统、植被和土壤的 3 个碳储量独立模型来求算残体碳储量，这样也解决了碳储量的相容性问题。

$$\mathrm{CD_{DDM}} = \mathrm{CD_{Forest}} - \mathrm{CD_{Vegetation}} - \mathrm{CD_{Soil}} \quad (6\text{-}15)$$

式中：$\mathrm{CD_{Forest}}$、$\mathrm{CD_{Vegetation}}$、$\mathrm{CD_{Soil}}$ 和 $\mathrm{CD_{DDM}}$ 分别为生态系统、植被、土壤和残体的碳储量。

总之，通过分析落叶松林各库层及生态系统碳储量与林龄、林分蓄积、平均胸径、平均树高及林分密度的相关关系，可以直接采用林龄一个因子作为自变量，构建简单可靠的非线性模型，用于预测落叶松林生态系统各库层碳储量。同时可以根据它们之间的代数和关系实现相容。落叶松林生态系统及植被、残体和土壤库层的非线性碳储量模型为：

①生态系统碳储量：

$$\mathrm{CD_{Forest}} = 57.761 + 4.334\,A + 0.015\,A^2 + 0.001\,A^3 \quad (6\text{-}16)$$

②植被碳储量：

$$\mathrm{CD_{Vegetation}} = e^{(5.444 - 26.909/A)} \quad (6\text{-}17)$$

③残体碳储量：

$$\mathrm{CD_{DDM}} = -27.683 - 5.381\,A - 0.045\,A^2 - 0.001\,A^3 - e^{(5.444 - 26.909/A)}$$
$$(6\text{-}18)$$

④土壤碳储量：

$$\mathrm{CD_{Soil}} = 85.444 - 1.048\,A + 0.061\,A^2 + 0.001\,A^3 \quad (6\text{-}19)$$

本研究依据林龄所构建的碳储量模型可以对落叶松林生态系统各库层碳储量及总量进行有效估算，并作出合理的解释，具有较好的实用性。由于仅有 10 块林分调查数据，尚无法对模型进行进一步检验评价。

6.7.3 落叶松林碳汇

以 7 年生未成林地为起始，计算不同林龄落叶松林各库层的年均净固碳量，结果见表6-44。作为生态系统内最主要的生产者，乔木层的年均净固碳量毫无疑问是最大的，平均为 3.479 tC·hm^{-2}·a^{-1}。随着林龄增长，乔木年均净固碳量起伏不定：幼中龄林时期年均净固碳量维持在较高水平，特别是 19 年生林分达到最大值 4.677 tC·hm^{-2}·a^{-1}；然后逐渐下降至 33 年生林分的最低值 2.898 tC·hm^{-2}·a^{-1}；此后又缓慢上升到 3.360 tC·hm^{-2}·a^{-1}（41 年生）；但 48 年生林分又表现出下降的趋势。林下植被碳储量在 7 年生未成林地里是处于较高水平的，因为林分逐渐郁闭而持续降低，年均净固碳量表现为负值，直至 37 年生林分才基本恢复初始的碳储量水平，所以其年均净固碳量为 -0.030 tC·hm^{-2}·a^{-1}。移除木年均净固碳量实际上在一定程度上反映了抚育间伐的强度，其年均净固碳量随林龄增大而增大，平均为 0.316 tC·hm^{-2}·a^{-1}。由于乔木在植被层中的主导地位，植被年均净固碳量变化趋势与乔木相似，其平均年均净固碳量为 3.764 tC·hm^{-2}·a^{-1}。枯立木年均净固碳量虽然很小，平均仅 0.069 tC·hm^{-2}·a^{-1}，但是与林分郁闭程度紧密相关，即随林分郁闭度增大而增大，反映了自然稀疏的结果。残体层中，木质残体年均净固碳量随林龄增加而增长，平均为 0.090 tC·hm^{-2}·a^{-1}；与之不同，凋落物基本处于稳定增长状态，这可能是因为非木质的凋落物易于分解腐烂而进入土壤或释放到大气中。土壤年均净固碳量也随林龄增加而增大，特别是从中龄林开始显著上升，平均 0.470 tC·hm^{-2}·a^{-1}。

表 6-44　不同年龄落叶松林年均净固碳量

Table 6-44　ANCI of subsets and ecosystem of *Larix* spp. plantations at different ages

（单位：tC·hm^{-2}·a^{-1}）

库层	9	15	19	23	27	33	37	41	48	平均
乔木	3.446	4.211	4.677	3.602	2.945	2.898	3.118	3.360	3.053	3.479
林下植被	-0.140	-0.149	-0.106	-0.061	-0.020	-0.003	0.027	0.090	0.088	-0.030
移除木	-0.012	0.469	0.118	0.309	0.472	0.130	0.348	0.657	0.350	0.316
植被	3.294	4.530	4.688	3.850	3.397	3.026	3.493	4.108	3.490	3.764
枯立木	0.017	0.031	0.076	0.082	0.085	0.095	0.087	0.078	0.068	0.069
木质残体	0.279	0.589	0.476	0.584	0.623	0.710	0.768	0.856	0.769	0.628
凋落物	0.293	0.071	0.075	0.064	0.056	0.057	0.062	0.064	0.066	0.090
残体	0.588	0.690	0.627	0.730	0.764	0.862	0.918	0.997	0.903	0.786
土壤	0.292	0.107	0.104	0.377	0.619	0.538	0.699	0.721	0.774	0.470
生态系统	4.174	5.327	5.419	4.956	4.780	4.426	5.109	5.827	5.167	5.021

同时，从年均净固碳量的分配比例看（图 6-26），植被所占比例最大，平均为 74.89%，在幼中龄林时期先升后降，而后保持 69% 左右的稳定；残体次之，所占比例在 15.70% 左右；而土壤所占比例 9.41% 为最小，9 年生林分中有大量残体中的碳被分解输入，所占比例稍高，而后下降并上升至 13% 左右即保持稳定。

从图 6-27 可见，落叶松林生态系统年均净固碳量随林龄呈 M 型曲线变化，结合实际林分经营管理措施对此进行分析。首先，因为该地区一般在落叶松平均胸径约 6cm（林龄 10 年左右）时进行首次间伐，在提供部分小径材的同时也减少了林木生长受阻的竞争压力。虽然林分密度有所降低，但单株林木开始生长迅速，所以自

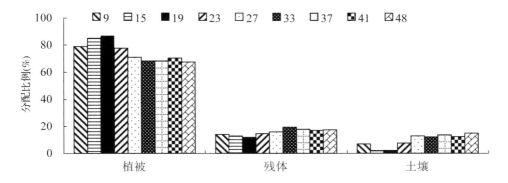

图 6-26 不同林龄落叶松林生态系统年均净固碳量分配

Fig. 6-26 ANCI allocation ratio of *Larix* spp. plantations at different ages comparing to 7-year-old stand

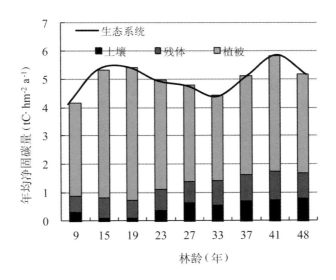

图 6-27 不同林龄落叶松林年均净固碳量

Fig. 6-27 ANCI of *Larix* spp. plantations at different ages comparing to 7-year-old stand

9 年生林分后年均净固碳量第一次显著上升，并在 19 年生林分达到 5.419 tC·hm^{-2}·a^{-1}。随着林木的速生，郁闭的中龄林和早期近熟林林分内部生长竞争日益激烈，加之人工抚育间伐的进行以及自然稀疏程度逐渐严重(枯损率上升)，影响了植被(特别是乔木)的碳储量。结果是，虽然残体和土壤年均净固碳量稳步上升，但整个生态系统的趋势是下降的，33 年生林分处于 4.426 tC·hm^{-2}·a^{-1}的低值。

此后，经合理的经营管理将林分过渡到合理的经营密度，林木得到良好的营养空间，彼此之间的竞争效应较小，林木长势更好，年均净固碳量得以提升，并在 41 年生成熟林时达到 5.827 tC·hm^{-2}·a^{-1} 的最高值。然而，由于林木自身生长特性（即林木生长减缓），在 48 年生成熟林后期时，林分年均净固碳量在仍保持较高值（5.167 tC·hm^{-2}·a^{-1}）的情况下开始出现下降的趋势。

第 **7** 章

毛竹林生物量和碳储量的估算

7.1 毛竹林样地和样木

毛竹是南方集体林区的主要森林类型之一，是闽西北常见的竹笋及竹材两用竹种。本研究以三明市将乐集体林区毛竹林为研究对象，选择将乐国有林场及将乐县水南镇和古镛镇玉华村集体林开展调查。

毛竹是典型的亚热带竹种，多纯林，或与杉木、马尾松等人工林混交，分布范围广。该集体林区主要的毛竹林类型见表 7-1，分为混交林和纯林（株数占林分密度的 9 成以上定义为纯林），有毛竹杉木混交林、毛竹阔叶林和毛竹纯林等。毛竹林多为人工引种，天然扩鞭形成；毛竹杉木混交林种的杉木多为杉木人工林采伐后枝条萌生而成。

表 7-1 将乐县毛竹林主要类型

Table 7-1 Main types of *Phyllostachys pubescens* forest in Jiangle

竹林类型	树种组成	平均胸径（cm）	每公顷株数
混交林	5 毛竹 5 杉木	7.8	3400
	6 毛竹 4 杉木 – 盐肤木	7.4	3850
	6 毛竹 4 杉木 + 青冈 – 木油桐	5.9	2633
	6 杉木 4 毛竹	8.4	2333
	7 毛竹 3 木油桐	9.2	1525
	7 毛竹 3 杉木 – 苦槠栲	7.9	3350
	7 毛竹 3 杉木	7.3	4200
	8 毛竹 2 杉木	7.4	1650
	8 毛竹 2 杉木 – 泡桐	6.6	4957
纯林	9 毛竹 1 樟树 + 漆树	9.2	5700
	9 毛竹 1 樟树	8.9	1025
	10 毛竹	8.9	3330
	10 毛竹	9.7	4050

于 2010 年和 2011 年，根据调查区域竹林的林分结构，在不同类型林分中设置了 14 块调查样地，采集样地基本状况因子和信息见表 7-2、表 7-3。由于不同经营管理方式集约程度不一，研究区内毛竹林平均胸径为 6~10cm，林分密度在 1000~5700 株·hm^{-2}间，其中毛竹密度为 870~5100 株·hm^{-2}。

表 7-2 毛竹林样地、样木年调查统计表
Table 7-2 Plot and sample tree of bamboo forest in Jiangle

样本	样地			样木		
年度	2010	2011	2012	2010	2011	2012
数量	7	7	—	6	3	16

表 7-3 毛竹林样地调查因子统计表
Table 7-3 stand characteristics of bamboo forest plots in Jiangle

样地号	权属	海拔（m）	坡度（°）	坡位	坡向（°）	平均胸径（cm）	立竹密度（株·hm^{-2}）
2010071301	国有	201	41	中	125	7.4	2200
2010071302	国有	201	41	中	125	7.3	2800
2010071502	集体	370	35	中上	96	5.9	2217
2010071601	集体	327	20	中	118	7.4	1400
2010071801	集体	324	33	中	85	9.2	1100
2010073001	合作	238	35	下	109	9.7	4050
2010080301	集体	309	36	中	65	9.1	1575
2010080302	集体	218	32	中上	65	6.6	4325
2011071302	国有	208	30	中	339	7.9	2225
2011071401	国有	233	28	中	321	9.2	5100
2011071402	国有	181	32	中	315	7.3	2833
2011080201	国有	117	39	中	345	8.4	967
2011071701	国有	196	33	下	320	7.8	1700
2011071001	国有	221	28	下	347	8.9	3333
2011071102	国有	218	26	下	334	8.9	875

同时，分别径阶分布，在调查样地内选择并伐取了 25 株毛竹单木样本（表 7-4），进行树干解析和生物量测定，以采集毛竹单木及各组分生物量数据。

表 7-4 毛竹解析生物量样木径阶分布
Table 7-4 diameter class of sample trees

径阶（cm）	4	6	8	10	12	14	合计
株数	2	5	5	7	4	2	25

7.2 毛竹单木生物量

7.2.1 单木生物量及分配

通过计算、分析，得到 25 株毛竹单木生物量，各器官及总量的生物量，调查结果见表 7-5。由表可知，胸径 13.1cm、竹高 19.1m 的毛竹单株生物量为 46.12kg，而样木胸径 4.1cm、竹高 7.9m 的单株总生物量仅为 2.55kg。

表 7-5　毛竹样木各组分生物量

Table 7-5　Mao bamboo components biomass of sample trees

样木号	D(cm)	H(m)	A	h(m)	竹杆(kg)	叶(kg)	枝(kg)	地下(kg)	整株总(kg)
F01-1	12	13.6	1	7.3	12.052	1.15	2.76	2.999	18.961
F01-2	6.3	9.4	1	5.4	3.084	0.445	0.827	1.13	5.486
F01-3	9.5	13.9	1	6.9	9.297	0.4	1.421	2.322	13.439
F01-4	14.1	17.2	1	10.75	26.143	2.364	3.328	7.048	38.884
F01-5	7.9	10.1	1	4.8	5.730	0.745	1.287	2.744	10.506
F01-6	9.2	14	1	8.55	5.893	0.317	0.653	1.629	8.492
F01-7	6.7	10.2	1	4.5	3.182	0.349	0.452	1.183	5.165
F01-8	10.5	15.3	1	5.98	8.368	1.115	2.309	2.555	14.347
F02-1	10.5	11.7	2	7.65	9.848	0.479	0.742	2.691	13.76
F02-2	5.4	7.5	2	3.35	3.179	0.68	0.783	1.313	5.955
F02-3	9.2	11.3	2	4.9	9.107	0.994	2.363	3.944	16.407
F02-4	12.7	14.8	2	7.4	15.918	1.785	2.387	6.602	26.692
F02-5	11.5	15	2	9.6	15.577	0.984	1.45	5.31	23.322
F02-6	7.7	9.5	2	5.03	4.323	0.376	0.694	2.635	8.028
F02-7	9.7	13.5	2	6.5	11.553	0.482	1.981	3.194	17.21
F02-8	6.8	11.7	2	4.65	6.535	0.543	1.315	2.734	11.127
F03-1	4.1	7.9	3	4.2	1.30	0.064	0.566	0.616	2.546
F03-2	10.2	14.9	3	8.4	12.075	0.948	2.099	4.142	19.264
F03-3	11.3	14.3	3	8.02	20.656	1.425	2.589	8.014	27.948
F03-4	6.3	9.5	3	4	5.236	0.426	0.971	2.484	9.117
F03-5	13.1	19.1	3	9.5	26.971	3.028	5.561	10.563	46.123
F03-6	7.6	11.2	3	3.43	8.589	0.909	2.07	3.681	15.25
F03-7	4.8	8.5	3	4.47	2.628	0.201	0.584	1.919	5.332
F03-8	8.2	11.9	3	5.2	8.73	0.35	1.254	3.525	13.858
F03-9	7.2	10.3	3	5.14	6.571	0.369	0.897	2.905	11.289

注：D 为胸径；H 为竹高；h 为活枝下高；A 为竹度。

　　按竹度统计毛竹单株生物量(表7-6),发现毛竹单株生物量随竹龄增加而增大。总生物量从竹度1的14.41kg增加至竹度3的18.84kg。随着竹子年龄增加,竹子硬度增加,尤其是竹度3的竹秆生物量明显增加。地下生物量分配比例从18.7%增加至25.1%,增加比较明显。但叶生物量基本稳定保持,在5%至6%间。同时,由图7-1可知,毛竹各组分生物量的分配规律。其中,竹秆生物量分配占整株生物量的61.5%,是毛竹生物量分配的主要组分。地下根系(竹兜+鞭根)占22.4%;而叶生物量分配仅占5.6%。毛竹单株木生物量分配比例依次为:竹杆>地下根系>枝>叶。

表7-6　不同年龄毛竹胸径和单木生物量

Table 7-6　Distribution of *Phyllostachys pubescens* biomass with different DBH and age

竹龄	D(cm)	H(m)	竹秆(kg)	叶(kg)	枝(kg)	地下(kg)	整株总(kg)
竹度1	9.5	13.0	9.219 63.97%	0.861 5.97%	1.630 11.31%	2.701 18.75%	14.410 100.00%
竹度2	9.2	11.9	9.505 62.07%	0.790 5.16%	1.464 9.56%	3.553 23.20%	15.313 100.00%
竹度3	9.1	13.5	11.595 61.54%	0.965 5.12%	2.074 11.01%	4.731 25.11%	18.841 100.00%

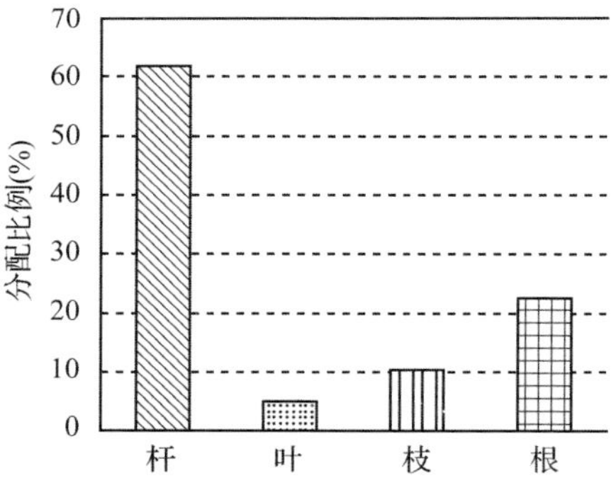

图7-1　毛竹各组分生物量分配图

Fig. 7-1　Distribution of biomass for component

7.2.2　不同年龄和胸径单木生物量分布

　　毛竹生物量与年龄、胸径密切相关。由图7-2可见,胸径与毛竹各组分生物量之间的相关性最高;而竹度对竹杆、地下根系生物量影响也很显著。

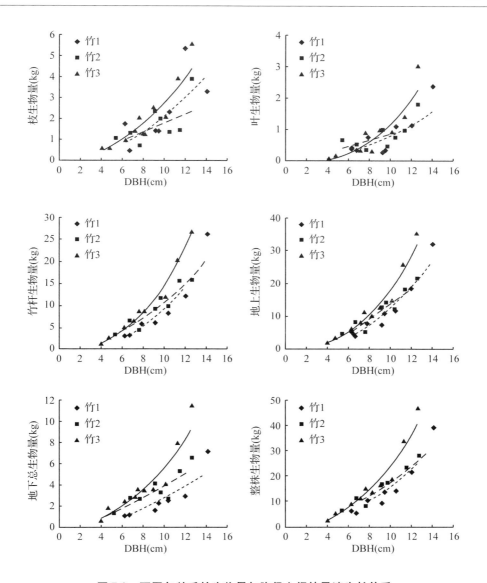

图 7-2 不同年龄毛竹生物量与胸径之间的异速生长关系

Fig. 7-2 Relationship between biomass and DBH of *Phyllostachys pubescens* at different age classes

　　按竹度分别拟合毛竹各组分生物量与胸径之间的异速生长关系（3-54 式），见表 7-7。拟合效果最优的是地上，整株总生物量拟合效果 0.96 以上，竹杆生物量 R^2 达 0.87 以上。所有模型均达到极显著。

表 7-7　毛竹生物量独立方程的参数估计值

Table 7-7　Parameters of the candidate allomtric equations used to predict tree-component
bromass of phyllostachys pubescens

竹龄	器官组分	a	b	调整(R^2)	sin.（P）
竹 1	枝	0.0204	2.0034	0.577	<0.001
	叶	0.0080	2.0011	0.604	<0.001
	竹杆	0.0303	2.4701	0.981	<0.001
	地上	0.0559	2.3337	0.930	<0.001
	竹兜	0.0042	2.6499	0.811	<0.001
	地下	0.0331	1.9089	0.787	<0.001
	整株	0.0830	2.2509	0.920	<0.001
竹 2	枝	0.1133	1.1982	0.422	<0.001
	叶	0.0772	1.0357	0.362	<0.001
	竹杆	0.1282	1.9109	0.879	<0.001
	地上	0.2482	1.7261	0.845	<0.001
	竹兜	0.0529	1.7361	0.717	<0.001
	地下	0.1103	1.5468	0.786	<0.001
	整株	0.3580	1.6809	0.873	<0.001
竹 3	枝	0.0273	2.0073	0.908	<0.001
	叶	0.0016	2.8590	0.882	<0.001
	竹杆	0.0465	2.4995	0.979	<0.001
	地上	0.0733	2.3982	0.977	<0.001
	竹兜	0.0270	2.2291	0.874	<0.001
	地下	0.0472	2.0819	0.890	<0.001
	整株	0.1180	2.3090	0.964	<0.001

7.3　毛竹林生物量模型构建

毛竹生物量模型是评价、预测森林碳储量的基础。近 20 年多来，国内许多学者对毛竹生物量模型进行构建。陈辉等（1998）对闽北速生丰产毛竹林生物量模型进行研究，结论是胸径和竹高是影响毛竹生物量主要因子；洪伟等（1998）研究认为胸径、竹高、枝下高可以较准确地估测毛竹枝、叶生物量；周国模（2006）建立的浙江省毛竹二元（胸径、年龄）生物量模型，精度较高。但多数研究中没有考虑各组分间模型的相容性。竹杆（或竹材）是人们利用毛竹的主要部位，竹杆生物量占了立竹地上生物量的 76%。竹杆生物量与立竹地上生物量高度相关，因此，在构建相容性毛竹生物量模型时，应考虑二者之间的相容性。

7.3.1 模型变量相关分析

本研究对毛竹各测树因子和生物量之间及内部的相关性进行分析，结果如下：

（1）因子间相关性 毛竹林木测树因子间相关性分析结果见表7-8。由表可知，胸径与竹高、冠长呈极显著正相关，相关系数分别达 0.915 和 0.864。通过解析样木分析，发现毛竹胸径与树高、活枝下高之间存在显著的线性关系（图7-3），树高或活枝下高一定程度上可以用胸径来估测。

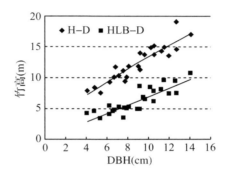

图7-3 竹高、活枝高与胸径关系图

Fig. 7-3 Relationship between tree height, first live branch height and DBH of *Phyllostachys pubescens*

表7-8 毛竹测树因子间 Pearson 相关性

Table 7-8 Person relationship among different measurement factors

因子	胸径（cm）	树高（m）	竹度	h（m）	冠长（m）	D^2H	DA	冠体积
胸径（cm）	1	0.915 **	− 0.228	.864 **	0.585 **	0.953 **	0.467 *	0.550 **
树高（m）	0.915 **	1	− 0.141	.865 **	0.745 **	0.933 **	0.503 *	0.661 **
竹度	− 0.228	− 0.141	1	− 0.193	− 0.012	− 0.153	0.717 **	− 0.159
h（m）	0.864 **	0.865 **	− 0.193	1	0.309	0.882 **	0.404 *	0.529 **
冠长（m）	0.585 **	0.745 **	− 0.012	0.309	1	0.595 **	0.416 *	0.549 **
D^2H	0.953 **	0.933 **	− 0.153	0.882 **	0.595 **	1	0.485 *	0.540 **
DA	0.467 *	0.503 *	.717 **	0.404 *	0.416 *	0.485 *	1	0.235
冠体积	0.550 **	0.661 **	− 0.159	0.529 **	0.549 **	0.540 **	0.235	1

注：* 表示在 0.05 水平（双侧）上显著相关（下同）；** 表示在 0.01 水平（双侧）上显著相关。

（2）测树因子与生物量间相关性 毛竹测树因子与生物量间的相关性分析结果见表7-9。毛竹各组分生物量与胸径、竹高、活枝下高和冠长等测树因子呈极显著正相关，各组分生物量与 D^2H 间的相关系数 r 达 0.82 以上，可见胸径和竹高组合变量能提高生物量预测水平，而其他组合变量并没有高于胸径单变量因子，如胸径和竹度组合（DA）、冠体积（CV）。

（3）生物量各组分间相关性　毛竹生物量各组分间的相关性分析结果见表 7-10。毛竹各组分生物量间存极显著正相关，竹杆生物量与其他组分间的相关系数 r 达 0.877 ~ 0.991，地上总生物量与其他组分生物量间均存在极显著正相关，相关系数达 0.916 ~ 0.996；各组分生物量之间的这种显著相关系数为研究生物量转换因子提供了依据，如可依据竹杆或地上生物量，扩展或转换到树冠、枝、叶生物量等。

表 7-9　毛竹立木生物量与测树因子间 Pearson 相关性

Table 7-9　Person relationship between measurement factors and biomass

组分生物量（kg）	D（cm）	H（m）	A	h（m）	C_l（m）	D^2H	DA	CV
杆	0.897**	0.890**	0.04	0.820**	0.596**	0.958**	0.626**	0.501*
叶	0.786**	0.779**	0.00	0.638**	0.628**	0.889**	0.544**	0.36
枝	0.756**	0.805**	0.08	0.574**	0.763**	0.837**	0.599**	0.428*
树冠	0.778**	0.806**	0.07	0.605**	0.722**	0.868**	0.598**	0.397*
地上	0.885**	0.886**	0.07	0.786**	0.633**	0.954**	0.630**	0.487*
竹兜	0.771**	0.772**	0.27	0.672**	0.570**	0.828**	0.768**	0.38
地下	0.772**	0.774**	0.27	0.664**	0.584**	0.834**	0.792**	0.36
整株	0.871**	0.872**	0.09	0.769**	0.630**	0.939**	0.674**	0.465*

表 7-10　毛竹生物量各组分间 Pearson 相关性

Table 7-10　Person relationship among different compartment biomass

组分生物量（kg）	杆	叶	枝	树冠	地上	竹兜	地下	整株
杆	1	0.910**	0.877**	0.905**	0.996**	0.931**	0.920**	0.991**
叶	0.910**	1	0.929**	0.970**	0.938**	0.867**	0.898**	0.940**
枝	0.877**	0.929**	1	0.988**	0.916**	0.843**	0.862**	0.915**
树冠	0.905**	0.970**	0.988**	1	0.941**	0.869**	0.893**	0.942**
地上	0.996**	0.938**	0.916**	0.941**	1	0.933**	0.929**	0.997**
竹兜	0.931**	0.867**	0.843**	0.869**	0.933**	1	0.975**	0.954**
地下	0.920**	0.898**	0.862**	0.893**	0.929**	0.975**	1	0.957**
整株	0.991**	0.940**	0.915**	0.942**	0.997**	0.954**	0.957**	1

7.3.2　模型构建与结果分析

7.3.2.1　模型结构

根据已有经验模型并结合实际调查数据确定各分量(整株总生物量、地上总生物量、地下总生物量、竹杆、树冠、枝、叶)基础模型(式 7-1),再按照模型中自变量个数分为一元、二元生物量模型。

$$f_{(i)} = f(x) \quad (i = 1, \cdots, 8) \tag{7-1}$$

(1)相对生长模型　　在前人研究中,所建立的生物量模型以 CAR(Constant Allometric Ratio)模型结构形式最为普遍(刘志刚,1990,1992;薛秀康等,1993;董利虎等,2011)。本研究以上述模型为基本结构,构造毛竹一元、二元生物量相对生长模型。

一元生物量 CAR 模型形式为: $f_{(i)} = ax^b$ 　　　　　　(7-2)

其候选自变量分别为:胸径(D)、树高(H)、冠幅(C_w)、活枝下高(HCB)冠长(C_l)和竹度(A)。

二元生物量 CAR 模型形式为: $f_{(i)} = ax_1{}^b x_2{}^c$ 　　　　(7-3)

从林木变量 D、H、C_w、HCB 和 A 共 10 种两两组合中选出 2 个自变量,按照最终确定各维量的二元生物量模型。

(2)线性模型　　生物量生长受多种因素的影响,采用多元逐步回归模型拟合,备选自变量选择 D、H、C_w、HCB、A 及复合变量 DH、D^2H、DA、$C_w{}^2$、C_l,由于自变量因子间存在不同程度的线性相关性,拟合过程采用共线性诊断,排除方差膨胀因子 VIF 大于 5 的变量,模型自变量个数控制在 3 个以下。

$$f_{(i)} = a + bx_1 + cx_2 + \cdots \tag{7-4}$$

(3)复合型模型　　幂函数和指数函数是生物量模型的常见类型,采用幂函数为基础模型乘以指数函数构造新的复合模型:

$$f_{(i)} = ax_1{}^b \exp(cx_2) \tag{7-5}$$

选择最优相对生长模型为基础,非线性模型拟合采用 Spss19 统计软件中的非线性回归程序(NLR),以最小二乘法收敛模型参数;线性模型拟合逐步回归模型,并采用共线性诊断,剔除容差(VIF)大于 5 的变量,模型自变量选取以易测、准确为主。采用非线性回归模型参数变异性,拟合决定系数,平均绝对残差,均方误差、参数变动系数。

7.3.2.2　模型拟合

毛竹整株总生物量不同模型类型的最佳模拟结果见表 7-11。表中所有拟合模型均达到显著水平。毛竹一元生物量最优模型结构为异速生长模型,决定系数达

0.82，胸径为最佳预测变量，这与其他林木生物量模型研究一致，说明毛竹生物量与胸径存在异速生长关系，其异速生长指数 b 值为 2.31，这比林木生物量异速生长指数值（理论值为 2.67）小。毛竹是禾本科植物，可能由于其各器官的结构明显区别于树木而导致异速生长指数小（即竹杆为中空，而木质树干为实心）。二元生物量模型中拟合效果最佳的是由胸径（D）、竹度（A）组合而成的改进型异速生长模型，模型拟合精度 R^2 达 0.919，标准估计误差（SEE）为 3.127，模型的参数变动系数均较低，说明模型的稳定性较好。从相同自变量，不同模型结构比较来看，改进型异速生长模型拟合精度及参数稳定性均较高，如以（3）-D、A 模型为例，参数 b、c 的变动系数分别为 7.6% 和 19.1%，均低于（1）-D、A 和（2）-D、A 模型参数 b、c 的变动系数。三元生物量模型中，均以 D^2H 为变量时最佳，以此为基础增加竹度（A）变量达到模型最佳。从结果比较来看，以多元线性回归模型（2）-D^2H、A 最优，拟合精度达 0.940；其次是改进型异速生长模型。不同模型结构类型，模型最优拟合精度均随着预测变量的增加而增加。

表 7-11　整株总生物量模型拟合结果

Table 7-11　Simulation results of whole tree biomass model

模型结构	参数估计值			参数变动系数（%）			评价指标	
	a	b	c	CV_a	CV_b	CV_c	SEE	R^2
（1）- D	0.086	2.314	—	66.3	11.7	—	4.647	0.822
（1）- D、H	0.023	1.265	1.438	65.2	32.3	31.1	3.834	0.878
（2）- D^2H	2.717	1.087	—	45.1	7.6	—	3.686	0.866
（3）- D、H	0.252	1.227	0.104	56.7	28.4	25.0	3.566	0.894
（1）- D、A	0.051	2.437	0.378	51.0	8.3	22.2	3.355	0.906
（2）- D、A	-25.202	3.695	3.853	16.5	9.0	27.6	4.263	0.849
（3）- D、A	0.042	2.429	0.220	47.6	7.6	19.1	3.127	0.919
（1）- D^2H、A	1.554	0.865	0.308	18.3	6.7	22.4	2.861	0.932
（2）- D^2H、A	-4.004	1.131	3.044	42.7	5.4	21.7	2.584	0.940
（3）- D^2H、A	1.352	0.857	0.173	18.6	6.5	20.8	2.780	0.936

　　注：表中所有拟合模型均达到极显著水平；模型结构以回归模型类型和自变量组合形式表示；（1）、（2）、（3）分别代表异速生长模型、线性回归模型和改进异速生长模型 3 种类型；模型类型后的字母为最佳自变量组合。下同。

　　地上总生物量模型拟合结果见表 7-12。表中所有拟合模型均达到显著水平。一元生物量模型最优结果是以胸径为自变量的异速生长模型，模型拟合精度 R^2 达 0.852。二元生物量模型比较中，模型拟合以（3）-D、A 最优，模型的决定系数达 0.922，SEE 为 2.413，其次是（3）-D、H，R^2 达 0.916；相同自变量，以改进型异速生长模型最优。三元生物量模型比较中，3 种模型拟合结果均以 D^2H、竹度(A)变量组合达到模型最佳拟合，拟合精度 R^2 达 0.936 以上。其中以多元线性回归模型最优，R^2 为 0.947，模型参数变动系数较低，模型的稳健性较好。一元到三元生物量模型，最佳模型拟合精度均随着自变量数量的增加而增大。

表 7-12　地上总生物量模型拟合结果

Table 7-12　Simulation results of aboveground biomass model

模型结构	参数估计值			参数变动系数(%)			评价指标	
	a	b	c	CV_a	CV_b	CV_c	SEE	R^2
(1) – D	0.053	2.412	—	62.3	10.5	—	3.323	0.852
(1) – D、H	0.015	1.358	1.429	53.3	26.4	27.3	2.620	0.908
(2) – D^2H	1.755	0.871	—	47.9	6.5	—	2.527	0.911
(3) – D、H	0.157	1.337	0.101	50.3	22.7	21.8	2.511	0.916
(1) – D、A	0.035	2.515	0.298	51.4	8.3	28.2	2.663	0.905
(2) – D、A	–19.161	2.921	2.542	–17.1	9.1	33.1	3.376	0.847
(3) – D、A	0.029	2.511	0.179	51.7	7.8	24.0	2.413	0.922
(1) – D^2H、A	1.152	0.899	0.231	18.5	6.6	29.0	2.193	0.936
(2) – D^2H、A	–2.46	0.898	1.909	51.3	5.0	25.5	1.983	0.947
(3) – D^2H、A	1.034	0.892	0.132	18.8	6.4	26.5	2.137	0.939

表 7-13　竹杆生物量模型拟合结果

Table 7-13　Simulation results of stem biomass model

模型结构	参数估计值			参数变动系数(%)			评价指标	
	a	b	c	CV_a	CV_b	CV_c	SEE	R^2
(1) – D	0.039	2.445		59.0	9.8	—	2.487	0.870
(1) – D、H	0.013	1.509	1.255	53.8	23.2	30.3	2.027	0.914
(2) – D^2H	1.279	0.698	—	50.2	6.3	—	1.932	0.918
(3) – D、H	0.101	1.505	0.088	50.5	20.3	25.0	1.913	0.923
(1) – D、A	0.027	2.528	0.275	48.1	7.9	28.7	2.002	0.916
(2) – D、A	–15.528	2.357	1.99	15.9	8.4	31.8	2.537	0.865
(3) – D、A	0.023	2.522	0.163	47.8	7.5	25.2	1.913	0.923
(1) – D^2H、A	0.931	0.898	0.207	18.2	6.3	31.4	1.707	0.939
(2) – D^2H、A	–1.967	0.719	1.47	48.8	4.7	25.2	1.509	0.952
(3) – D^2H、A	0.848	0.892	0.116	18.8	6.3	30.2	1.689	0.940

竹杆生物量模型拟合结果见表 7-13，表中所有拟合模型均达到显著水平。一元竹杆生物量模型最优结果是以胸径为自变量的异速生长模型，模型拟合精度 R^2 达 0.87。二元竹杆生物量模型比较中，模型结构以(3) – D、H 和(3) – D、A

拟合精度最佳，决定系数均达到 0.923。从参数变动系数来看，改进型异速生长模型的参数变动系数均小于 (3) − D、H 模型。因此，以 (3) − D、A 模型结构为二元竹杆生物量最优模型。三元生物量模型比较中，3 种模型拟合结果均以 D^2H、竹度 (A) 变量组合达到模型最佳拟合，拟合精度 R^2 达 0.939 以上。其中以多元线性回归模型最优，R^2 为 0.947，模型参数变动系数较低，参数 b、c 的变动系数分别为 4.7%，25.2%，说明模型的稳健性较好。一元到三元生物量模型，最佳模型拟合精度均随着自变量数量的增加而增大。

　　树冠生物量模型拟合结果见表 7-14，表中所有拟合模型均达到显著水平。一元树冠生物量模型最优拟合结果是以胸径为自变量的异速生长模型，模型拟合精度 R^2 达 0.667。二元树冠生物量模型中，以 (3) − D、C_l 模型拟合最优，决定系数达到 0.853，SEE 为 0.721。相同变量组合，以改进型异速生长模型最优。三元生物量模型中，以 D^2H、活枝下高 (h) 变量组合的多元线性回归模型拟合最优，模拟精度 R^2 达 0.87，其次是以 D^2H、冠长 (C_l)。变量组合改进型异速生长模型，模型参数变动系数均低于 30%，说明模型的稳健性较好。随着自变量的增加，最佳模型拟合精度均随之提高，胸径、竹高、竹度和冠长等自变量是影响树冠生物量的主要因素。

表 7-14　树冠生物量模型拟合结果

Table 7-14　Simulation results of crown biomass model

模型	参数估计值			参数变动系数 (%)			评价指标	
	a	b	c	CV_a	CV_b	CV_c	SEE	R^2
(1) − D	0.015	2.281	——	93.3	17.2	——	1.086	0.667
(1) − D、H	0.002	0.751	2.17	100.0	80.2	30.4	0.779	0.772
(2) − D^2H	0.476	0.173	——	63.7	12.1	——	0.910	0.754
(3) − D、H	0.072	0.651	0.157	80.6	77.3	23.6	0.826	0.808
(1) − D、C_l	0.004	1.842	1.251	75.0	15.3	19.6	0.729	0.850
(2) − D、C_l	− 3.559	0.364	0.470	24.2	26.1	34.7	1.007	0.714
(3) − D、C_l	0.013	1.842	0.172	61.5	15.1	18.6	0.721	0.853
(1) − $D^2H \backslash C_l$	0.069	0.693	1.022	46.4	15.3	25.3	0.732	0.849
(2) − $D^2H \backslash h$	2.901	0.300	− 0.630	20.3	10.7	22.5	0.459	0.870
(3) − $D^2H \backslash C_l$	0.185	0.691	0.14	29.7	15.2	25.0	0.730	0.850

　　枝生物量模型拟合结果见表 7-15，表中所有拟合模型均达到显著水平。最优一元枝生物量模型是以胸径为自变量的异速生长模型，模型拟合精度 R^2 达 0.661。二元枝生物量模型中，以 (3) − D、C_l 和 (3) − D、H 模型拟合精度 R^2 均

达到 0.841，但 $(3) - D$、H 模型结构参数 b 的变动系数均大于 100%，模型稳健性差，而 $(3) - D$、C_l 模型的参数变动系数 b、c 值均小于 30%。综合而言，二元生物量模型以胸径和冠长变量组合的改进型异速生长模型最优，SEE 为 0.477。三元生物量模型中，以 D^2H 为基础最优，增加冠长 (C_l) 变量组合最佳，模拟精度 R^2 达 0.82 以上。三元生物量模型与二元生物量相比，增加变量并没有提高模型的拟合精度。

表 7-15 枝生物量模型拟合结果

Table 7-15 Simulation results of branch biomass model

模型结构	参数估计值			参数变动系数(%)			评价指标	
	a	b	c	CV_a	CV_b	CV_c	SEE	R^2
$(1) - D$	0.018	2.030	—	94.4	19.4	—	0.748	0.661
$(1) - D$、H	0.002	0.353	2.363	100.	177.9	29.7	0.615	0.737
$(2) - D^2H$	0.403	0.106	—	52.9	13.2	—	0.641	0.701
$(3) - D$、H	0.089	0.316	0.169	80.9	166.1	23.7	0.572	0.773
$(1) - D$、C_l	0.004	1.526	1.368	75.0	17.8	18.2	0.479	0.841
$(2) - D$、h	-2.309	0.202	0.359	23.2	29.2	28.1	0.624	0.729
$(3) - D$、C_l	0.016	1.533	0.188	62.5	17.7	17.6	0.477	0.841
$(1) - D^2H$、C_l	0.046	0.575	1.183	45.7	17.7	22.3	0.480	0.840
$(2) - D^2H$、h	1.992	0.189	-0.413	22.0	12.7	25.4	0.502	0.824
$(3) - D^2H$、C_l	0.144	0.575	0.162	28.5	17.7	22.2	0.481	0.839

叶生物量模型拟合结果见表 7-16，表中所有拟合模型均达到显著水平。叶生物量与胸径的异速生长模型拟合最优，模型 R^2 达 0.74。二元叶生物量模型中，模型 $(3) - D$、C_l 拟合精度最高，R^2 达 0.853，模型参数变动系数 b、c 值均小于 30%；相同自变量，如 D、H 或 D、C_l 变量组合，均以改进型异速生长模型较好。这也说明毛竹叶生物量与冠长密切相关，优于竹高、竹度。三元生物量模型中，以 D^2H 为基础增加活枝下高 (h) 变量组合的多元回归模型最优，模拟精度 R^2 达 0.887，估计标准误为 0.224，模型参数变动系数均小于 30%。综合而言，最佳模型的拟合精度随着预测变量的增加而提高，R^2 由一元的 0.74 到二元、三元的 0.85、0.89。二元模型和三元模型的预测变量实质均为测树因子，胸径、树高和活枝下高，冠长由树高减去活枝下高而得到。

表 7-16 叶生物量模型拟合结果

Table 7-16 Simulation results of foliage biomass model

模型结构	参数估计值			参数变动系数(%)			评价指标	
	a	b	c	CV_a	CV_b	CV_c	SEE	R^2
$(1)-D$	0.001	3.05	—	100	14.8	—	0.370	0.742
$(1)-D、H$	0.00015	1.674	1.846	106.7	37.9	35.4	0.318	0.810
$(2)-D^2H$	0.030	0.068	—	363.3	10.3	—	0.327	0.790
$(3)-D、H$	0.004	1.545	0.136	100.0	35.9	27.2	0.298	0.833
$(1)-D、A$	0.017	2.177	0.673	52.9	9.7	15.8	0.322	0.804
$(2)-D、C_l$	−1.332	0.166	0.115	27.3	24.1	60.0	0.424	0.661
$(3)-D、A$	0.00022	3.385	0.23	104.5	12.2	31.7	0.311	0.817
$(3)-D、C_l$	0.001	2.702	0.147	100.0	13.2	23.8	0.279	0.853
$(1)-D^2H、C_l$	0.017	1.009	0.724	52.9	13.4	39.4	0.286	0.846
$(2)-D^2H、h$	0.886	0.113	−0.222	24.2	10.6	23.0	0.224	0.887
$(3)-D^2H、C_l$	0.034	1.006	0.098	38.2	13.3	38.8	0.285	0.847

地下根系生物量模型拟合结果见表 7-17。表中所有拟合模型均达到显著水平。一元地下根系生物量与胸径的异速生长模型拟合精度 R^2 达 0.63。二元叶生物量模型中，模型 $(3)-D、A$ 拟合精度最高，R^2 达 0.892，SEE 为 0.85，模型参数变动系数 b、c 值均小于 30%；相同自变量，如 D 和 A 变量组合，以改进型异速生长模型较好；胸径与竹度变量组合明显优于胸径与竹高，并优于竹高与竹度组合，说明竹龄对毛竹地下根系生物量的影响较大。三元生物量模型中，以 D^2H 为基础增加竹度 (A) 变量组合的模型最佳，模拟精度 R^2 达 0.85 以上。与二元生物量模型相比，三元模型的拟合精度并未提高，相反有所下降，说明模型中信息冗余，降低了模型拟合精度。

表 7-17 地下生物量模型拟合结果

Table 7-17 Simulation results of belowground biomass model

模型结构	参数估计值			参数变动系数(%)			评价指标	
	a	b	c	CV_a	CV_b	CV_c	SEE	R^2
$(1)-D$	0.042	1.981	—	88.1	18.5	—	1.491	0.632
$(1)-D、H$	0.01	0.97	1.434	110.0	67.5	51.3	1.379	0.686
$(2)-D^2H$	0.962	0.216	—	45.9	13.9	—	1.329	0.695
$(3)-D、H$	0.117	0.868	0.112	89.7	65.9	39.3	1.326	0.710
$(1)-D、A$	0.017	2.177	0.673	52.9	9.7	15.8	0.850	0.880
$(2)-D、A$	−6.041	0.773	1.311	17.6	11.1	20.7	1.092	0.803
$(3)-D、A$	0.013	2.162	0.363	53.8	9.1	14.0	0.807	0.892
$(1)-D^2H、A$	0.390	0.756	0.592	22.1	9.1	16.9	0.832	0.885
$(2)-D^2H、A$	−1.544	0.233	1.135	38.5	9.0	20.3	0.935	0.855
$(3)-D^2H、A$	0.304	0.745	0.316	23.4	9.1	16.1	0.827	0.887

7.3.2.3 模型评价

为检验所拟合的生物量模型是否存在系统偏差，对其进行精度验证，把估计值与实测值回归分析，拟合效果评价，即：设 y_i 为实际观察值，y 为模型预估值，建立回归方程 $y = a + by_i$，用 F 检验检查 a 是否近似为 0，b 是否近似 1。假设 $a = 0$，$b = 1$，如果通过检验，则认为模型适合；若通不过检验，则该模型系统误差较大，不能推广应用。本书采用无截距一元线性回归模型，检验参数 b 是否近似等于 1。

首先，整株生物量、地上总生物量和地下生物量预估值与实测值间线性回归关系见图 7-4，检验分析表明，生物量实测值与模型估计值呈显著线性正相关，决定系数 R^2 达 0.87 ~ 0.94，回归模型参数 a 值小于 0.01，b 值在 0.95 ~ 1.05 间；由图可知，地上生物量估测效果优于地下生物量模型估测。

其次，竹杆和树冠生物量估计值与实测值间关系见图 7-4，检验分析表明，生物量实测值与模型估计值呈显著线性正相关，竹杆和树冠决定系数 R^2 分别达 0.93、0.86 竹杆生物量估测效果优于树冠生物量模型估测，竹杆生物量具有较高稳定性，主要受竹子胸径、树高大小以及竹子密度影响，而树冠受影响的因素较多，如林分密度、立地条件、树冠长度等。

最后，竹枝生物量和竹叶生物量估计值与实测值间线性回归关系见图 7-4。经回归分析检验表明，生物量实测值与模型估计值呈显著线性正相关，枝和叶生物量回归检验模型决定系数 R^2 达 0.84 和 0.85 ~ 0.94，b 值在 0.97 ~ 1.03 间；由图可知，地上生物量估测效果优于地下生物量模型估测。

7.3.3 最优模型

由表 7-18 列出的毛竹各总量及分量最优模型结果可知，一元生物量模型均以胸径为自变量的异速生长方程为最优，W_t、W_s、W_a 模型的拟合优度 R^2 在 0.82 以上；树冠、枝、叶和地下根系生物量拟合相对较差，R^2 在 0.63 至 0.74。各分量及总量的最优二元生物量独立模型表明，改进型异速生长模型适合于毛竹生物量模型的拟合，拟合效果优于 CAR 模型；胸径和竹度（龄）是影响整株、地上总量、树干和地下生物量的主要因素，而胸径和冠长对树冠、枝和叶生物量影响较大。三元三参数逐步回归模型拟合结果显示，D^2H 和 A 对整株、地上、竹杆影响最大，R^2 在 0.94 以上；D^2H 和 h 对树冠和叶生物量影响较大。对于枝和地下三元生物量模型，增加变量并未提高拟合精度，反而有所下降。

在单株生物量最优独立模型中（表 7-19），以竹杆最优、地上次之，整株生

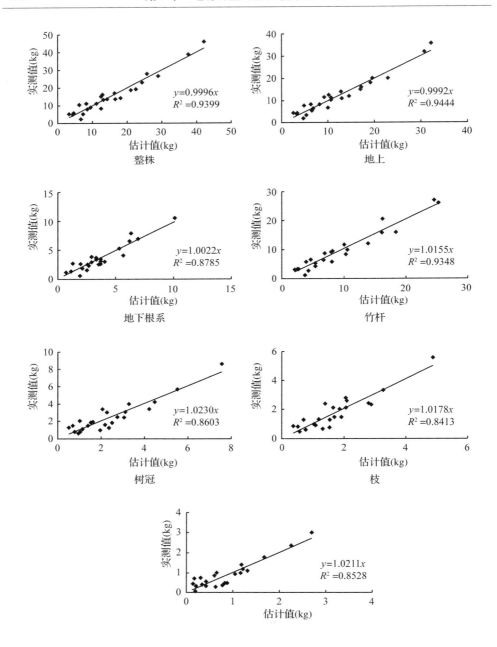

图 7-4　叶生物量实测值与估计值的关系

Fig. 7-4　Relationship between estimation and reality of biomassfor _Phyllostachys pubescens_

物量的预估精度达 92.2%。经调整，最终提出改进的毛竹最优单株模型：

$$W_t = 0.0006D^{3.943}\exp(0.367 \times A) + 5.600\,(R^2 = 94.3\%) \quad (7\text{-}1)$$

表 7-18　毛竹单木生物量独立模型

Table 7-18　Simulation results of whole tree biomass model with different dependent factors

生物量模型	一元		二元		三元	
	预测变量	R^2	预测变量	R^2	预测变量	R^2
W_t	$(1) - D$	0.822	$(3) - D、A$	0.919	$(2) - D^2H、A$	0.94
W_a	$(1) - D$	0.852	$(3) - D、A$	0.922	$(2) - D^2H、A$	0.947
W_s	$(1) - D$	0.870	$(3) - D、A$	0.923	$(2) - D^2H、A$	0.952
W_c	$(1) - D$	0.667	$(3) - D、C_l$	0.853	$(2) - D^2H、h$	0.87
W_b	$(1) - D$	0.661	$(3) - D、C_l$	0.841	$(1) - D^2H、C_l$	0.84
W_l	$(1) - D$	0.742	$(3) - D、C_l$	0.853	$(2) - D^2H、h$	0.887
W_r	$(1) - D$	0.632	$(3) - D、A$	0.892	$(3) - D^2H、$	0.887

表 7-19　毛竹各组分生物量模型

Table 7-19　Biomass modelofcompartment for *Phyllostachys pubescens*

组分	模型	R^2
竹杆	$W_s = 0.017\,D^{2.625}\exp(0.223 \cdot A)$	0.919
竹枝	$W_b = 0.011\,D^{2.168}\exp(0.182 \cdot A)$	0.667
竹叶	$W_l = 0.00026\,D^{3.294}\exp(0.265 \cdot A)$	0.707
地上总	$W_{ab} = 0.024D^{2.592}\exp(0.219 \cdot A)$	0.928
根兜	$W_{gd} = 0.008D^{2.265}\exp(0.354 \cdot A)$	0.830
地下	$W_{un} = 0.006D^{2.451}\exp(0.404 \cdot A)$	0.870
整株	$W_t = 0.030D^{2.558}\exp(0.260 \cdot A)$	0.922

注：$W = aD^b\exp(c \cdot A)$；D 为胸径；A 为竹度；W 为生物量。

7.4　毛竹林分生物量

应用建立的生物量模型，将样地每木调查所得的数据，分别统计各竹龄不同器官生物量。由表 7-20 可知，毛竹单株木各器官总生物量在竹龄为 2 的时候最大，然后由大到小依次为 3 度、1 度、4 度及以上。竹秆、枝和叶的生物量在竹龄为 2 的时候最大，然后由大到小依次为 1 度、3 度、4 度及以上。地下部分生物量在竹龄为 3 的时候最大，然后依次为 4 度及以上、2 度、1 度。同时，竹杆占单株生物量比例随年龄增加而减小，地下根系随年龄增加而增加，其余枝叶等所占比例变化较小。

由表 7-21 可见，随年龄增长，毛竹林生物量增加，但是 4 度及以上的毛竹林生物量明显下降。特别是，不同年龄毛竹单木各器官生物量所占比例与林分基本一致，表明年龄基本不影响毛竹各器官生物量的分配。

表7-20　不同年龄单株毛竹各组分生物量及所占比例分配

Table 7-20　Distribution of *Phyllostachys pubescens* biomass at different stage

项目	年龄	杆	枝	叶	地上	地下	整株
单株生物量(kg)	1度	7.07	1.54	0.54	9.15	2.00	11.15
	2度	7.90	1.68	0.61	10.19	2.70	12.89
	3度	7.05	1.53	0.52	9.10	2.96	12.06
	4度及以上	5.20	1.18	0.35	6.73	2.73	9.46
	平均	6.81	1.48	0.51	8.79	2.60	11.39
所占比例(%)	1度	63.44	13.79	4.81	82.04	17.96	100
	2度	61.32	13.02	4.72	79.05	20.95	100
	3度	58.50	12.67	4.32	75.49	24.51	100
	4度及以上	54.98	12.46	3.71	71.15	28.85	100
	平均	59.75	13.02	4.43	77.19	22.81	100

表7-21　不同年龄毛竹林各组分生物量及所占比例分配

Table 7-21　Biomass distribution of *Phyllostachys pubescens* at different stage

项目	年龄	杆	枝	叶	地上	地下	合计
林分生物量(t·hm⁻²)	1度	13.98	3.49	1.08	18.56	4.32	22.88
	2度	19.65	4.32	1.55	25.51	6.44	31.95
	3度	23.89	5.30	1.93	31.13	9.45	40.58
	4度及以上	10.45	2.30	0.75	13.51	5.41	18.91
	平均	16.99	3.85	1.33	22.17	6.41	28.58
所占比例(%)	1度	61.12	15.25	4.73	81.10	18.90	100
	2度	61.49	13.52	4.84	79.85	20.15	100
	3度	58.88	13.06	4.77	76.70	23.30	100
	4度及以上	55.27	12.18	3.96	71.41	28.59	100
	平均	59.46	13.48	4.65	77.59	22.41	100

7.5　毛竹林碳储量

根据实验测定结果，不同竹度毛竹的含碳率差异显著(图7-5)，范围在竹度1的鞭细根9%至竹度3的活枝46.96%，竹兜、兜根、鞭粗根、鞭细根各竹度含碳率的差异尤为显著，地上部分的含碳率大于地下部分，竹度1的含碳率最低。

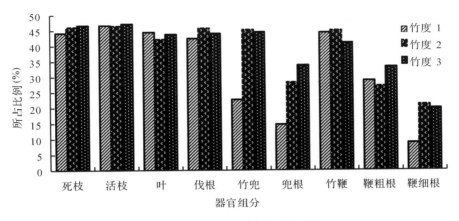

图7-5　不同年龄毛竹各器官含碳率

Fig. 7-5　Carbon concentration of compartment for *Phyllostachys pubescens* at different ages

　　基于毛竹乔木生物量和含碳率研究结果，计算得到乔木层碳储量。由表7-22可知，不同年龄毛竹林乔木层的生物量和碳储量以3竹度为最大，2竹度次之，1竹度较小，而4竹度最小。平均而言，不同年龄毛竹林生物量为28.58t·hm^{-2}，而碳储量为12.274t·hm^{-2}。

表7-22　不同年龄毛竹林各组分碳储量及所占比例分配

Table 7-22　Biomass and carbondistribution of *Phyllostachys pubescens*at different stage

项目	年龄	杆	枝	叶	地上	地下	合计
林分碳储量(t·hm^{-2})	1度	6.30	1.51	0.58	8.39	1.74	10.12
	2度	8.74	1.79	0.60	11.13	2.41	13.54
	3度	10.34	2.37	0.85	13.56	3.69	17.25
	4度及以上	4.55	1.01	0.37	5.93	2.26	8.19
	平均	7.48	1.67	0.60	9.75	2.52	12.27
所占比例(%)	1度	62.24	14.88	5.71	82.83	17.17	100
	2度	64.60	13.22	4.40	82.22	17.78	100
	3度	59.95	13.76	4.91	78.62	21.38	100
	4度及以上	55.54	12.28	4.57	72.39	27.61	100
	平均	60.97	13.60	4.88	79.44	20.56	100

　　同时，结合前面研究结果和表7-23可知，不论生物量还是碳储量，毛竹与杉木和马尾松等混交的林分明显低于毛竹纯林，而二者各器官组分所占比例相近，与单木分配情况也较为一致，仍依次为：竹杆>根系>枝>叶。

表7-23 毛竹混交林各组分生物量和碳储量

Table 7-23 **Biomass and carbon of mixed plantation for** *Phyllostachys pubescens*

项目	杆	枝	叶	地上	根系	合计
生物量(t·hm⁻²)	13.00	2.86	0.95	16.81	4.81	21.61
所占比例(%)	60.14	13.22	4.40	77.78	22.23	100.00
碳储量(t·hm⁻²)	5.48	1.42	0.42	7.32	1.98	9.30
所占比例(%)	58.88	15.30	4.50	78.70	21.32	100.00

由表7-24可见，毛竹林生态系统碳储量同样表现出随林龄（竹度）增大而增加的趋势，而4度及以上阶段则明显下降。乔木层碳储量在不同发育阶段差异明显，3度是4度及以上的一倍之多，其他库层差异程度较小。同时，土壤是竹林最大的碳存储库层，所占比例近90%。由于经营管理力度较大，林下植被以及凋落物碳储量少，所占比例均仅占1%左右。

表7-24 竹林生态系统碳储量及分配

Table 7-24 **Carbon storage and its distribution in** *Phyllosta chyspubescens* **plantationeco system**

项目	林龄	乔木层	林下植被层	残体层	土壤层	合计
碳储量(t·hm⁻²)	1度	10.1	1.0	0.7	91.9	103.7
	2度	13.5	2.1	1.0	95.8	112.3
	3度	17.2	1.4	1.1	96.2	115.9
	4度及以上	8.2	2.1	1.8	98.6	110.7
	平均	12.3	1.6	1.1	95.6	110.6
所占比例(%)	1度	9.74	0.96	0.68	88.62	100
	2度	12.02	1.87	0.89	85.31	100
	3度	14.84	1.21	0.95	83.00	100
	4度及以上	7.41	1.90	1.63	89.07	100
	平均	11.12	1.45	0.99	86.44	100

第 **8** 章

基于遥感信息估测森林生物量

8.1　利用多元回归分析法估测落叶松林生物量

8.1.1　研究数据及相关资料的获取

8.1.1.1　样地数据

　　根据实验区内落叶松胸径和年龄的差异，分别于 2008 年和 2009 年的 7 月份，在落叶松小班内避开林缘建立了 22 个固定样地和 12 个临时样地。样地大小均为 20m × 30m。样地分布和样木采集的具体位置见图 8-1。

图 8-1　落叶松分布及样木采集位置图

Fig. 8-1　Thelocation of *Larix* spp. distribution and sample tree collection

在 34 个样地中，林龄在 0～10 年内的个数为 1，海拔 299m，坡度 8.5°；林龄在 10～20 年内的有 24 个，平均海拔 371m，平均坡度 5.4°；林龄在 20～30 年内的有 7 个，平均海拔 326m，平均坡度 8.7°；林龄在 30～40 年内的有 2 个，平均海拔 380m，平均坡度 2.0°。其中，21 个样地为落叶松纯林，13 个样地为落叶松与杨树和黑桦的混交林。样地林分调查因子数据整理结果见表 8-1。

表 8-1　样地林分因子数据

Table 8-1　Plot stand factors data

样地编号	年龄（年）	胸径（cm）	树高（m）	地径（cm）	活枝下高（m）	样地蓄积（m³）	郁闭度	树冠指数	株树密度（n·hm⁻²）
1	17.50	13.80	12.20	18.50	3.94	157.77	0.80	2.27	1216.67
2	17.50	12.70	12.50	14.90	5.20	78.93	0.60	0.72	1233.33
3	17.50	12.20	12.80	17.60	5.60	100.71	0.60	1.64	1216.67
4	17.50	12.47	13.72	16.14	7.20	178.39	0.90	1.43	1900.00
5	17.50	10.60	11.54	15.00	4.50	89.39	0.60	3.00	1366.67
6	17.50	7.80	11.00	13.30	2.67	73.38	0.50	0.94	1200.00
7	17.50	6.80	10.62	14.45	5.30	44.16	0.40	0.68	716.67
8	19.50	8.10	11.24	15.58	4.60	56.22	0.40	1.20	916.67
9	16.50	5.90	12.47	13.80	5.80	54.96	0.40	1.20	933.33
10	19.50	10.60	13.36	15.70	5.33	72.48	0.80	0.70	2167.00
11	19.50	16.63	14.90	22.40	4.40	184.03	0.80	0.52	2666.67
12	20.50	12.00	14.60	16.00	4.88	126.61	0.80	0.61	1900.00
13	19.50	11.50	13.72	15.90	6.54	125.74	0.70	0.58	1616.67
14	18.50	13.90	12.47	17.42	4.37	162.15	0.80	1.14	3333.33
15	17.50	14.20	13.72	19.60	7.56	181.83	0.90	1.98	2850.00
16	20.50	11.90	13.27	16.40	5.71	149.76	0.80	0.55	2633.33
17	17.50	11.90	13.19	17.20	7.60	132.54	0.80	0.17	2550.00
18*	18.50	14.40	16.40	19.10	7.70	183.10	0.70	0.90	2850.00
19	18.50	12.15	12.10	12.70	3.10	134.29	0.70	1.11	2966.67
20	19.50	8.25	11.58	11.10	5.65	109.63	0.40	1.11	3766.67
21	18.50	10.85	12.46	13.55	4.90	142.53	0.70	1.02	3766.67
22	17.50	12.60	13.36	12.90	6.40	137.90	0.70	0.46	2300.00
23	17.50	17.60	14.85	18.45	8.10	226.78	0.90	2.14	2300.00
24	21.50	13.25	13.33	20.55	7.55	136.04	0.90	2.08	1433.33
25	23.50	14.70	16.20	21.30	8.50	173.53	0.70	1.53	950.00
26*	23.50	16.70	16.42	21.80	5.20	152.16	0.90	4.78	783.00
27	19.50	14.85	14.40	19.90	7.30	206.23	0.90	3.76	1583.00
28	19.50	14.50	14.38	20.40	4.70	99.83	0.90	2.79	1250.00
29	23.50	15.35	17.38	18.80	8.10	192.28	0.90	2.59	1067.00
30*	7.50	3.35	3.51	5.60	0.26	2.70	0.20	0.82	1560.00
31	19.50	11.50	12.40	18.90	3.90	89.81	0.70	1.90	1317.00
32*	35.50	13.50	16.12	24.85	9.49	224.66	0.80	1.91	1383.00
33*	32.50	15.05	16.70	19.15	9.78	216.34	0.90	2.08	1157.00
34	23.50	13.50	13.50	19.50	7.20	69.43	0.80	2.27	1033.00

注：＊为遥感模型检验样本。

样地内进行每木调查，记录样地基本概况和林木特征因子。其中冠幅分东南西北 4 个方向记录并计算，冠幅面积公式为：

$$S = \pi \times \left[(R_东 + R_南 + R_西 + R_北)/4 \right]^2 \qquad (8\text{-}1)$$

式中：S 为冠幅面积（m^2）；$R_东$ 为冠幅正东面半径（m）；$R_南$ 为冠幅正南面半径（m）；$R_西$ 为冠幅正西面半径（m）；$R_北$ 为冠幅正北面半径（m）。

求算冠幅面积后，再将其除以样地面积，得出树冠指数 CI。根据每个样地落叶松株数比上样地面积得出株数密度（$n \cdot hm^{-2}$）。

按上文生物量调查及处理方法，得到各个样地各部分生物量计算结果见表8-2。

表8-2　样地生物量数据
Table 8-2　Plot biomass data　　　（单位：$t \cdot hm^{-2}$）

样地编号	样地总生物量	树皮	干材	活枝	树枝	叶花果	树冠
1	62.38	6.67	39.43	11.02	12.39	3.89	14.91
2	48.76	5.81	31.74	5.63	8.62	2.60	8.23
3	59.70	6.51	43.52	5.12	7.32	2.35	7.47
4	85.82	10.59	51.03	12.14	19.10	5.10	17.24
5	50.53	6.37	31.72	6.80	9.41	3.03	9.83
6	37.06	5.21	19.98	5.04	9.25	2.62	7.66
7	24.90	2.66	16.45	2.86	4.30	1.49	4.35
8	34.70	4.61	20.85	5.28	7.05	2.19	7.47
9	32.66	3.21	20.74	4.24	6.64	2.07	6.31
10	63.36	5.84	38.03	5.49	16.07	3.42	8.91
11	87.89	8.97	55.62	7.94	19.28	4.02	11.97
12	70.48	7.06	53.11	5.11	7.43	2.88	7.99
13	71.99	8.99	33.39	15.76	24.04	5.57	21.34
14	91.84	11.59	57.41	9.42	16.85	5.99	15.41
15	99.12	10.70	65.38	11.03	16.16	6.89	17.92
16	78.90	9.20	40.49	15.90	22.11	7.10	22.99
17	74.85	7.10	48.75	7.70	14.12	4.88	12.57
18	83.68	7.66	58.88	9.44	12.04	5.09	14.53
19	63.28	7.13	35.78	8.59	15.85	4.52	13.11
20	43.07	5.03	23.87	3.46	11.03	3.14	6.59
21	72.20	9.65	41.45	8.70	16.65	4.45	13.14
22	61.69	6.81	39.22	10.53	12.22	3.43	13.96
23	106.89	9.47	68.34	20.08	22.87	6.22	26.30
24	90.70	7.48	56.42	15.14	21.17	5.63	20.76
25	92.92	8.62	49.51	16.64	28.39	6.39	23.03
26	117.09	8.70	63.96	27.88	36.55	7.89	35.76
27	125.97	13.17	76.34	21.63	29.82	6.63	28.25
28	86.05	10.81	53.20	14.10	16.60	5.43	19.54

（续）

样地编号	样地总生物量	树皮	干材	活枝	树枝	叶花果	树冠
29	80.20	9.63	52.55	8.57	11.89	6.13	14.70
30	6.72	0.51	2.00	1.47	1.47	2.74	4.21
31	50.38	7.26	26.79	7.00	12.71	3.62	10.61
32	62.77	8.30	37.08	10.12	13.75	3.65	13.77
33	116.54	10.18	76.72	13.35	24.08	5.57	18.91
34	122.98	9.58	89.94	14.77	16.76	6.71	21.48

8.1.1.2　遥感数据及地图信息获取

　　遥感影像数据为 2008 年 7 月 14 日获取的 Landsat5 TM 影像和经过校正的 SPOT 影像（用于几何校正 TM 影像），其中 Landsat5 TM 轨道号为 116/028，分辨率为 30m×30m，且林场区域上空无云分布，图像质量良好。

　　林场的高程图和林班区划图来源为黑龙江省森林资源二类调查资料。

8.1.2　遥感影像处理

8.1.2.1　TM 影像的预处理

　　根据头文件信息，运用日照差异纠正模型对影像进行大气纠正，然后采用 ERDAS 9.0 对由地形图生成的数字高程模型（digital elevation model，DEM）高程图进行辐射校正（范渭亮，2010；韦玉春，2006；鲍晨光，2009）。参考 SPOT 影像进行几何校正，并将样地中心的 GPS 坐标与校正好的 TM 影像进行叠置，建立样地信息矢量图层（李净，2004）。

　　植物的光谱特性在可见光波段主要受叶绿素的支配（Huete，2002），叶绿素在光合作用时会吸收可见光中 $0.6\sim0.7\mu m$ 的蓝波段和红波段，而高反射和高透射 $0.7\sim1.1\mu m$ 的近红外波段。因此，本研究采用 ERDAS 9.0 软件对选取的 TM 影像中位于近红外、红光、绿光波段的 TM_2、TM_3 和 TM_4 3 个通道进行融合。

8.1.2.2　植被的遥感指数计算

　　使用 Spatial modeler 功能模块计算归一化植被指数（NDVI）、比值植被指数（RVI）、差值植被指数（DVI）、土壤调整比值植被指数（SAVI）、修正的土壤调节植被指数（MSAVI），这些指数为生物量监测的常用指数，可以反映森林生物量（张志东，2009；冯露，2009；罗亚，2005），其算式分别如下：

$$NDVI = (TM_4 - TM_3)/(TM_4 + TM_3) \qquad (8\text{-}2)$$

$$SAVI = (TM_4 - TM_3) \times (1+L)/(TM_4 + TM_3 + L) \qquad (8\text{-}3)$$

$$DVI = TM_4 - TM_3 \qquad (8\text{-}4)$$

$$RVI = TM_4/TM_3 \qquad (8\text{-}5)$$

$$MSAVI = \{2 \times TM_4 + 1 - SQR[(^2 \times TM_4 + 1)2 - 8 \times (TM_4 - TM_3)]\}/2$$

$$(8\text{-}6)$$

式中：TM_3 和 TM_4 分别为 Landsat 5 卫星的 3 波段灰度值和 4 波段灰度值；L 为土壤调节参数（式中 $L = 0.5$）。

数字高程模型 DEM 是用一组有序数值阵列形式表示地面高程的一种实体地面模型，是数字地形模型 DTM（digital terrain model）的一个分支，在 DEM 基础上可派生出坡度图、坡向图及地势图等 DTM 的其他分支。根据已有的研究区 DEM 数据，利用 ArcGIS 9.2 软件生成研究区内海拔、坡度、坡向专题图和数据，34 个样地分布在海拔 259～493m 之间，坡度最大为 14°。其中坡向以正北方为 0°顺时针方向，将 0°至 360°平均划分为 8 个等级（李粉玲，2008）。样地海拔、坡度、坡向及遥感信息见表 8-1。

8.1.2.3　植被的监督分类

研究区内针叶林和阔叶林都有大量分布，其中落叶松大部分为人工栽植的纯林，但仍有部分落叶松林中有黑桦、杨树等阔叶树种，因此需要对遥感影像进行分类，提取出落叶松分布区域。

遥感图像分类法有两大类：监督分类和非监督分类。监督分类（supervised classification）又称训练场地法，是以建立统计识别函数为理论基础，依据典型样本训练方法进行分类的技术。即根据已知训练区提供的样本，通过选择特征参数，求出特征参数作为决策规则，建立判别函数以对各待分类影像进行的图像分类，是模式识别的一种方法。要求训练区域具有典型性和代表性。判别准则若满足分类精度要求，则此准则成立；反之，需重新建立分类的决策规则，直至满足分类精度要求为止。常用算法有：判别分析、最大似然分析、特征分析、序贯分析和图形识别等（李粉玲，2008；郭艳芬，2009）。使用监督分类的优点在于：一是可充分利用分类地区的先验知识，预先确定分类的类别；二是可控制训练样本的选择，并可通过反复检验训练样本，以提高分类精度，避免分类中的严重错误，还可以避免非监督分类中对光谱集群组的重新归类。

本书进行监督分类为，先通过利用 Erdas Imagine 软件选取能代表针叶树的训练区，然后基于模板使计算机系统自动识别具有相同特征的像元，将针叶树分布范围提取出（彩图 9）。

根据林相图和调查资料我们发现，研究区内针叶林主要以红松天然林和落叶松林为主，而落叶松混交林中的树种主要是阔叶树。因此，在落叶松林班内提取的针叶林分布区域，基本可认为是落叶松林分布区域。

通过以上监督分类得到落叶松林的 TM 遥感影像分布图（彩图 10）。根据此图可利用后文建立的遥感信息生物量估测模型来研究落叶松分布情况。

8.1.3.1　自变量分析

　　生物量模型拟合建立过程中遥感因子作为自变量一共选取了包括坡度、坡向和海拔在内的 10 个因子。但由于实验区内地势较缓，落叶松主要分布在山的南坡，坡度、坡向和海拔各自与各部分生物量相关性较差，所以 3 个地形因子在这里不予考虑。植被指数则有明显的地域性和时效性，不同的植被指数适用条件亦有所差异，所以本研究选取多个有代表性的指数，将其与落叶松各器官生物量进行相关性分析，选取的遥感信息因子为：TM_3 灰度值、TM_4 灰度值、NDVI 指数、RVI 指数、DVI 指数、SAVI 指数、MSAVI 指数共 7 个因子，结果分别见表 8-3 和表 8-4。

表 8-3　遥感因子信息数据

Table8-3　Factor information of remote sensing data

样地编号	TM_3	TM_4	NDVI	RVI	DVI	SAVI	MSAVI	海拔(m)	坡度(°)	坡向(°)
1	27	88	0.53	3.26	61	0.79	0.69	340	2	135
2	28	92	0.53	3.29	64	0.80	0.69	349	2	225
3	29	90	0.51	3.10	61	0.77	0.68	359	1	180
4	27	98	0.57	3.63	71	0.85	0.72	346	7	135
5	27	92	0.55	3.41	65	0.82	0.71	359	4	135
6	28	88	0.52	3.14	60	0.74	0.68	350	0	180
7	28	83	0.50	2.96	55	0.74	0.66	360	0	0
8	29	94	0.53	3.24	65	0.79	0.69	370	2	225
9	30	92	0.51	3.07	62	0.76	0.67	369	1	225
10	27	102	0.58	3.78	75	0.87	0.73	344	11	135
11	27	84	0.51	3.11	57	0.77	0.68	350	9	90
12	27	92	0.55	3.41	65	0.82	0.71	355	8	135
13	29	108	0.58	3.72	79	0.86	0.73	347	11	135
14	27	98	0.57	3.63	71	0.85	0.72	347	10	135
15	26	107	0.61	4.12	81	0.91	0.76	351	1	135
16	27	108	0.60	4.00	81	0.90	0.75	349	8	135
17	28	102	0.57	3.64	74	0.85	0.72	350	2	135
18	26	103	0.60	3.96	77	0.89	0.75	350	1	135
19	28	98	0.56	3.50	70	0.83	0.71	493	14	90
20	29	94	0.53	3.24	65	0.79	0.69	378	4	315
21	28	100	0.56	3.57	72	0.84	0.72	430	4	225
22	28	94	0.54	3.36	66	0.81	0.70	468	8	315
23	25	110	0.63	4.40	85	0.94	0.77	468	14	135
24	26	105	0.60	4.04	79	0.90	0.75	333	14	135
25	27	104	0.59	3.85	77	0.88	0.74	317	10	135
26	26	102	0.59	3.92	76	0.89	0.74	314	7	180
27	25	105	0.62	4.20	80	0.92	0.76	295	10	180
28	27	98	0.57	3.63	71	0.85	0.72	308	11	180
29	28	100	0.56	3.57	72	0.84	0.72	356	11	135
30	33	74	0.38	2.24	41	0.57	0.55	299	8.5	225

（续）

样地编号	TM₃	TM₄	NDVI	RVI	DVI	SAVI	MSAVI	海拔(m)	坡度(°)	坡向(°)
31	29	101	0.55	3.48	72	0.83	0.71	412	0	315
32	26	116	0.63	4.46	90	0.95	0.78	383	4	180
33	26	105	0.60	4.04	79	0.90	0.75	376	0	315
34	27	84	0.51	3.11	57	0.77	0.68	259	3	45

表8-4　样地遥感因子相关系数

Table 8-4　Correlation coefficient of RS factor in plots

	TM₃	TM₄	NDVI	RVI	DVI	SAVI	MSAVI
TM₃	1.000						
TM₄	−0.466						
NDVI	−0.750	0.934	1.000				
RVI	−0.766	0.924	0.996	1.000			
DVI	−0.580	0.991	0.973	0.966	1.000		
SAVI	−0.748	0.934	1.000	0.996	0.973	1.000	
MSAVI	−0.743	0.935	1.000	0.994	0.973	1.000	1.000

从表8-4 可以发现，7 个指数与落叶松各器官的生物量有明显相关，但MSAVI、SAVI、DVI、RVI、NDVI 指数之间相关性均较大，TM₄ 与 DVI 的相关性甚至达到了 0.991，故建模时这些相关性较大的因子不应同时出现。据表8-5 分析，以 7 个指数与生物量相关系数均较大的叶花果器官为例，叶花果部分生物量与遥感信息因子相关性顺序如下：MSAVI > SAVI = NDVI > RVI > DVI > TM₄ > TM₃，而各指数间相关性又较大，所以对叶花果部分将建立以 MSAVI 指数为因子的一元线性模型。MSAVI 适用于不同植被覆盖度、不同土壤背景的下垫面，它能够消除或减弱土壤背景的噪声，因此在估测对光谱信息敏感的叶花果、树冠部分生物量时效果较好。

表8-5　落叶松各器官生物量与遥感因子相关系数

Table 8-5　Correlation coefficient between all organs biomass of larch and RS factor

组分	TM₃	TM₄	NDVI	RVI	DVI	SAVI	MSAVI
样地生物量	−0.791	0.667	0.821	0.819	0.733	0.820	0.820
树皮	−0.613	0.589	0.696	0.679	0.635	0.695	0.699
干材	−0.800	0.578	0.760	0.761	0.653	0.760	0.759
活枝	−0.651	0.659	0.752	0.758	0.705	0.752	0.749
树枝	−0.587	0.660	0.729	0.725	0.697	0.728	0.728
叶花果	−0.644	0.798	0.857	0.846	0.832	0.857	0.859
树冠	−0.668	0.710	0.798	0.800	0.755	0.798	0.796

8.1.3.2　模型拟合

与林分因子模型拟合过程一样，将整理和选取好的 29 个样地遥感因子与各器官生物量放入 SPSS16.0 软件中进行逐步线性回归。如果生成有多个因子模型时，选择相关性好，且容差(tolerance)范围合理的最优模型，模型结果见表 8-6。

从表 8-6 可以看出，生物量主要与 MSAVI、RVI 和 NDVI 3 个指数相关；5 个植被指数未同时出现在一个模型中，证实了前文关于模型 5 个自变量不能同时出现的假设。除了干材生物量模型，其他均建立了一元线性模型，不同器官的生物量模型选择的相关因子亦不同。

表 8-6　落叶松各器官生物量与遥感因子逐步回归拟合结果
Table 8-6　Stepwise regression between all organs biomass of larch and RS factor

生物量	自变量	回归系数	标准误差	共线性容差
树皮	常数	−34.438	8.308	1.000
	MSAVI	58.906	11.586	
干材	常数	106.491	125.597	
	TM_3	−7.793	2.367	0.447
	MSAVI	221.943	97.245	
活枝	常数	−32.761	7.188	1.000
	RVI	12.060	1.998	
树枝	常数	−72.249	15.944	1.000
	NDVI	156.965	28.401	
叶花果	常数	−32.089	4.209	1.000
	MSAVI	51.092	5.869	
树冠	常数	−42.325	8.297	1.000
	RVI	15.996	2.307	
地上总生物量	常数	−449.097	43.599	
	NDVI	1405.06	77.663	0.657
	DVI	−3.7846	4.233	

8.1.3.3　模型评价与分析

根据落叶松不同部分的遥感因子模型，采用相关系数、剩余方差和预估精度指标进行分析评价，结果见表 8-7。

表 8-7　遥感因子生物量线性模型评价结果
Table 8-7　Evaluation results of biomass linear model with RS factors

生物量	相关系数	剩余方差	预估精度(%)
树皮	0.699	3.248	91.19
干材	0.837	102.339	91.34
活枝	0.758	15.790	85.47
树枝	0.729	28.621	87.06

（续）

生物量	相关系数	剩余方差	预估精度（%）
叶花果	0.859	0.833	92.33
树冠	0.800	21.037	88.31
地上总生物量	0.821	214.021	92.32

由表 8-7 可得，叶花果部分生物量模型相关系数最大（$r = 0.859$），预估精度最高（92.33%）。地上总生物量、树皮和干材的生物量模型预估精度分别为92.32%、91.19%、91.34%；活枝、树枝和树冠预估精度则相对较小。一般而言，利用遥感估测生物量时树冠部分的估测效果最好；但是收获法人工采集生物量时，枯枝、活枝和叶部分的损失是最难控制的，所以在一定程度上会造成树冠部分生物量模型精度略低于干材部分。此外，根据模型的精度和检验的结果，得出对于不同器官生物量的估测效果。将遥感因子线性模型的预估精度和检验等级依据大小划分为：优、良、差 3 个等级，其中大小相同的划分为同一等级。根据划分等级（表 8-8）可以得出，模型对于样地生物量、树皮和干材部分的估测精度和检验结果存在差异，树冠部分（活枝、树枝、叶花果）明显优于总生物量，而树干效果最不理想。这说明遥感因子线性模型估测水平仍待提升。

表 8-8　模型预估精度和检验等级

Table 8-8　Model prediction accuracy and test grade

组分	总生物量	树皮	干材	活枝	树枝	叶花果	树冠
模型精度等级	良	差	差	良	优	优	优
样本检验等级	差	差	差	优	良	良	优

8.1.4　遥感因子线性模型应用

应用遥感因子线性模型估测 2008 年 7 月份时东折棱河林场落叶松总生物量为 29932 t。彩图 11 和彩图 12 反映了不同组分生物量以及总生物量分布情况，可得知它们在不同地理位置的分布情况，有助于林分的经营管理。

8.2　利用多元回归分析法估测将乐县森林生物量

本研究以将乐县森林乔木植被为研究对象，应用生物量换算因子连续函数法计算标准地生物量，通过 2001 年和 2010 年 2 期 ETM + 遥感数据分析得到植被指数模型，辅以 DEM 高程模型提取的地形因子，拟合地面生物量和植被指数、地形因子的回归关系，采用逐步回归的方法，建立基于样地的森林生物量遥感模型，对模型的精度评价以及地面数据对模型精度的检验评价之后，选取本书的森林植被生物量模型为 $B = 393.53\text{NDVI} + 1.347\text{SAVI} - 3.194\text{TM}_4$，利用该模型可以算出，将乐县 2010 年的森林平均生物量为 155.844 t · hm^{-2}，而 2001 年的平均值为 136.99 t · hm^{-2}。据资料显示，将乐县的森林蓄积量约为 1598×10^4m^3，通过森林蓄积量和森林生物量的对应关系可知，该结论基本符合研究地区生物量的普遍规律，研究结果可信度高。通过该模型反演得到 2001 年和 2010 年森林生物量分布图，从时间和空间上对该地区森林生物量的分布情况进行分析。在动态监测的同时，反映集体林权制度改革对森林碳储量、森林生产力的影响。

8.2.1　研究数据及相关资料的获取

8.2.1.1　地面数据

（1）森林类型分布　根据 2010 年小班调查数据统计，研究区将乐县的总面积为 224 670hm^2，森林面积 187087hm^2，包含了多种森林类型。其中主要有杉木纯林、马尾松纯林、毛竹纯林、阔叶林、马尾松杉木混交林、马尾松阔叶混交林、杉木阔叶混交林、马尾松杉木阔叶混交林、杉木毛竹混交林等，彩图 14 是各林型的分布情况。这里要说明的是，由于数据调查中缺乏严谨性，有一部分小班的调查信息中没有记录树种组成，统计时将这一部分也划归到其他针叶林中了。表 8-9 反映了各森林类型所占面积的比例。

表 8-9　主要森林类型面积比例

Table 8-9　Area ratio of major forest type

森林类型	面积（hm^2）	比例（%）
杉木纯林	34 788.15	18.59
马尾松纯林	25 280.22	13.51
毛竹纯林	359.25	0.19
阔叶林	33 349.72	17.83
马尾松杉木混交林	16 291.50	8.71
马尾松阔叶混交林	34 529.08	18.46
杉木阔叶混交林	2 737.48	1.46
马尾松、杉木、阔叶混交林	3 066.61	1.64
杉木毛竹混交林	79.79	0.04
其他针叶林	36 605.52	19.57
总计	187 087.31	100

（2）样地设置　按照几种典型的森林类型的分布情况，于 2010 ~ 2012 年在研究区针对性地进行标准地设置，标准地大小为 20m × 30m。表 8-10 是 50 个标

准地的统计信息，可以看出，标准地基本的主要森林覆盖类型，具有代表性。

表 8-10　各森林类型样地单位面积生物量统计信息
Table 8-10　Biomass of each kind of plots　（单位：t·hm^{-2}）

森林类型	样地数	最大值	最小值
杉木纯林	13	258.5301	41.7336
马尾松纯林	9	133.9042	46.6905
毛竹纯林	3	55.96736	18.6040
阔叶混交林	1	129.0713	129.0713
针阔混交林	5	273.1101	60.3063
针阔混交林	8	288.0663	118.8750
杉木毛竹混交林	8	139.7136	45.6876
毛竹阔叶混交林	3	169.4315	51.7485

（3）生物量数据　根据研究区马尾松、杉木、毛竹的胸径和年龄的差异，分别采集三者样木，其中马尾松9株、杉木28株、毛竹26株。测量全部样木的年龄 A、胸径 D、地径 B、树高 H、冠幅 C_w、冠长 C_l 等因子。由于马尾松样木过少，为保证生物量估测模型的可靠性，从文献中搜集了197株马尾松实测数据，采样地点均分布于南方九省（安徽、浙江、福建、贵州、广西、湖南、湖北、四川、重庆）。有研究指出，分布在南方各地区的马尾松生物量差异不大（Xiang，2011），因此可用此数据来建模估测福建省将乐县马尾松生物量。表8-11为样木主要调查因子统计信息。

表 8-11　样木主要调查因子概况
Table 8-11　Description of sample trees

树种	株数	统计量	胸径（cm）	树高（m）	地上部分生物量(kg)	根生物量（kg）	总生物量（kg）
马尾松	206	最小值	2.50	2.60	1.50	0.20	1.70
		最大值	32.20	24.00	388.20	79.03	455.00
		平均值	15.10	12.50	82.73	23.95	106.68
杉木	28	最小值	5.10	4.10	3.88	0.60	4.79
		最大值	26.60	25.00	222.83	49.96	263.45
		平均值	16.15	15.70	77.97	14.96	92.93
毛竹	26	最小值	4.10	7.50	1.93	0.80	2.73
		最大值	14.10	19.10	35.56	8.13	43.62
		平均值	8.88	12.20	12.63	3.47	16.10

8.2.1.2 遥感影像等其他数据资料

本研究搜集了研究区域以下资料：

①轨道号为 120/41、120/42，时间为 2001 年、2010 年的 Landsat ETM + 卫星影像数据，分辨率为 15in（数据来源：http：//datamirror. csdb. cn/index. jsp）；

②将乐县 1：50000 地形图；

③研究区 30m 分辨率的格网 DEM 数据。

其他有三明市 1：50000 的地形图等资料，用于几何精校正、野外调查、检验分类精度。

8.2.2 遥感影像处理

8.2.2.1 影像校正

（1）ETM + 图像波段组合、融合、去条带 2003 年后 Landsat ETM + 机载扫描行校正器（SLC）突然发生故障，导致获取的图像数据丢失，因此 2003 年后 Landsat-7 的所有数据都是异常的，影像边缘存在条带，需要采用 SLC-off 模型校正。本研究采用多影像局部自适应回归分析模型进行图像修复。即利用两到三景时相不同的遥感数据对每一景影像进行缝隙填充，选择局部区域面积最小，相关性最大的区域进行回归分析。该方法虽然所需处理时间较长，但修复质量可以达到理想效果。用校正好的全色图像与多光谱图像进行融合。MU、SFIM、MB、PCA（通常使用组成分的方法融合）几种融合方法都可以用于 ETM + pan 与多光谱图像融合，MB、PCA 两种融合方法对高频空间信息融入度较好（许榕峰等，2004；徐涵秋，2005）。通常做融合前要做正射校正或几何校正，但 ETM + 全色波段 pan 和多光谱图像来自同一个传感器的数据可以不做校正（前提是数据带的投影信息要一致），直接波段融合，通过融合将 30m 分辨率变为 15m 分辨率，提高了图像的空间分辨率。

（2）几何校正 遥感成像时，由于飞行器的角度、高度、速度及地球自转等原因造成了图像发生几何畸变，不能如实反映地面目标。表现为像元较实际位置的挤压、扭曲、伸展和偏移等（常庆瑞，2004）。在利用图像进行分析前要对这种几何畸变进行的误差校正，称为几何校正，分为粗校正和精校正。

网站下载的数据在地面站已进行过粗校正，在预处理图像时只需进行几何精校正。几何精校正是指利用地面控制点 GCP 及遥感图像上易于识别、并可精确定位的点对因多种因素引起的遥感图像的几何畸变进行纠正（邵鸿飞等，2000）。几何纠正的目的是把原始影像投影到控制点所在的投影平面上（方红亮等，1998），其过程就是把目标由一个空间向另一个空间转换的过程。在这里，空间是二维的，只要我们找到它的二维转换矩阵，就能够实现几何纠正。我们根据所建立的一组控制点并利用最小二乘法来求取转换矩阵，实现对 TM 图像的几何校正(马瑞金等，1999)。

选用的数据处理平台为 ERDAS9.2，参考图像为经过地形配准过的三明市 1:5 万地形图，选择具有代表性、易识别的 GCP 点，如河流拐点、道路交叉点等，GCP 点尽量均匀分布(彩图 13)。校正精度平均在 0.1 个像元以内，达到精度要求。

(3)辐射校正 由遥感器的灵敏度特征引起的畸变和其光学系统或光电变换系统的特征有关。光电变换系统比较稳定，Landsat 7 的遥感器校正是通过飞行前实地测量，预先测出了各波段的辐射值(Lb)和记录值(DNb)之间的校正增量系数(Cal-gainb 用 A 表示)和校正偏差量(Cal-offsetb 用 B 表示)，用表示来进行纠正的。其纠正公式为：Lb = A × DNb + B，一般来说，校正增量系数和校正偏差量会随时间逐步衰减，但是衰减速度很慢，通常均假定它们在使用期内固定不变。

数字图像中的原始影像灰度值一般采取二进制记录，这种数值被称为 DN 值(Digital Number)。传感器定标的目的就是将原始图像的 DN 值转变为具有一定物理意义的其他数据，以表征传感器入口处的准确辐射值。传感器定标方法很多，常用的有反射率法、辐照度法和辐亮度法等。

目前，大气辐射校正的方法主要有两类，即绝对辐射校正和相对辐射校正。绝对辐射校正方法需要利用一系列参数(例如，卫星过境时的地物反射率、大气的能见度、太阳天顶角和卫星传感器的标定参数等)，获得这些参数的代价昂贵，又不易实现，尤其对于历史存档数据，获取这些参数更是不可能的。相对辐射校正方法，也称相对辐射归一化法，不需要遥感数据获取时的大气状况等参数，而是利用图像像元灰度值，建立多时相遥感图像各个波段之间的校正方程，对遥感图像进行归一化处理。相对辐射校正不仅能够纠正大气状况变化带来的差异，而且能够削弱传感器等其他原因产生的噪音(Caselles *et al.*，1989)。不仅如此，辐射归一化法操作简便，其效果甚至比有些复杂的绝对辐射校正方法还要好(Song *et al.*，2001)。但是在使用相对辐射校正方法时，要求参考图像与校正图像必须由相同的传感器在相似的大气和照度状况下获取。相对辐射校正方法，目前常用的有两类，一类为非线性校正法，使用最广泛的为直方图匹配法(HM)；另一类为线性回归法，应用效果较好的方法有图像回归法(IR)、伪不变特征法(PIF)、暗集-亮集法(DB)、未变化集辐射归一法(NC)。研究表明：PIF 方法容易操作，因它只需要一套样本；该方法抑制了 30% ~60% 的像元变化，更有利于监测土地覆盖变化；同时该法对光谱变化影响较小，对动态监测有利(丁丽霞，2005)。本研究对森林生物量的动态监测，选择用伪不变特征法进行辐射校正。

（4）地形校正　山区的遥感图像容易受地形影响，形成地形阴影区，影响图像分类识别的精度。为了减少地形的影响，需要进行地形校正处理。本研究利用DEM数据与卫星传感器的方位角和高度角的余弦关系模型，及在ERDAS中的地形校正模块对几何校正后的ETM＋图像进行Lambert地形校正，以消除由地形产生的遥感图像的畸变。

地形校正的目的是消除太阳光照对不规则地面地物辐射值的影响，这种影响会使相似植被类型地物的辐射值发生变化。地形校正是影像预处理的一个重要步骤。本研究介绍一种校正方法，公式为（8-7）：

$$\rho = \frac{\pi (L - Lp)}{T_v (E_0 \cos i \cdot T_z + E_{down})} \tag{8-7}$$

式中：$\cos i$ 为太阳直射光与坡面法线夹角的余弦，用来取代大气校正公式中的 $\cos \theta$；其他参数均与大气校正公式相同。$\cos i$ 的计算公式见（8-8）：

$$\cos i = \cos \theta_\rho \cos \theta + \sin \theta_\rho \sin \theta \cos (\varphi_\alpha - \varphi_\sigma) \tag{8-8}$$

式中：θ_ρ 为像元对应地表的坡度角；φ_α 为坡向角；φ_σ 为太阳方位角。

综上所述，进行大气校正获取较为准确的植被反射光谱；基于数字高程模型（DEM）相关地形校正模型，计算出实际地表面积的空间分布，在此基础上对植被生物量空间分布进行地形校正。通过以上校正提高了影像的植被生物量反演精度，为研究区域植被生物量反演提供新的思路。

8.2.2.2　影像剪裁及增强

利用ERDAS软件，剪切下研究区的ETM＋图像。从ETM＋影像的多个波段中选出3个波段进行彩色合成，使其所含的地物信息量最大，且相关性最小，便于目视解译和判读。在数据统计分析的基础上选择标准差大、相关系数小的数据。因为标准差越大，所包含的信息量越大；而波段间相关系数越小，表明图像数据的独立性越强，信息的冗余度越小，波段组合越优（刘国华等，2000）。

由于研究区分布在两景影像上，所以需将校正过的影像用ERDAS软件的Mosaic命令进行镶嵌，然后再用Subset命令将影像沿将乐县的矢量行政边界（Coverage）进行裁切，最终得到研究区影像。

8.2.2.3　地形因子提取

剪裁将乐县30m分辨率DEM数据，提取将乐县地形因子（海拔、坡向、坡度）。从将乐县坡度、坡向分级图（彩图15，彩图16）中可以看出将乐县分布有大量山区，中部地区较平坦，东北、西南部的山地较陡峭。

8.2.2.4　监督分类

监督分类是基于训练样本获取类别的数字特性，训练所需样本一定要保证具有该地类的代表性。使用影像上已知训练样本的类别属性，统计类别参数的区域。现有研究表明，选择合适的训练样本可以保证分类效果的精度。训练样本选择应注意其准确性、代表性和统计性。在选择样本时，既要考虑到样本是否可以反映某一地物，又要确保样本可以反映地物的动态变化；选择足够多的训练样本量和像元，以保证类别参数符合统计规律。通常情况下，每类别选择 10～100 个训练样本数据。在预处理过的 ETM + 图像上选择训练样本。本研究通过实地调查、图像选择、高分辨遥感影像对照等方法识别训练样本。根据对研究区域的实地调查，选择时相接近的高空间分辨率遥感影像（例如 Google Earth）作为图像分类的参考样本，在屏幕上根据光谱色调、纹理、形状、位置等直接选取有代表性的每类像元。

本研究根据植被生物量研究的需要来确定典型地物类别，有针对性地选择训练样本来确定各种典型地物类型。由于高分辨率遥感影像不易获得，本研究采用 Google Earth 作为遥感影像的参考图像，并在研究区域内选择相应的样本点。遥感数据在林业中的应用需一定程度区分植被类型，ETM + 第 5 波段（1.55～1.7nm）提供了丰富的植被信息。实践证明，Band5、4、3 波段组合对于识别植被类型，如针叶、阔叶、竹林、灌木、草地等有很大的优势（韩爱慧等，2004）。本研究对 ETM + 影像分类采用最常用的 5、4、3 波段组合，该波段组合的目视色彩与实际地物辨识度高。

定义好分类样本，采用最大似然法（MLC）分类，这种分类方法在实践中应用最为广泛。它建立在贝叶斯准则基础上，被认为是分类误差最小的一种分类方法。这种方法假定训练区地物的光谱特征，近似服从正态分布，通过求出均值、方差、协方差等特征参数，求出总体的密度函数，并利用贝叶斯函数计算后验概率，根据其最大值判定类别归属（Jensen，2004）。本研究对区域内的水域、城镇、农田、果园、采伐迹地、马尾松林、杉木林、毛竹林、阔叶林等主要地类进行分类。随机选取训练样本 100～150 个，定义为分类模板；并检验分类模板的可行性，误差矩阵值为 94% >85%，说明分类模板可靠，进行监督分类，并对分类结果进行人机交互解译处理获得 ETM + 影像监督分类图。

对于分类结果进行精度评价，目前普遍使用的是混淆矩阵法，即实地调查、目视判读以及高空间分辨率影像作为检验精度的依据，达到各类型的分类精度与使用精度均在 78% 以上的分类效果。本研究中分类的总体精度较高，为 86.64%，Kappa 系数为 0.83，满足研究需要的分类精度。

8.2.3 生物量遥感模型的建立

8.2.3.1 遥感因子

（1）单波段数据 通过表 8-12 可以看出，ETM + 分辨率 15m 的图像较适合于识别森林水平的信息，各波段的用途如表8-12所示。绿光波段Band 2可以有效地分辨植被；红光波段Band 3是叶绿素的主要吸收带；近红外波段TM_4，可以反映大量植被信息，主要用于估算生物数量。因此，Band 4，3，2波段可以有效地识别森林生物量，基于这样的理论基础，本研究选择单波段2，3，4波段作为自变量之一，而Band5对于不同的植被有较好的对比度，可以用于不同森林类型的分类识别。

（2）地形因子 坡度表示地势陡缓的程度，通常把坡面的垂直高度h和水平宽度l的比叫坡度（或叫坡比）。利用30m分辨率的DEM高程图，在ERDAS软件中建模，生成将乐县坡度分级图，将坡度图的分辨率设置为与遥感影像分辨率一致，生成坡度范围为$0° \sim 90°$。

表8-12 ETM+各波段主要用途
Table 8-12 Usage of the bands of ETM+

成像仪	波段号	波段	波长（μm）	分辨率	主要作用
ETM+	Band 2	绿色波段	0.52~0.60	30	分辨植被
	Band 3	红色波段	0.63~0.69	30	处于叶绿素吸收区域，用于观测道路、裸露土壤、植被种类效果很好
	Band 4	近红外	0.76~0.90	30	用于估算生物数量，尽管这个波段可以从植被中分离出水分，分辨潮湿土壤，但是对于道路辨认效果不如TM_3
	Band 5	中红外	1.55~1.75	30	用于分辨道路/裸露土壤/水，它还能在不同植被之间有好的对比度，并且有较好的穿透大气、云雾的能力
	Band 7	中红外	2.09~2.35	30	对于岩石/矿物的分辨很有用，也可用于辨识植被覆盖和湿润土壤
	Band 8	微米全色	0.52~0.90	15	得到的是黑白图像，分辨率为15m，用于增强分辨率，提供分辨能力

坡向是坡面法线在水平面上的投影方向。在地理学中，通常根据地物点法线在水平面上的投影位置，将山坡分成阳坡、阴坡、半阳坡和半阴坡。DEM模型中，坡向用地表法表示，即地物点的坡向夹角为该点法矢量在平面上的投影与正北方向的夹角，该夹角在$0° \sim 360°$之间。基于Erdas、Arcgis软件制作坡向图，并保持坡向图的栅格大小与遥感影像像元大小一致，便于分析。

地形因子与生物量之间存在相关性。本研究为了估测森林生物量，将地面实测的样地点对应到DEM高程图上，提取的地形因子估测指标作为估测生物量的自变量，如海拔、坡度、坡向。

（3）植被指数 植被指数有助于提高遥感影像的解译能力。由于不同植物对波长光的吸收率不同，通过对不同波段反射率线性或非线性随机组合来消除光谱影响，得到特征指数。植被指数多是根据可见光波段、近红外波段的组合计算而得到。它包含了 90% 以上的植被信息。不同波段数据在计算中可以抵消一部分辐射失真，比单波段用来探测生物量有更好的敏感性和抗干扰性，这也是植被指数替代了单通道数据，成为植被监测指标的原因之一（刘蔚秋，2003）。

植被指数通过可见光、近红外波段反射与土壤背景之间差异的指标反映植被、植被生长状况。常用的指数有：归一化植被指数 NDVI；垂直植被指数 PVI；比值植被指数 DVI；调整土壤亮度植被指数 SAVI；全球植被指数 GVI 等。其中，NDVI 是使用最广泛，效果也较好的一种植被指数。

①归一化植被指数 NDVI：NDVI 能反映出植物冠层的背景影响，如土壤、潮湿地面、枯叶、粗超度等，且与植被覆盖有关。$-1 \leqslant \text{NDVI} \leqslant 1$，负值表示地面覆盖为云、水、雪等，对可见光高反射；0 表示有岩石或裸土等；TM_4 和 TM_3 近似相等。正值，表示有植被覆盖，且随覆盖度增大而增大。但是，NDVI 对高植被区灵敏度较低。直接采用公式计算归一化指数 NDVI，计算结果容易出现溢出现象。在处理植被覆盖率低的干旱地区遥感影像时较常见，如果在生成植被指数影像图时不进行适当处理，判读时会产生较大误差，尤其是在计算植被覆盖率、估算森林生物量及地物分类时会造成计算精度下降。

$$\text{NDVI} = (TM_4 - TM_3)/(TM_4 + TM_3) \tag{8-9}$$

②比值植被指数 RVI：比值植被指数 RVI 可以用于检测和估算植物生物量。$\text{RVI} = TM_4/TM_3$ 绿色健康植被覆盖地区的 RVI 远大于 1，而无植被覆盖的地面（裸土、人工建筑、水体、植被枯死或严重虫害）的 RVI 在 1 附近。植被的 RVI 通常大于 2；与叶面积指数（LAI）、叶干生物量（DM）、叶绿素含量相关性高。植被覆盖度影响 RVI，当植被覆盖度 <50% 时，这种敏感性显著降低；大气效应大大降低对植被检测的灵敏度。

$$\text{RVI} = TM_4/TM_3 \tag{8-10}$$

用非线性拉伸的方式增强了 TM_4 和 TM_3 的反射率的对比度。对于同一幅图像，分别求 RVI 和 NDVI 时会发现，RVI 值增加的速度高于 NDVI 增加速度，即 NDVI 对高植被区具有较低的灵敏度。

③差值植被指数 DVI

差值植被指数 DVI，可以反映土壤背景的变化，有利于监测植被的生态环境。

$$\text{DVI} = TM_4 - TM_3 \tag{8-11}$$

④调整土壤亮度植被指数 SAVI

调整土壤亮度的植被指数 SAVI 解释了土壤背景的光学特征变化，以及 NDVI

的土壤背景敏感性。Huete（Huete，1988）提出了这种植被指数（SAVI），后来又通过修正 SAVI 模型又得到了土壤调节植被指数（MSAVI），两种指数都有效地提高了土壤的敏感性。

$$SAVI = [(TM_4 - TM_3)/(TM_4 + TM_3 + L)](1 + L) \qquad (8\text{-}12)$$

与 NDVI 相比，SAVI 指数增加了反映土壤背景影响程度的土壤调节系数 L，取值范围 $0 \sim 1$，通常 L 值选为 0.5。通过改进 SAVr 模型，得到了更具普遍性的模型，主要有 TSAVI、ATSAVI、MSAVI、SAVI2、SAVI3、SAVI4 等改进模型。由土壤亮度植被指数得到的几种 VI 模型受土壤背景变化影响较大，只有当植被完全覆盖时，土壤背景的影响才可忽略。

8.2.3.2　生物量遥感模型拟合与检验

（1）生物量遥感模型。线性回归主要有一元和多元两种回归方式，一元线性回归是因变量由一个主要的自变量来解释，而通常情况下，一个主要的自变量不能完全解释因变量的变化，需要利用多个重要因素来解释因变量，这是多元回归的建模思想。

如 8.2.3.1 节所说，生物量与各遥感因子、地形因子之间均存在不同程度的相关性，因此本研究将选择的 10 个因子均作为自变量放入回归方程中与生物量进行方程的拟合，建立多元回归模型。

本研究假设生物量（B）为因变量，TM_2、TM_3、TM_4、NDVI、RVI、DVI、SAVI、坡度、坡向、海拔为自变量，并且自变量与因变量之间存在线性关系，拟合生物量 B 与 n 个自变量之间的线性回归关系，可表示为：

$$B = b_0 + b_1 TM_2 + \cdots + b_k hb \qquad (8\text{-}13)$$

式中：b_0 为常数项；b_1，$b_2 \cdots b_k$ 为回归系数。以 $b_1 TM_2$ 为例，对系数解释为：当 b_1 为 TM_2、$TM_3 \cdots hb$ 固定时，TM_2 每增加一个单位对生物量（B）的影响，即 b_1 是 TM_2 对生物量（B）的偏回归系数。

在样地调查的过程中，记录样地四角的坐标值，根据样地坐标点在遥感影像及各植被指数模型上的位置，得到样地对应的植被指数及地形因子。表 8-13 为利用 ETM + 遥感图像分析出的每个标准地对应在遥感影响上不同因子的数值。

通过建立表 8-13，可以深入探索将乐地区生物量与植被指数之间的关系，从而建立生物量遥感估测模型。本研究实地调查了 46 块样地，首先结合地面调查数据和遥感影像信息，选用前 35 块样地与遥感因子、地形因子进行相关性分析，从中选择合适的自变量。拟合生物量回归估测模型，利用剩余 11 块样地检验模型的精度，利用此模型分析森林生物量的时空分布。

（2）生物量与估测指标的相关性分析　相关性分析是研究各变量间相互关系的数理统计方法，可判断某一变量和其他变量是否有显著的相关性。如果相关性

表 8-13　样地生物量与遥感模型变量汇总表

Table 8-13　Variable collection of the plots biomass and the variable

序号	TM$_2$	TM$_3$	TM$_4$	NDVI	RVI	DVI	SAVI	坡向	坡度 （°）	海拔 （m）	每公顷生物 量（t·hm^{-2}）
1	67	48	50	0. 324	32. 138	2. 086	144. 63	68	23	210	122. 038
2	64	30	67	0. 265	17. 476	1. 778	128. 40	68	32	234	79. 122
3	62	37	69	0. 317	22. 953	1. 945	138. 07	83	32	264	94. 479
4	64	27	67	0. 037	11. 129	1. 058	112. 68	211	29	208	17. 581
5	68	29	69	0. 199	39. 108	1. 443	136. 33	74	35	370	91. 102
6	63	29	69	0. 205	19. 742	1. 366	148. 58	70	20	327	53. 615
7	63	29	66	0. 183	17. 237	1. 265	132. 41	68	33	324	35. 517
8	64	43	73	0. 364	30. 596	1. 731	162. 69	83	34	261	199. 243
9	68	30	73	0. 216	23. 119	1. 437	166. 33	74	30	254	50. 296
10	61	41	80	0. 265	28. 180	1. 373	133. 24	110	26	311	86. 315
11	61	42	78	0. 298	35. 595	1. 862	155. 73	97	29	278	89. 193
12	64	32	70	0. 252	28. 449	1. 383	155. 89	113	21	259	95. 465
13	69	27	70	0. 203	23. 799	1. 513	120. 38	267	14	199	59. 047
14	64	51	63	0. 397	41. 488	2. 259	175. 89	1	24	249	237. 218
15	63	39	75	0. 323	36. 871	1. 962	164. 15	54	30	251	136. 107
16	62	38	73	0. 310	34. 390	1. 989	170. 84	54	28	244	148. 505
17	63	46	58	0. 469	42. 883	2. 278	178. 91	68	27	231	312. 023
18	66	46	58	0. 469	42. 883	2. 278	182. 70	68	22	204	317. 624
19	64	50	37	0. 565	57. 476	2. 778	198. 40	68	34	239	464. 911
20	65	34	60	0. 358	46. 253	2. 130	154. 09	114	20	250	125. 418
21	65	43	67	0. 310	43. 894	1. 558	154. 09	114	35	254	108. 902
22	67	44	66	0. 403	47. 639	1. 523	153. 39	84	24	234	182. 181
23	63	40	65	0. 239	34. 861	1. 631	162. 50	79	26	264	118. 747
24	63	35	76	0. 169	20. 731	1. 273	162. 50	79	35	238	57. 628
25	64	44	64	0. 179	29. 383	1. 446	164. 42	232	5	380	139. 955
26	65	30	59	0. 394	39. 161	2. 300	173. 09	160	16	367	309. 346
27	63	33	68	0. 045	14. 617	1. 062	123. 70	95	36	309	23. 633
28	64	33	67	0. 352	32. 135	2. 299	183. 70	95	32	218	101. 785
29	63	22	73	0. 157	11. 228	1. 455	136. 26	257	26	234	25. 406
30	64	32	73	0. 177	13. 228	1. 455	130. 65	257	30	234	36. 931
31	60	43	68	0. 409	35. 315	2. 279	187. 75	111	31	218	251. 860
32	63	37	73	0. 333	35. 681	2. 079	182. 72	111	35	289	185. 992
33	63	35	70	0. 133	15. 466	1. 983	182. 72	111	30	214	80. 049
34	62	40	68	0. 375	41. 448	2. 370	158. 22	83	32	245	249. 215
35	63	31	67	0. 159	15. 644	1. 525	138. 13	33	37	215	62. 933

（续）

序号	TM$_2$	TM$_3$	TM$_4$	NDVI	RVI	DVI	SAVI	坡向	坡度(°)	海拔(m)	每公顷生物量(t·hm^{-2})
36	61	31	57	0.199	15.644	1.525	158.00	33	38	215	92.349
37	65	34	74	0.098	20.824	1.263	159.15	263	25	248	97.385
38	61	33	74	0.098	10.824	1.263	151.76	263	25	248	74.295
39	64	37	69	0.317	32.953	1.945	158.06	83	30	210	71.985
40	63	24	78	0.278	13.784	1.788	133.10	228	34	210	45.267
41	63	24	78	0.278	13.784	1.788	133.10	228	34	210	45.173
42	66	29	48	0.243	38.768	1.646	156.49	68	34	234	172.371
43	64	36	45	0.337	32.968	2.039	163.78	230	34	234	180.213
44	62	40	65	0.476	45.851	2.314	178.07	83	41	208	316.009
45	63	39	68	0.310	39.683	2.193	157.09	22	26	241	153.380
46	62	28	59	0.363	31.669	2.145	172.97	240	39	320	222.774

注：1. 本研究调查 46 块样地，随机选取 35 块样地用来建模（选取过程由 SPSS 软件完成），其余 11 块样地用来模型检验；2. 坡向规定顺时针从 0° 到 360°，下同。

显著，则可以通过分析的结果进一步分析、预测变量间的关系。此法对模型的建立、指标的评定都十分有效，同时也是判断模型的可靠性和准确性的一项指标。

　　生物量与遥感单波段、植被指数、地形因子等估测指标相关性的研究是建立生物量遥感估算模型的关键指标。表 8-14 是利用 SPSS 软件的回归分析功能得到的相关性系数。

表 8-14　样地生物量与各遥感因子变量的相关系数

Table 8-14　The correlation coefficient between the biomass and the variable

变量	TM$_2$	TM$_3$	TM$_4$	NDVI	RVI	DVI	SAVI	坡向	坡度(°)	海拔(m)	生物量(t·hm^{-2})
TM$_2$	1.00										
TM$_3$	-0.06	1.00									
TM$_4$	-0.24	-0.31	1.00								
NDVI	-0.01	0.59	-0.43	1.00							
DVI	0.20	0.58	-0.48	0.82	1.00						
RVI	-0.12	0.49	-0.46	0.77	0.68	1.00					
SAVI	-0.15	0.56	-0.36	0.64	0.62	0.69	1.00				
坡向	0.05	-0.46	0.19	-0.36	-0.44	-0.30	-0.31	1.00			
坡度(°)	-0.32	-0.15	-0.01	0.06	-0.07	0.09	0.03	-0.24	1.00		
海拔(m)	-0.01	-0.05	0.06	-0.14	0.08	-0.21	-0.03	0.03	-0.26	1.00	
生物量(t·hm^{-2})	-0.04	0.52	-0.58	0.84	0.79	0.78	0.74	-0.27	-0.01	0.01	1.00

基于研究区内 35 个样本，进行样地生物量与 10 个遥感估测指标的相关性分析得到（表 8-14），各遥感因子与样地生物量在不同程度上存在相关性，且自变量之间具有一定的互斥性，即自变量的相关程度未高于自变量与因变量之间的相关程度，相关性的大小顺序依次为：NDVI > DVI > RVI > SAVI > TM_4 > TM_3 > TM_2 > 坡向 > 海拔 > 坡度。通过相关性大小可以判断出，10 个遥感因子与生物量显著相关的为排在前五位的因子，相关系数分别为：0. 843，0. 791，0. 784，0. 744，− 0. 576。

从生物量与单波段的相关性来看，样地生物量与 TM_3、TM_4 具有显著相关性。其中相关性较高的是相关系数绝对值为 0. 576 的 TM_4，主要因为 TM_4（近红外波段）可以分离植被中的水分，所含信息与生物量关系密切。在建立生物量遥感模型时，保留 TM_4 波段，提高模型的精度。

植被指数因子由归一化的遥感模型得到，集中了有助于估测生物量的信息。与单一波段相比，植被指数与生物量间存在更大的相关性。本研究选择了 4 种植被指数 NDVI、DVI、RVI、SAVI，都与森林生物量有显著的正相关，相关系数分别为 0. 843、0. 791、0. 784、0. 744。其中 NDVI 植被指数的相关性最高，相关系数为 0. 843；其次是 DVI 和 RVI 这说明本研究选择的植被指数可以较好地反映出研究区的森林生物量。

相对其他地形因子，样地生物量与坡向的相关性较高，且与坡向、海拔呈负相关。但总体而言，生物量与地形因子的相关性均不显著。分析产生这种结果的主要原因可能是因为调查样地中的一些林分由于人工更新，由栽种的幼树组成，造成在自然情况下植被按地形因子分布的规律不够明显；也可能是因为在样地选择时没有把地形因子对样地生物量的影响充分考虑到其中，有意识地避开某些地段的样地，造成生物量与地形因子之间的相关性小。

通过上述分析，本研究认为，在建立生物量遥感模型时，可以选择上述估测指标。即使有的因子与生物量的相关性不是很显著，但这些因子并不是完全独立于其他因子。为了方程与实际情况更吻合，这些因子同样应该放入模型作为其中的自变量，参与回归分析。

（3）模型拟合效果　通过上述关于变量相关性的分析可知，每个自变量并不是独立存在的，也不能简单地忽略一些看上去没有相关性的因子，这样会影响模型拟合的精度。如何通过合适的筛选方法选出与因变量有显著关系的那部分自变量，是拟合模型的关键环节。

理论上来说，回归方程所含自变量个数越多，回归平方和越大，剩余平方和越小，剩余均方也会较小，预测值的误差自然也就越小，模拟的结果越好。但若方程中的自变量过多，预测的工作量就会越大，其中部分相关性不显著的因子会影响到方程的预测效果。因此，在多元回归模型中，选择适宜的变量数是非常重要的。

　　本研究将这 10 个因子作为自变量与样地调查点的生物量数据进行了相关性分析，带入式 8-13 中。本研究涉及研究样地总数为 46 个，选择其中 35 组数据分析相关性并构建生物量模型，剩余的 11 块样地生物量数据用于检验模型精度，选择随机抽样法选取样本。利用 SPSS18.0 软件，完成相关性分析、模型拟合、参数估计、拟合效果分析、精度评价等过程。

　　在 SPSS18.0 软件中，多元回归方法提供了 5 种变量筛选的方法，分别是强行进入法、强制剔除法、向后消去法、向前选择法、逐步回归法。通过各方法的比较发现，逐步回归法结合了向前选择法和向后消去法，以"有进有出"为原则。这种方法每引入一次自变量都要进行一次 F 检验，首先选择的是对模型有良好的贡献且符合判断条件的自变量进入模型；再剔除不符合模型设定条件的因变量；反复这个过程，直到没有变量被选择或被消去的时候，得到最终的方程。这种方法相对而言更加有效，也是目前使用较为广泛的筛选回归模型的方法。它有计算量较小，可得到较合理的"最优"回归模型等优点。

　　本研究选择逐步回归法作为拟合研究区生物量遥感估测模型的方法，选择 AIC 准则、决定系数 R^2、校正的决定系数、标准估计误差、F 统计值、显著性概率值 P 值作为选择模型的依据。

　　其中，AIC 准则(赤池信息准则)是日本学者赤池 1973 年提出的回归模型选择准则，被广泛地应用于一般、广义线性模型的变量筛选以及确定时间序列分析中自回归阶数。AIC 可以反映模型的拟合精度和模型中参数的个数，不同的方法得到的回归模型其 AIC 值不一样。由于 AIC 准则是选择方程的重要标准，本书选择 AIC 准则作为选择模型的一个衡量标准(蒋志刚等，2003)。在 SPSS18.0 中不能直接得到该指标，需要通过结果报表中的残差平方求出 AIC 值，AIC 值越小说明模型的拟合精度越高，其计算公式为(8-14)：

$$\text{AIC} = n \times \ln(\text{残差平方和}) + 2(p + l) - n \times \ln(n) \qquad (8\text{-}14)$$

　　式中：n 为样本量；P 为模型中自变量个数。

　　由表 8-15 得知：模型 2 的 AIC 值小于模型 1，决定系数系数 R2 为 0.8637 远高于模型 1，校正后的决定系数 R^2 为 0.8505 同样高于模型 1，由于逐步回归法引入了与生物量有良好相关性的 NDVI、SAVI 指数，导致决定系数 R^2 增加，模型 2 的残差比模型 1 的小，且两个模型的 P 值远远小于 0.05，拒绝原假设，说明拟合效果较好，具有统计学意义。综合各项评价指标，可以发现模型 2 更好，结合 NDVI、SAVI、TM_4 对生物量的作用和实际意义，本书选择 NDVI、SAVI、TM_4 作为自变量建立方程估测生物量(B)，得到的回归方程为：

$$B = 393.53\text{NDVI} + 1.347\text{SAVI} - 3.194\text{tm}_4 \qquad (8\text{-}15)$$

表 8-15　回归模型汇总

Table 8-15　summaries of model

模型	AIC	R^2	调整 R^2	标准估计误差	F 值	P 值
1	402.411	0.4555^a	0.4555	71.77	27.6	8.727e-06
2	357.943	0.8637^b	0.8505	37.05	65.46	1.64e-13

注：1. 预测变量的 tm_4；2. 预测变量为 NDVI，SAVI，tm_4；3. 因变量为样地生物量。

（4）生物量遥感模型的检验。检验上述生物量模型是否可以反映实际情况，模型的实测精度是否到达一定的要求等问题，都需要接下来进一步用剩余 11 个样地的数据进行相适性验证。把剩余样地的 NDVI，SAVI，TM_4 值带入以上方程，得出一组新的生物量值，做这组新值和原值的 t 检验。

最常用于两组数据对比检验模型精度的假设检验方法是 t 检验和 u 检验。t 检验是对小样本($n < 30$)的两组值的差异性进行检验的方法。t 检验利用 t 分布为基础推断检验样本与原因变量发生差异的概率，从而判定方程的精度。t 检验基于 3 点假设，即两个样本应具有独立性、正态性、且方差齐次。根据样本不同，t 检验分别是单一样本、两独立样本、配对样本 3 种 t 检验。基于 t 检验的 3 点假设，本研究选用两独立样本 t 检验，因为这种 t 检验更适合前面所述的随机抽样得到的样本之间的比较。t 检验通过用样本代表总体的方法，推断两个小样本是否存在差异。其计算公式为：

$$t = \frac{|(\bar{x}_1 - \bar{x}_2) - (\mu_1 - \mu_2 = 0)|}{S_{x_1 - x_2}} = \frac{|\bar{x}_1 - \bar{x}_2|}{S_{x_1 - x_2}}, \quad \nu = n_1 + n_2 - 2 \quad (8\text{-}16)$$

$$S_{x_1 - x_2} = \sqrt{S_c^2 \left(\frac{1}{n_1} + \frac{1}{n_2}\right)} \qquad (8\text{-}17)$$

$$S_c^2 = \frac{(n_1 - 1)S_1^2 + (n_2 - 1)S_2^2}{n_1 + n_2 - 2} \qquad (8\text{-}18)$$

式中：S_c^2 为合并方差；S_1 和 S_2 分别为两独立对比样本的标准差。

本研究使用两独立样本 t 检验来检验实测生物量与估测生物量之间是否有显著差异。检验时假设 P 值小于 0.05 时，存在显著差异，具有统计学意义；否则存在共线性，即可说明样本来自同一总体，回归模型有实际意义。检验步骤为先用 F 检验，考虑整体回归系数，再对每个系数是否为 0 进行 t 检验。

将 11 组模型算出的生物量和其对应的样地实测生物量作为两个样本组输入

Spss18.0 中，使用两独立样本 t 检验，对结果产生作用的指标为 t 值、P 值。t 值是 0.5714，t 检验的显著性概率 $P = 0.5751 > 0.05$，接受原假设，认为两组样本的差异性不显著，所以可以认为生物量的原值和预测值的均值之间的差异不具有统计学意义。由此得出结论：遥感模型估测与实测生物量模型的估测精度满足生物量的遥感反演要求，可用该模型（$B = 393.53\text{NDVI} + 1.347\text{SAVI}-3.194\text{TM}_4$）对研究区的森林生物量进行估测。

估测生物量与实际生物量的关系如图 8-2 所示，可见预测关系良好。

从图 8-2 中可以看出，估测生物量与实地生物量的差异较小，生物量越小时，估测值与实测值相差越小，且实测值通常小于估测值；但生物量较大时，估测值要小于实测值。这是由于在用生物量转换因子连续函数法计算样地生物量时，采用的系数具有普遍适用性。由于将乐地区森林蓄积量较大，在调查中会检尺到较大的幼树，这些因素会导致利用生物量转换因子连续函数法计算的样地生物量有所增加。同时，由于遥感影像成像时，传感器会受到大气的影响，尽管本研究在影像处理阶段对影像做了辐射校正，同时植被指数也可以很好地削弱大气的影响，但仍然对图像存在一定的削弱作用，使得生物量遥感模型估算的生物量有所减少，而且存在一定程度的不确定性。但通过 t 检验的结果以及折线趋势可以看出，生物量遥感模型拟合的效果较好。

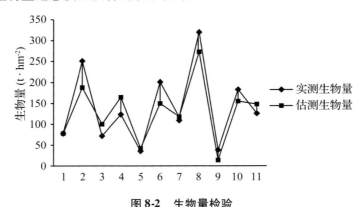

图 8-2　生物量检验

Fig. 8-2　Testing result of reality and estimated biomass

研究认为，将乐县森林生物量主要和 NDVI、SAVI 这两种植被指数以及 ETM +影像的 TM_4 波段线性关系更好。通过遥感影像、实地调查、森林资源二类调查数据可以看出该地区以人工林为主，主要的森林类型有针叶纯林、针阔混交林、阔叶纯林、毛竹林。除毛竹外的样地生物量计算，采用避免破坏林分的生物量换算因子连续函数法；对于毛竹林的生物量，主要采用相近经纬度地区的二元生物量经验值得到。这样不仅节省了大量的人力财力，同时由于经验方程建立时取得了大量的样本，使所得的生物量更具代表性。计算遥感估算生物量时常用的几个植被指数，并分别将样地实测生物量与遥感图像单波段数据、植被指数、地形因子进行相关性分析，结果表明，在所分析的因子中，与该地区森林生物量相关性较好的因子是 NDVI；将遥感因子同样地生物量进行逐步回归分析，结果表明 NDVI、SAVI、TM_4 作为自变量对反演生物量的效果更好。

8.2.4 森林生物量时空变化规律

森林生态系统具有复杂的时空结构，生态系统内部不断进行着物质循环和能量流动；除了复杂性，它还可以与周围的环境进行互动，具有开放性。因此环境因子对森林生态系统的影响不容忽视，它可以使系统在结构和功能上产生差异（张志东，2009）。本研究中森林生物量同样存在多变的模式，且受到生态环境因子的影响，因此我们运用生物量遥感模型对森林生物量的时空变化进行分析，研究生物量与其他环境因子及生长机制的关系。通过 8.2.3.2 节得到的回归方程，运用 Erdas 软件的 Model Maker 工具可以计算研究区的森林生物量，估测出 2001 年和 2010 年生物量，进而分析该地区植被生物量的时空分布规律。

8.2.4.1 生物量时间变化规律

从彩图 18 和彩图 19 中可以看出，高生物量主要集中分布在西北部的山区和西南部一些地区，而在人类活动相对频繁的地势平坦区域，只是零星地分布着一些高生物量区。将乐县 2001～2010 年间生物量无论是面积还是总量均呈现上升的态势，说明 10 年间该地区森林长势良好，积累了一定的生物量，同时也可以推测出通过实施林权改革，减少乱砍滥伐，对提高森林生产力也有一定效果。2001 年到 2010 年，森林植被单位面积的地上生物量同样有所增加，主要因为采伐迹地变少，退耕还林效果显著；但同时林木主要为经济树种更新速度快。2010 年的遥感影像显示出该地区的幼木较多，一定程度上影响了单位面积的生物量。这说明，集体林权制度改革为林农增加了经济效益的同时，也激发了他们经营的积极性。积极种植、抚育林木，并一定程度的退耕还林，提高荒山荒地的利用率。但也正是因为林木更新快，抑制了森林生产力的增加。因此，相比之下，2010 年的混交林要明显多于 2001 年，说明政府意识到了长期砍伐对地力的影响，开始采取一些措施改善土壤环境，努力达到可持续经营的效果。西南部有大量森林的原因可能是该地区靠近水库，植被长势更好，造成生物量普遍偏高。

利用遥感估测模型并结合该地区的土地利用类型，对研究区的森林生物量进行反演的结果，统计后如表 8-16 所示。

表 8-16　将乐县森林生物量统计结果

Table 8-16　Result of forest biomass in Jiangle

年份	毛竹林（t）	马尾松林（t）	杉木林（t）	阔叶林等（t）	生物量（t）	林地面积（hm²）	平均生物量（t · hm⁻²）
2001	29234.02	70693.2	83347.57	60814.91	24413985.35	178214.14	136.99
2010	35114.36	8332164.13	10240286.2	10762431.08	29369995.77	188722.8	155.84

从表 8-16 可以看出，将乐县 2010 年林地面积为 $18.87 \times 10^4 \mathrm{hm}^2$，较 2001 年的 $17.82 \times 10^4 \mathrm{hm}^2$ 增长了 5.7%，占全县总面积的比例达到 82%；2010 年森林生物量约 $2936.9996 \times 10^4 \mathrm{t}$，较 2001 年的 $2441.5 \times 10^4 \mathrm{t}$ 增长了 20.3%；2010 年的森林平均生物量为 $155.844 \mathrm{t} \cdot \mathrm{hm}^{-2}$，高于 2001 年的平均值 $136.99 \mathrm{t} \cdot \mathrm{hm}^{-2}$。原因是 2001 年该地区还未实施集体林权制度改革，同时偷采滥伐现象严重。10 年间，将乐县采伐迹地基本消失，林地面积增加了 4%。其中马尾松、杉木、阔叶树、毛竹等主要树种的种植面积有所增加的同时，主要树种的森林生物量均有所增加。杉木生物量增加得最多，主要是因为杉木这种速生丰产树种可以为林农带来更好的经济效益。但如果只种植杉木纯林会严重影响地力，造成森林生产力下降，因此，现在该地区更多采取的是杉木—马尾松、杉木—毛竹、杉木—阔叶树等混交林的方式种植经营。这样做不仅可以增加生物量，而且大大改善了土壤活力。

8.2.4.2　生物量空间分布规律

将乐县处于武夷山东南麓，全县山地丘陵面积占 89.13%，地形因子会对植物吸收太阳辐射能量造成影响，还会改变该地区降水的分配、水分的蒸发等（朱志诚，1994）。地形因子会与植物群落等分布特征存在一定的相关性。因此在分析森林生物量分布情况时，需分析地形对生物量的影响，为日后制定森林经营方案提供依据。

（1）海拔　无论是人们长期实践的结果还是学者对大量植被数据的研究，均发现植被的分布与海拔有明显的关系。由于海拔不同，影响温度、太阳辐射、水分等同植物生长密切相关的因子，因此高海拔、低海拔存在较大的植被差异，生物量分布也不尽相同。研究表明，亚热带乔木地上生物量和海拔有显著的关系，乔木层碳储量随着海拔的上升而变化。因此，本研究有必要对将乐县森林生物量分布与海拔的关系进行分析。使用本研究根据 DEM 提取的海拔分级和 2001 年、2010 年森林生物量分布图在 ArcGIS 9.3 中叠加，提取叠加后的森林生物量随海拔的分布状况。

从图 8-3 中可以看出，将乐县 2001 年和 2010 年森林生物量在各海拔上皆有

分布。分布的趋势均为 300 ~
1000m 的森林生物量高于海拔在
300m 以下的平坦区域以及 1000m
以上的高山地区。这主要与植被自
然分布的地带性有关系，也与人类
活动关系密切。其中，2001 年在
600 ~ 1000m 的垂直空间内的森林
生物量高于 300 ~ 600m 的区间，
1000m 以上的空间也有较多生物量
分布；而 2010 年的森林生物量分
布则较多的集中于 300 ~ 600m 范
围内，1000m 以上生物量的分布变
得较少。通过不同年份森林生物量

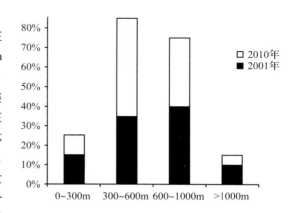

图 8-3　生物量随海拔分布
Fig. 8-3　**Biomass distribution in vertical space**

在垂直空间上的对比，说明人类活动的地区受到人为干扰严重，生物量普遍偏
低。2001 年高海拔地区的生物量主要来自自然生长，而随着人类抚育经营活动
的增多，种植大量的人工林，主要分布在 300 ~ 1000m 海拔范围内，因此，森林
生物量垂直分布逐渐偏低，且中低海拔分布较均匀。

　　（2）坡度　坡度可以影响一个区域森林生态系统的物质循环和能量流动（如
太阳辐射、土壤肥力等）。有研究认为，一定范围内，坡度越大，土壤有机碳的
含量越高（陈亮中，2010）；同时，坡度的变化可以影响人类的活动，人类活动
与坡度的变化一定程度上影响了森林生物量的分配，使得森林生物量随着坡度变
化表现了一定的规律性。本研究利用 DEM 提取的坡度分级图和 2001、2010 年森
林生物量分布图在 ArcGIS9.3 中叠加，提取叠加后的属性值即是森林生物量随坡
度分布情况，其中：0°~10°为平坡、10°~15°为缓坡、15°~30°为斜坡、30°~
45°为陡坡、45°以上为急坡。

　　从图 8-4 中可以看出，坡度大的区域，2001 年较 2010 年生物量相对多，这
主要是生物量随坡度自然变化决定的。在 2001 年时，人们乱砍滥伐现象严重，
相对而言，人为活动不易进入坡度大的地区。因此 2001 年坡度大的地区生物量
较 2010 年高些。总体来看，森林生物量主要集中在平坡、缓坡和斜坡等坡度较
小的地区。该区域是将乐县进行森林经营的主要实施地。其中缓坡生物量最高，
占了全县森林生物量的 50% 多。坡度较低地区生物量集中分布有几个原因。首
先，这部分森林得到林农和政府的重点抚育；其次，有耕地向林地化的用地；同
时，这些区域一般交通便利，人为的干扰程度较大，人工林较多，保证了森林覆
盖度，有效地增加了森林生物量。随着坡度增大，生物量减少主要是因为人类活

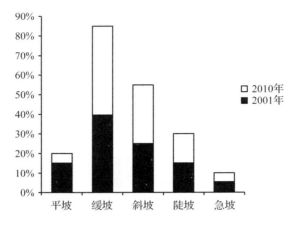

图 8-4 生物量随坡度分布

Fig. 8-4 Biomass distribution of different slope level

动减少，植树造林的程度低，而且陡坡的径流量较平缓坡地区有所减少，土壤含水能力降低，立地条件相对不好，森林生物量的积累受到限制。

8.2.4.3 人类活动

将乐地区作为集体林权制度改革示范区，其森林分布不但受地形、气候、森林类型等自然因素的影响，人类的干扰可以说是对该地区森林分布影响最大的一个因素。将乐县在林权改革前，全县的山地和森林格局为：全县确定有林地权属98%，尚有2%的林地未定权属。全县林地中，国有林地占12%；国家与公社共有林地占0.04%；集体所有制林地占87.07%；私人林地占0.2%；未定权属的占0.69%。在2003年之前，林农对造林、育林的积极性不高，收入也不高，造成森林生态系统的生产力不高；2003年后通过实施集体林权制度改革，明晰产权、承包到户，在坚持集体林地所有权不变的前提下，通过家庭承包方式落实到集体经济组织的农户，实现了资源增长、农民增收、生态良好、林区和谐的目标。同时增加森林生产力，提高森林生物量。

用遥感反演模型监测将乐县2001年和2010年的森林生物量，发现该地区森林面积和生物量从2001年到2010年呈显著增加趋势。其中，杉木林比重大，说明该地区种植了大量速生树种，森林更新速度快。这与当地植被类型多为经济林有关。同时由于集体林权制度改革的深入，集体承包到户，促进了林农的经营热情，增加森林产量，缩短经营周期，提高单位面积上的产值。但同时出现了森林地力下降的一系列问题，还需要加强管理，优产优育。只有可持续经营才能实现永续利用。此外，对比2001年和2010年将乐县森林生物量分布图可以预测，该地区森林随着前期栽培林木的生长发育，土地肥力恢复，使得该地区林地面积增加，从而改善了地力，对生态环境起到了积极的作用。

8.3 利用人工神经网络法估测将乐县森林生物量

8.3.1 研究数据及相关资料的获取

本节搜集和采集的数据主要包括以下部分：

①2010 年小班调查数据。数据中详细记录了小班号、小班位置、小班面积、小班蓄积、地类、林种、树种组成等信息。

②文献(Xiang 等，2011)研究中的 197 株实测马尾松数据。

③2010～2012 年实地标准地调查数据。根据研究区中树种的分布和森林类型多样性，针对性地设置了 60 多块标准地，在其中筛选出 50 块标准地进行建模。

④ETM + 影像数据 2 景，影像获取时间为 2010 年 03 月 03 日。

⑤30 m 分辨率的格网 DEM 数据，三明市 1∶5 万地形图。

8.3.2 遥感数据预处理

8.3.2.1 ETM + 图像去条带

2010 年后的 Landsat ETM + 数据影像边缘存在条带，使用之前要进行去条带校正处理。本研究采用多影像局部自适应回归分析模型来对图像进行修复；利用两到三景时相不同的遥感数据对每一景影像进行缝隙填充；选择局部区域面积最小，相关性最大的区域进行回归分析；其修复效果理想。

8.3.2.2 辐射校正

太阳辐射在大气中传播时会受到大气的反射和散射作用，辐射校正是通过纠正辐射亮度的方法来纠正大气对遥感影像的影响。大气辐射校正的方法大致的可以分为两类：即绝对辐射校正和相对辐射校正。绝对辐射校正消除大气的影响较为理想，但需要提供一系列的参数(如卫星参数、大气的能见度、地物的反射率等)，而这些参数的获取需要昂贵的代价，实际中难以实现。相对辐射校正的方法是利用图像像元灰度值，建立多时相遥感图像各个波段之间的校正方程，对遥感图像进行归一化处理，因而也称辐射归一化法。它不仅能够纠正大气状况变化带来的差异，而且能够削弱传感器等其他原因产生的噪音。相对辐射校正不需要遥感数据获取时的大气状况等参数，且操作简便，其效果甚至比有些复杂的绝对辐射校正方法还要好。但是在使用相对辐射校正方法时，要求参考图像与校正图像必须由相同的传感器在相似的大气和照度状况下获取。根据归一化处理函数性质的不同，将其分为两类：非线性校正法和线性回归法。其中使用最为广泛的是非线性校正法中高的直方图匹配法。本研究亦采用此方法对影像进行大气辐射校正。

8.3.2.3　几何精校正

从网站下载的 ETM + 数据已经在地面站进行了几何粗校正，在使用前只需进行几何精校正。遥感图像几何精校正是消除图像上的几何误差、得到正射影像或近似正射影像的过程。几何校正是将目标从一个二维空间转换到另一个二维空间的过程，其实质就是确定这个过程的转换函数。本研究以三明市 1:5 万地形图为参照，以 ERDAS9.3 软件为平台，建立一组控制点并采用最小二乘法进行转换函数参数的求解，以实现对 ETM + 影像的几何精校正。

8.3.3　基于 BP 神经网络的单木生物量模型构建

基于 MATLAB 软件平台，建立单隐层 BP 神经网络模型估测马尾松单木生物量，其拓扑结构如图 8-5 所示。输入层为各林木调查因子，输出层为生物量及其各个分量，隐层节点数(即隐层的神经元个数)需要主观给定。根据相关研究(傅荟璇，2010)，任意的 3 层 BP 神经网络隐层节点数均可用下式来确定取值范围。

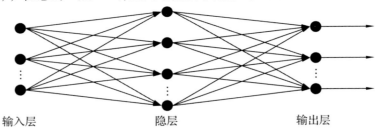

输入层　　　　　　　隐层　　　　　　　输出层

图 8-5　单隐层 BP 神经网络结构图

Fig. 8-5　Structure of a single hidden layer BP neural network

$$N = \sqrt{j + k} + 1 \qquad (8\text{-}19)$$

式中：N 为隐层节点数；j、k 分别为输入层和输出层节点个数；取 1 到 10 之间的整数。本研究采用试凑法在此范围内逐个取值，以确定最适宜的隐层节点数。输入层到隐层的激活函数采用双曲正切函数 tansig，其值域为(-1，1)，从而保证隐层的输入值在(-1，1)之间，隐层到输出层的传递函数采用线性函数 purelin，不对输出值做任何变换，保证隐层输出值与输出层的一致性。

本次建模共涉及 3 类 12 种算法：a 类为标准梯度下降算法(GD)；b 类为改进的梯度下降算法，包括可变学习率的梯度下降算法(GDX)、带动量的梯度下降算法(GDM)、弹性梯度下降算法(RP)和自适应学习率梯度下降算法(GDA)；

c 类为优化算法，包括 Levenberg-Marquardt 算法（LM）、贝叶斯归一化算法（BR）、拟牛顿算法（BFG）、Scaled 共轭梯度算法（SCG）、Powell-Beale 重置共轭梯度算法（CGB）、Polak-Ribere 共轭梯度算法（CGP）、一步正割算法（OSS）。未交代的参数采用软件默认设置。采用均方误差和决定系数对 BP 神经网络模型进行拟合精度评价（车少辉，2012；甘敬，2007），利用检验样本对模型进行仿真预测检验，以评价预估精度。

8.3.3.1 不同算法模型的对比分析

构建输入变量为胸径，输出变量为总生物量，隐居节点数为 10 的 BP 神经网络。依次以 12 种算法来进行训练，每种网络训练 20 次，计算收敛率（$K/20$，K 为收敛次数）、平均迭代次数、均方误差平均值和决定系数平均值。

由表 8-17 看出，GD 算法和 4 种启发式的梯度下降算法网络模型的迭代次数明显大于优化算法网络模型。其中，GD 算法和 GDM 算法网络模型的收敛率仅 20%，说明其收敛速度慢。这 4 种算法模型相对于优化算法模型均方误差更大，决定系数更小，表明其拟合优度相对更低。对比 7 种优化算法模型，在迭代次数和 R2 上 LM 算法模型均表现为最优；在 S 上，除了 BR 算法模型无法比较外（Matlab 软件中 BR 算法模型不是采用 S 评价网络性能），LM 算法模型亦为最优。说明 LM 算法模型训练收敛速度快，且模型拟合精度高，为最优的训练算法模型。以下的分析均以 LM 算法作为 BP 网络模型的训练算法。

表 8-17 不同算法的 BP 神经网络模型的对比

Table 8-17 Comparison of the different algorithm BP neural network models

算法	平均迭代次数	均方误差 S 平均值	决定系数 R^2 平均值	收敛率
BR	1.5	—	0.952	100%
LM	1.3	15.11	0.959	100%
BFG	8.8	16.52	0.940	100%
OSS	17.8	18.87	0.931	100%
RP	18.2	18.01	0.941	100%
SCG	10.8	17.94	0.938	100%
CGB	8.8	17.94	0.940	100%
CGP	10	16.50	0.942	100%
GD	902	27.83	0.896	20%
GDX	96.4	18.87	0.932	100%
GDA	132.6	19.89	0.931	100%
GDM	796	27.95	0.907	20%

8.3.3.2 优选 BP 神经网络模型的精度分析

（1）输入变量数对优选 BP 神经网络模型的影响　构建输入变量为胸径，输出变量为总生物量，隐层节点数为 10 的 BP 神经网络，命名为 LM-D-10-W_T。将模型 LM-D-10-W_T 的输入变量改变为 D 和 H，即同时引入两个输入变量 D 和 H，建立新的模型，命名为 LM-DH-10-W_T。

由图 8-6 的仿真效果可以看出，马尾松总生物量随胸径和树高按"J"型指数曲线增长。这与传统的一元、二元生物量相对生长方程的拟合结果相符合，表明 LM-D-10-W_T 和 LM-DH-10-W_T 的模拟结果符合客观规律。

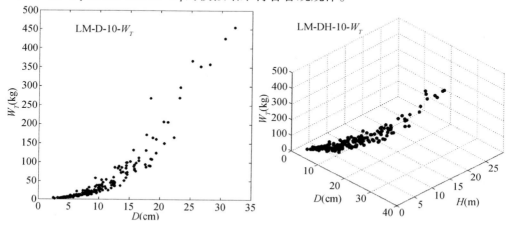

图 8-6　LM-D-10-W_T 与 LM-DH-10-W_T 的仿真图

Fig. 8-6　Simulation diagrams of LM-D-10-W_T and LM-DH-10-W_T

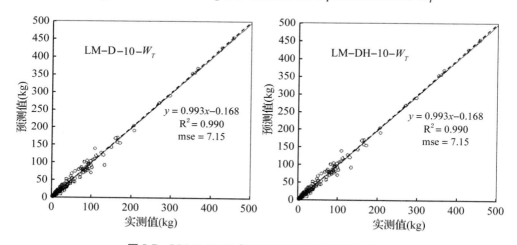

图 8-7　LM-D-10-W_T 与 LM-DH-10-W_T 的拟合效果

Fig. 8-7　Fitting results of LM-D-10-W_T and LM-DH-10-W_T

从图 8-7 的拟合效果看，LM-D-10-W_T（0.959）的 R^2 值小于 LM-DH-10-W_T（0.990），前者的 S 值（15.11）大于后者（7.15）。从二者输出值与实测值的线性

回归曲线看，前者的偏差大于后者，说明在拟合精度上后者更优。图 8-8 是二者的预估效果图，可以看出，后者的预估值更接近于实测值。因此，输入变量的增加不但不会影响 BP 神经网络模型的预估效果，而且使其精度略有提高。

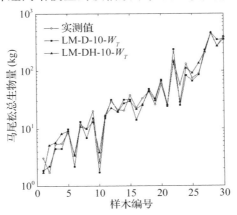

图 8-8　LM-D-10-W_T 与 LM-DH-10-W_T 的预估效果

Fig. 8-8　Estimation of LM-D-10-W_T and LM-DH-10-W_T

（2）输出变量数对优选 BP 神经网络模型的影响　　单木生物量的各分量亦是生物量研究的重要对象。将多个分量通过同一个 BP 网络模型同时估测出来，将省去很多建模和计算的工作量。在 LM-DH-10-W_T 的基础上改进网络结构，将输出变量由总生物量改为地上部分生物量和根生物量 W_R，构建新的 BP 神经网络模型（命名为 LM-DH-10-$W_A W_R$），并分别以 W_A 和 W_R 为输出变量构建单输出变量神经网络 LM-DH-10-W_A 和 LM-DH-10-W_R 作为对比。模型拟合结果见表 8-18。

表 8-18　单输出变量与多输出变量 BP 神经网络模型的拟合效果

Table 8-18　Fitting results of multiple output variables BP model and that of single

BP 神经网络模型	输出变量	输出值与实测值的回归方程	R^2	S
（1）LM-DH-10-W_A	W_A	$y = 0.965t + 0.768$	0.951	7.10
（2）LM-DH-10-W_R	W_R	$y = 0.958t - 0.071$	0.944	1.74
（3）LM-DH-10-$W_A W_R$	W_A	$y = 1.003t - 0.329$	0.951	6.51
	W_R	$y = 0.959t + 0.038$	0.947	1.67

注：W_R 为根生物量；y 为模型的输出值；t 为归一化后的生物量实测值。

从拟合效果看，模型（3）中 W_A 和的 R^2 均大于模型（1）（2），前者的 S 均小于后者。表明二输出变量模型的拟合精度高于单输出变量模型。从图 8-9 看，模型（3）与（1）（2）的预估值几乎相同，并与实测值几乎重合，即在输出变量增加的情况下，BP 网络模型仍能精确地估测生物量。

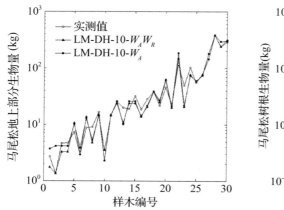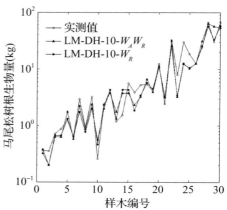

图 8-9　单输出变量与多输出变量 BP 神经网络模型的预估效果

Fig. 8-9　The estimates of multiple output variables BP model and single output variable BP model

8.3.3.3　优选模型隐层节点数的确定

上述分析均以隐层节点数为 10 为例，但不影响对比分析。为了构建更优的 BP 神经网络模型，下面进行最适隐层节点数的选择。

构建输入变量为 D 和 H，输出变量为 W_T、W_A 和 W_R，训练算法为 LM 算法，隐层节点数为 N 的 BP 神经网络。根据式 8-19 计算得，N 在 [3，12] 区间上取值。表 8-19 的对比结果表明，随着隐层节点数的增加，模型的 S 值先减小后增加，决定系数 R^2 先增大后减小，在 $n=8$ 时模型精度达到最高。因此最适宜的隐层节点数为 8。

表 8-19　不同隐层节点数的优选模型对比

Table 8-19　Comparison of different hidden layer nodes optimization algorithm network models

n	3	4	5	6	7	8	9	10	11	12
S	0.0092	0.0101	0.0075	0.0055	0.0049	0.0043	0.0043	0.0049	0.0052	0.0054
R^2	0.912	0.909	0.922	0.930	0.942	0.956	0.956	0.942	0.931	0.930

注：S 和 R^2 为变量归一化后计算的值，是在软件中直接生成的。

8.3.3.4　最优 BP 神经网络模型与相对生长模型的比较

表 8-20 中（4）为最优 BP 神经网络模型，（5）、（6）、（7）为利用相同数据构建的生物量相对生长模型。从表中明显地看出，BP 模型的性能要优于相对生长模型。且 BP 模型能够同时引入自变量胸径（D）和树高（H），同时估测出总生物

量(W_T)、地上部分生物量(W_A)和根生物量(W_R),应用更加简便。

表 8-20   LM-D-8-$W_T W_A W_R$ 的拟合结果

Table 8-20   Fitting results of LM-D-8-$W_T W_A W_R$

模型	输出变量	R^2	S
(4) LM-DH-8-$W_T W_A W_R$	W_T	0.990	6.65
	W_A	0.949	6.44
	W_R	0.947	1.68
(5) $W_T = 0.043 D^{1.750} H^{1.080}$	W_T	0.963	12.87
(6) $W_A = 0.037 D^{1.715} H^{1.116}$	W_A	0.904	8.83
(7) $W_R = 0.006 D^{1.949} H^{0.870}$	W_R	0.884	2.49

8.3.4   基于 BP 神经网络的森林生物量模型构建与应用

8.3.4.1   自变量的选择

遥感影像的亮度值充分反映了地物的光谱特性,ETM + 的可见光波段(Band 1 ~ 3)、近红外波段(Band 4)和短波红外波段(Band 5、Band 7)在植被识别和森林生长量预测方面都发挥着重要的作用。ETM + 影像的衍生波段,即植被指数,也是植物分类与识别中常用的数据。从生态学和地学的角度看,高程、坡度、坡向等也影响着植物的生长。因此,所选择的建模自变量包括 3 类:ETM + 原始波段(Band 1 ~ 5,7),ETM + 数据的派生波段(植被指数 DVI、归一化植被指数 NDVI、比值指数 RVI)和地学信息(高程 DEM、坡度 SLOPE、坡向 ASPECT),如图 8-10。

植被指数是根据不同的植被对红光和近红外光的反射特性不同,对这两个波段进行图像的运算,从而增强植被信息、削弱无用信息,以达到植被识别、植物生物量预测的目的。其计算方法如下:

①差值植被指数:$DVI = DN_{NIR} - DN_R$ (8-20)

式中:DN_{NIR} 和 DN_R 分别表示 ETM + 近红外波段和红光波段的亮度值。

②比值植被指数:$RVI = DN_{NIR}/DN_R$ (8-21)

③归一化植被指数:$NDVI = (DN_{NIR} - DN_R)/(DN_{NIR} + DN_R)$ (8-22)

坡度、坡向通过在 Arcgis 9.3 软件中对 DEM 进行地形分析处理获得。此外,各样地的位置数据是通过 GPS 在野外获取的。由于地形等因素影响,定位数据会有一定的误差。为消除因 GPS 定位数据而引起的误差,对每个自变量进行 3 × 3 个像元的邻域分析,即每个像元值由其周围 9 个(包括自身)像元的平均值代替。

根据相关性分析,12 个自变量之间存在较大的信息冗余。从表 8-21 可以看

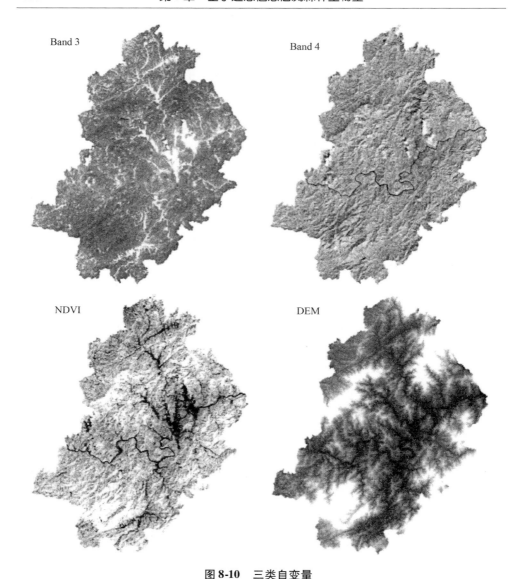

图 8-10 三类自变量

Fig. 8-10 Three kinds of independent variables

出，植被指数之间，植被指数与原始波段之间存在较大的相关性；高程与坡度坡向之间、坡向与各原始波段之间也存在着较大的相关性。因此，对 12 个变量进行主成分分析，通过降维来消除变量之间的自相关，最终压缩为 8 个主分量，以此作为模型的输入变量。同时，从生物量与各自变 E 的相关性看出，生物量与各因子间的线性相关性不高。说明生物量与遥感因子及地学因子之间的关系不适合用线性关系来解释，更适合用非线性拟合能力强的 *BP* 神经网络模型来诠释。

表 8-21 各变量之间相关性分析
Table 8-21 Correlation between variables

自变量	SR	DVI	NDVI	Band7	Band5	Band4	Band3	Band2	Band1	DEM	Aspect	Slope
SR	1.00											
DVI	0.98	1.00										
NDVI	0.99	0.99	1.00									
Band7	− 0.42	− 0.49	− 0.49	1.00								
Band5	− 0.20	− 0.27	− 0.27	0.97	1.00							
Band4	0.63	0.57	0.58	0.37	0.57	1.00						
Band3	− 0.66	− 0.74	− 0.72	0.90	0.80	0.14	1.00					
Band2	− 0.56	− 0.60	− 0.61	0.88	0.81	0.27	0.95	1.00				
Band1	− 0.56	− 0.56	− 0.58	0.70	0.61	0.18	0.82	0.93	1.00			
DEM	0.42	0.36	0.40	− 0.16	− 0.07	0.16	− 0.30	− 0.40	− 0.54	1.00		
Aspect	0.06	0.07	0.09	− 0.53	− 0.57	− 0.43	− 0.43	− 0.46	− 0.39	− 0.10	1.00	
Slope	0.27	0.25	0.27	− 0.35	− 0.31	− 0.05	− 0.34	− 0.36	− 0.33	0.17	0.53	1.00
Biomass	0.03	− 0.02	0.00	0.04	0.03	0.05	0.06	0.02	0.01	0.10	− 0.10	0.03

8.3.4.2 BP 神经网络模型系统的建立

（1）BP 模型的构建　构建 3 层 BP 神经网络模型（即 1 个输入层、1 个隐层和 1 个输出层），其中输入层节点数为 8，隐层节点数为 100，输出层节点数为 1。

比较各类算法的收敛率、平均迭代次数、均方误差平均值和决定系数平均值等性能参数，结果表明 Levenberg-Marquardt（LM）算法性能最优，因此在此亦采用 LM 算法作为森林生物量 BP 网络模型的训练算法。

以 50 个样地的遥感因子数据、地形因子数据及生物量数据作为模型的训练样本。其中，12 个原变量通过主成分分析得到的 8 个主分量作为模型输入变量。但由于各因子的量纲不同，数据的大小和范围有差别。故将原始数据归一化后再用于建模，以防止小数据信息被大数据信息淹没。最后的模拟结果通过反归一化处理将其还原。样地生物量通过归一化处理后作为模型的输出变量。

根据数据的特点，选用双曲正切函数 tansig 为输入层到隐层的传递函数，其值域为（−1，1），从而保证隐层的输入值在（−1，1）之间；选用线性函数 purelin 作为隐层到输出层的传递函数，其表达式为 $y = x$。函数不对输出值做任何变换，保证隐层输出值与输出层的一致性。从图 8-11 中可以直观地看出 BP 模型的结构。图中 W 为权值矩阵；b 为阀值矩阵。

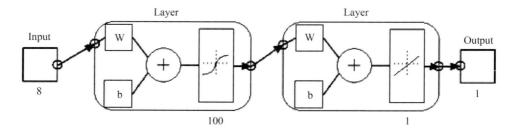

图 8-11　BP 网络模型结构示意

Fig. 8-11　Diagram of BP network model structure

（2）BP 模型的评价　图 8-12（A）是 BP 模型训练过程中，均方误差 S 的变化情况。在 Epoch＝6 时，达到预先设定的最小误差 0.001（这里的误差是归一化后的误差项）。图 8-12（B）是 BP 神经网络模型的拟合效果图，预测值与实测值之间高度相关，表明模型的拟合效果理想。

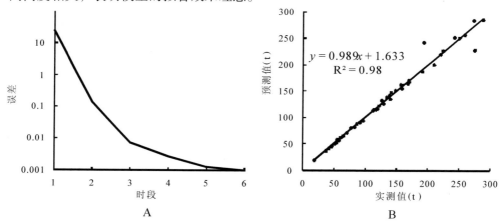

图 8-12　森林生物量 BP 网络模型训练误差变化图（A）和拟合效果图（B）

Fig. 8-12　Training error（A）and fitting effect（B）of forest biomass BP network model

8.3.4.3　BP 模型系统的应用

（1）森林生物量估算结果　将待估测的图像数据进行主成分变换和归一化后，输入到 BP 神经网络模型中。通过模型的运算，将输出的结果进行反归一化处理即得到将乐县森林生物量分布。首先，由表 8-22 可知，将乐县各森林类型中针叶混交林面积占了近三分之一，且由于其单位面积平均生物量大（高达 218.48 t·hm^{-2}），其生物量所占比例更是高达 36.38%；杉木纯林、针阔混交林和杉木毛竹混交林的面积和生物量所占比例接近；马尾松纯林、毛竹纯林和阔叶混交林单位面积平均生物量较小，其生物量所占比例低于面积。同时，由彩图

15 森林生物量分布可以看出，将乐县的北部、东部和西南部生物量水平较高，中部生物量水平最低。

表8-22 将乐县森林生物量 ANN 法估算结果

Table 8-22 Estimation result of forest biomass by ANN method in Jiangle

森林类型	面积（hm^2）	面积比例（%）	生物量（t）	生物量比例（%）	平均生物量（$t \cdot hm^{-2}$）
杉木纯林	35092.26	18.59	5977004.23	18.65	170.32
马尾松纯林	25501.21	13.51	2503215.03	7.81	98.16
毛竹纯林	362.39	0.19	14737.16	0.05	40.67
阔叶混交林	33641.26	17.83	4304491.72	13.43	127.95
针阔混交林	40685.75	21.56	7582175.36	23.66	186.36
针叶混交林	53359.44	28.27	11657962.60	36.38	218.48
杉木毛竹混交林	80.49	0.04	8146.81	0.03	101.22
合计	188722.80	100	32047732.90	100	169.81

（2）森林生物量空间分布　分析前人的实践与研究表明，生态群落的分布跟气候与地形变化有着明显的相关性。作为典型的生态群落，森林的分布随着地形的变化表现出显著的规律性，森林生物量的空间分布情况也不尽相同。下面从海拔、坡度和坡向3个方面，结合森林生物量 BP 神经网络模型，分析研究区森林生物量的空间分布情况。

①海拔：从图8-13看出，平均单位面积森林生物量随着海拔的增加，呈现逐渐上升的趋势。海拔300～600m区域与海拔300m以下区域相比，单位面积森林生物量明显上升，这与人类生产活动有关。低海拔区域往往是人类活动相对频繁的区域，是林业生产比较活跃的区域，也是森林植被遭受破坏严重的区域，因此森林生物量水平低。相反，在海拔相对较高的区域，即300～1000m，由于森林的可及度降低，遭受到的人为干扰相对较小，因此这个区域内的森林质量较高，其生物量水平也较高。在海拔1000m以上的区域内，森林生物量水平有所下降，其可能原因是，由于海拔的升高，水分和气候条件下降，导致森林质量有所下滑。

②坡度　森林生态系统的能量交流与物质循环受坡度的影响较为明显。有学者指出，不同坡度范围内，森林生态系统中的太阳辐射能量、土壤基岩、土壤有机质含量、森林持水能力等均表现出变异。此外，坡度的增大会使人类的活动受到限制。这些原因均导致了森林生物量在不同的坡度上表现出不同的分布规律。本研究将坡度划分为5个等级：0°～10°为平坡，10°～15°为缓坡，15°～30°为斜坡，30°～45°为陡坡，45°以上为急坡。

从图8-14中可以看出，坡度小于15°的平坡区域平均每公顷森林生物量仅有

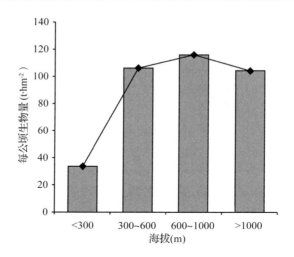

图 8-13 　研究区森林生物量海拔分布

8-13　Forest biomass distribution with altitude changes

$62t \cdot hm^{-2}$，水平较低；缓坡和斜坡是森林生物量水平较高的区域，其中缓坡可达到平均 $120 \ t \cdot hm^{-2}$，斜坡区域平均 $104 \ t \cdot hm^{-2}$；陡坡和急坡生物量水平呈现急剧下降的趋势。生物量水平随坡度的变化趋势可以归结为几点原因：首先，平坡地区大多在海拔较低的地方，人类活动最为频繁，森林受人为干扰、人类生产活动影响较大，因而森林质量不高，生物量水平较低；其次，缓坡和斜坡地区通常是政府和林农比较重视的区域，是人们重点抚育和保护的对象，而且随着坡度

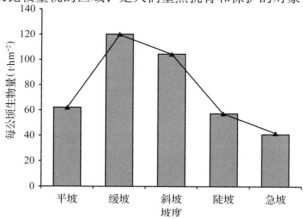

图 8-14 　森林生物量水平随坡度的变化

Fig. 8-14　Forest biomass distribution with slope change

的增大，森林受人类破坏较少，因而森林生长的较好，森林生物量水平相对较高；随着坡度的继续增大，气候条件下降，地表截流减少，森林保持水土能力下降，致使森林质量下降，森林生物量水平逐渐下滑。

③坡向　坡向是对森林分布影响比较明显的一个因子，森林生物量也随坡向的变化有着显著不同。从图 8-10 中可明显地看出，生长在阳坡的森林比生长在阴坡的森林生物量水平高。

第 **9** 章

森林生物量和碳储量的比对研究

本研究对不同林龄的杉木、马尾松、落叶松和毛竹林进行标准地和生物量的野外抽样调查和取样；将整个生态系统分为乔木、林下植被、残体和土壤 4 个储碳库层；通过基于林分调查与标准木（标准植株）各器官组分特征因子和生物量的测定，构建了估算效果理想的模型；用以估算主要植被种类的生物量。并基于遥感影像数据采用多元回归分析和人工神经网络两种方法估测森林生物量。同时，测定植被和残体各个器官组分的含碳率，计算了土壤的碳含量和碳储量。据此，得到东北的落叶松林以及南方杉木林、马尾松林、毛竹林的生物量和碳储量的分配状况和动态变化规律。比对分析了不同研究方法的优劣，以及不同树种、不同区域森林之间的有机物质生产和碳积累水平的大小。

9.1 不同树种生物量比较

9.1.1 落叶松林

9.1.1.1 林分和遥感因子模型估测乔木生物量效果比较

林分调查因子生物量模型是样地实测建模方法中，目前国内外最普遍采用的估测方法，对相同树种不同器官的估测效果较好，也可对中小尺度范围的生物量进行精准估测，精度较高。如邢艳秋等（2005）利用森林调查数据，对长白山针阔混交林建模估测的精度达到了 95% 以上。基于植物光合作用原理的遥感信息模型法主要包括遥感信息因子估测模型法、基准样地法和人工神经网络模型法等。其中，遥感信息因子估测模型法适合区域尺度估测，与人工神经网络法和基准样地法相比，其机理简明、方法便捷。如郭志华等（2002）在研究粤西地区森林蓄积和生物量时，利用逐步回归法建立的遥感因子估测模型中，各系数的显著水平都在 0.05 以上。为此，本研究进一步研究了林分和遥感因子的线性模型分别对落叶松地上部分生物量的估测效果。对比分析两种线性模型估测生物量的精度差异和实用价值。

采用 Spss16.0 软件 analyze 功能将一共 34 个样地（表 8-1）中 29 个样地的落

叶松地上部分生物量与林分因子和遥感信息因子分别进行逐步线性回归,建立模型(参见 8-1 节内容);将剩下 5 个样地的数据带入模型估测,与样地实测数据进行误差分析。在 5 个用于模型验证的样地中,落叶松的平均年龄分别为 8、19、24、33 和 36 年,其中 1 号样地落叶松的平均年龄在所有调查样地中最小,3 号样地为落叶松纯林样地,其他均为混交林。根据北方人工落叶松龄组(国家林业局,2004)的划分标准,将 1 和 2 号检验样地划分为幼龄林,3、4、5 号检验样地划分为中龄林。以收获法实测的生物量为参考,比较两种模型的估测效果。其中,林分因子选取样地的平均基径、胸径、树高、第一活枝高、树冠指数、林龄以及样地蓄积(V,m·hm^{-2})7 个因子,遥感因子选取 TM 灰度值、NDVI、RVI、DVI、SAVI、MSAVI 6 个因子。样地地上部分生物量由树皮生物量、干材生物量、活枝生物量、树枝生物量(包括活枝和死枝)、叶花果生物量、树冠生物量(包括叶花果生物量和活枝生物量)6 个部分构成。

由表 9-1 可以看出,研究区 1 号检验样地中林分因子模型预测落叶松生物量的效果明显优于遥感因子模型。林分因子模型的平均相对误差(MRE)值为 15%。原因在于该样地林分正处于幼龄林阶段,覆盖率仅为 30%,林冠间的空隙较大,草本和灌木的光谱信息严重干扰遥感因子模型的估测精度,加之地上部分生物量的遥感因子模型选取了受土壤背景影响明显的 NDVI(该植被指数证明在植被覆盖度较小时由土壤变化带来的影响较大(郭铌,2003),所以相对于覆盖度较高的中龄林而言,其误差较大。2、3、4、5 号检验样地的落叶松林接近中龄林,这 4 个调查样地的植被覆盖率大于 75%,可以认为土壤对植被指数的影响消失(当植被覆盖度大于 40%,土壤对 NDVI 的影响逐渐消失(田庆久,1998;王正兴,2003),此时这 4 个中龄林样地的林分因子模型 MRE 值均远小于 1 号样地。其中,遥感模型和林分因子模型的 MRE 值分别在 4%~22% 和 10%~18%,误差值之和分别为 329.9t 和 313.6t,说明这 2 种模型对落叶松中龄林生物量的估测效果相当。3 号检验样地虽然属于中龄林,但该样地为落叶松纯林,对林分因子调查和样地总蓄积的测定精度较高,因而该样地林分因子模型的估测效果(MRE 值为 4%)好于其他样地。遥感因子模型在估测中龄纯林时,受其他树种、灌草和土壤的干扰较少,所以模型估测误差(MRE 值为 10%)比其他样地低。

在研究区落叶松活枝、叶花果、树枝和树冠部分的生物量估测中,采用遥感因子模型所估测的误差相对小于其他器官,整体上略优于林分因子线性模型。遥感因子模型 MRE 最小值为 3%,最大值为 25%。由于树叶是光谱反射和吸收差异最大的器官,获取的遥感因子数据误差较小,而林分因子模型所采用的材积、年龄、胸径等林分调查因子不能直接反映活枝和叶花果的信息;且叶花果遥感因子模型采用 MSAVI 作为唯一因子,减小了对裸露土地较多的幼龄林生物量估测

表 9-1　　林分因子模型法与遥感因子模型法估测效果的比较

Table 9-1　Comparision of biomass estimate effects between stand factors and RS factors model　　　　　（单位：t·hm^{-2}）

器官	生物量	样地 1	样地 2	样地 3	样地 4	样地 5	器官 MRE(%)
树皮	I	0.51	7.26	8.30	10.18	9.58	—
	II	2.51	5.99	5.18	11.05	11.39	1
	III	-1.90	7.49	5.46	9.83	11.22	10
干材	I	2.00	26.79	37.08	76.72	89.94	—
	II	-5.07	39.93	41.24	63.67	70.70	9
	III	-28.08	38.49	46.40	70.66	75.90	13
活枝	I	1.47	7.00	10.12	13.35	14.77	—
	II	-0.26	10.45	13.32	14.45	12.48	8
	III	-5.72	9.24	4.76	15.94	21.05	3
树枝	I	1.47	12.71	13.75	24.08	16.76	—
	II	-12.21	15.20	23.41	39.42	33.21	44
	III	-12.10	14.69	8.35	22.41	27.24	12
叶花果	I	2.74	3.62	3.65	5.57	6.71	—
	II	-2.15	3.59	4.32	10.88	11.69	27
	III	-3.87	4.28	2.51	6.31	7.51	25
树冠	I	4.21	10.61	12.97	18.91	21.48	—
	II	0.55	14.76	18.52	20.19	17.57	5
	III	-6.46	13.39	7.44	22.27	29.04	4
总生物量	I	6.72	50.38	62.77	116.54	122.98	—
	II	7.76	61.38	65.44	103.71	99.38	6
	III	-65.85	56.65	56.74	99.30	100.88	31
样地 MRE(%)	I	—	—	—	—	—	—
	II	15	22	4	11	19	—
	III	108	12	10	15	18	—

注：I 为实测生物量；II 为林分因子模型估测的生物量；III 为遥感因子模型估测的生物量；MRE：生物量平均相对误差。

的误差，因此遥感因子模型估测叶花果的精度相对高于其他器官。人工林中有不同程度的人为整枝干扰，林分因子模型估测枝叶生物量会产生误差，而遥感模型估测中，遥感信息主要源于树叶部分的吸收和反射，所以一定程度上避开了整枝等树冠下层的人为干扰。可见，采用 TM 灰度值、NDVI、RVI、DVI、SAVI、MSAVI 6 个遥感因子对落叶松各器官和地上总生物量进行估测，得出遥感因子模型对中龄林（特别是纯林）叶花果、树冠生物量的估测效果最佳。这与马泽清等（2008）基于 TM 影像建立遥感模型对南方湿地松生物量估测的结果相似。遥感因子模型估测生物量时，使用 NDVI 建立的线性模型在估测生物量时容易造成饱和现象，必须分割土壤背景的影响，以观测真实的植被指数。

在落叶松各器官的生物量估测中，林分因子线性模型估测树皮、干材和地上部分总生物量的精度优于遥感因子模型。林分因子线性模型的 MRE 最小值为 1%，最大值为 9%。其中林分因子线性模型估测地上部分总生物量的误差为 6%；而遥感因子模型则达到了 31%。导致这种结果的主要原因在于：第一，由于本研究采用的遥感模型中使用了 NDVI 等植被指数，当植被覆盖度较高时，红光通道易饱和以及自身公式算法等影响，NDVI 并不呈现简单的线性关系，造成模型估测误差较大。如植被覆盖度较高的 4 和 5 号样地的遥感模型估测值明显小于实际值。第二，利用遥感因子模型估测树皮、干材和地上部分生物量时，其原理是基于不进行光合作用的树皮、干材以及枯枝等器官生物量与参加光合作用的树冠部分生物量具有线性相关关系，通过嵌套式双重线性相关进行回归建立模型。该方法受树皮、干材与树冠的线性相关精度影响，产生误差积累，造成树皮、干材估测的精度下降。

可见，林分因子线性模型预测落叶松幼龄林生物量的效果明显优于遥感因子模型；而两种模型对中龄林(除纯林外)生物量的模拟效果则相近，但林分因子模型对树皮、干材和总生物量估测的效果在整体上优于遥感因子模型。许俊利 (2009)在相同试验区采用 7 种非线性模型对兴安落叶松生物量进行估测，利用胸径和树高为自变量建立的地上生物量、树干生物量、树冠生物量、树枝生物量和叶花果生物量非线性模型精度分别为 92.28% ~ 94.78%、91.16% ~ 95.49%、84.74% ~ 87.49%、84.34% ~ 87.03% 和 84.07% ~ 87.73%。与许俊利的研究结果相比，本研究中林分因子线性模型对叶花果和树冠生物量的估测精度略高，其余器官的生物量估测精度均处于非线性模型的精度范围内。还可以推断：林分因子线性模型在估测树叶和树冠部分生物量时，其精度高于由胸径和树高所建立的非线性模型。造成非线性模型精度较低的主要原因是非线性模型采用了胸径和树高作为自变量。这 2 个因子与树干、树枝的关系更紧密。而林分因子线性模型中的年龄、冠幅指数等因子则可以更好地反映叶花果和树冠的信息。目前大部分非线性模型主要利用胸径、树高或其多次方作为自变量。虽然模型因子较少，对多个器官生物量的估测比较容易，但对叶花果和树冠的估测效果相对较差。相比之下，在获得丰富的二类调查数据基础上，采用林分因子线性模型估测生物量的效果更佳。但随着生物量模型的发展，在估测不同器官生物量时，选择合适的林分因子拟合非线性模型将会大大提高估测精度。

总之，遥感因子模型与林分因子线性模型对生物量进行估测均遵循线性拟合建模的原理。后者依据林木生长和结构特点选择了年龄、胸径、基径、材积和树冠等林分因子，所建立的不同器官生物量模型的代表性较好，精度也高于遥感线性模型。但该模型需要获得实测林分因子信息，在大范围内使用时，即使以一类清查数据为基础，也会由于数据的 5 年清查周期而制约其在动态监测方面的效率。今后在使用模型估测森林生物量时，需要注意区分不同的试验目的、精度要求，并参考采用的数据类型和试验区域的环境等，综合考虑和选择适合的模型。

9.1.1.2 与其他林分生物量比较

相比其他地区的落叶松林，如图 9-1 所示，研究区域中落叶松林中乔木（仅指活立木）的生物量稍高于长白山地区生长的落叶松（王春梅等，2010），二者生长趋势几乎一致；高于华北落叶松林（杜红梅等，2009），但是明显低于南方生长的日本落叶松人工林（沈作奎，2005）。虽然林分造林密度较低（3330 株·hm^{-2}），但是本研究估算的落叶松乔木生物量基本高于以上三地的落叶松（2214～8075 株·hm^{-2}）。相比落叶松天然林群落生物量（吴刚等，1995），落叶松林群落生物量 202.84 t·hm^{-2}低于 120 年生落叶松天然林的 250.96 t·hm^{-2}，接近于兴安落叶松天然林的 199.876 t·hm^{-2}，还低于华北落叶松天然林 277.89 t·hm^{-2}和西伯利亚落叶松天然林 244.63 tC·hm^{-2}。平均而言，落叶松林乔木生物量为天然林的 77.23%，林下植被仅为 19.35%，但是残体生物量却是天然林的 4.47 倍，足可见人为抚育间伐等干扰的影响。

与国内其他类似研究结果相比，落叶松林群落生物量要低于杉木人工林的 240.54 t·hm^{-2}（杨玉盛等，2005）、马尾松人工林的 223.71 t·hm^{-2}（丁贵杰等，2001）、樟树人工林的 532.4 t·hm^{-2}（姚迎九等，2003）、楠木人工林的 358.2612 t·hm^{-2}（马明东等，2008）及柳杉人工林的 550 t·hm^{-2}（段文霞等，2007）等南方阔叶树种人工林；稍高于杉木—火力楠混交林的 172.58 t·hm^{-2}（黄宇等，2005），高于栓皮栎人工林的 90.640 t·hm^{-2}（鲍显诚，1984）、北方柏树人工林的 104.800 t·hm^{-2}（吴鹏飞等，2008）、阔叶红松人工林的 44.93 t·hm^{-2}（刘强等，2004）和马尾松—杉木混交林的 110.320 t·hm^{-2}（康冰等，2006）。可见，该地区落叶松林在合理的经营管理下，群落具有较高的生产力和生物量。

以落叶松中龄林为例，落叶松林中龄林阶段群落生物量约为 138.615t·hm^{-2}，乔木层生物量达 108.494t·hm^{-2}，占林分总现存量78.42%；倒落木质物、剩余堆积物和林下植被生物量分别为 21.25t·hm^{-2}、7.513t·hm^{-2}和 1.331t·hm^{-2}。群落生物量空间分布序列为：乔木层 > 倒落木质物层 > 剩余堆积物 > 林下植被层。同时，其在群落生物量生产力方面：年平均生产量为 6.783t·hm^{-2}·a^{-1}，活生物量年生产量为 3.346t·hm^{-2}·a^{-1}，各层年生产量结果见表9-2。群落及乔木层 NP/B 值分别等于 0.0489、0.455，乔木层为 4.931t·hm^{-2}·a^{-1}，占总量的 72.70%，均高于长白落叶松天然成熟林（吴刚等，2005），可见中龄林生物量潜力巨大。特别

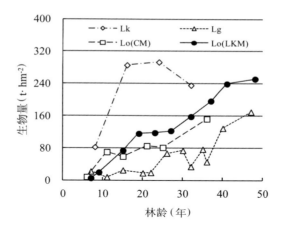

图9-1 不同类型落叶松林生物量比较

Fig. 9-1 Comparison of tree biomass with previous estimates of other larch plantations

Lk-日本落叶松（沈作奎等，2005）；Lg-华北落叶松（杜红梅等，2009；
Lo（CM）-落叶松（王春梅等，2010）；Lo（LKM）-本研究

是，根据相关报道可知：兴安落叶松（*Larix gemelinii*）中龄人工林地上生物量为 69.591t·hm^{-2}（孙玉军等，2007）；华北落叶松乔木层生物量为53.762t·hm^{-2}，枯枝落叶层为9.188t·hm^{-2}，而林下植被层仅为0.383t·hm^{-2}（杜红梅等，2009）；长白落叶松天然成熟林群落生物量为250.96 t·hm^{-2}，乔木层为208.66t·hm^{-2}，平均净生产量分别为10.10t·hm^{-2}·a^{-1}和9.48hm^{-2}·a^{-1}（吴刚等，2005）；日本落叶松（*Larix leptolepis*）人工林中龄林群落生物量为232.8t·hm^{-2}，平均净生产量为8.954t·hm^{-2}·a^{-1}（沈作奎等，2005）。可见，该地区落叶松林群落生物量及平均净生产量远高于兴安落叶松和华北落叶松林，高于我国寒温带针叶林 91.90t·hm^{-2}和针叶或针阔混交林植被129.52t·hm^{-2}的平均生物量值（王效科等，2004；李高飞等，2004），但低于日本落叶松人工中龄林和长白落叶松天然成熟林。

此外，落叶松中龄林活生物量净生产量为3.346hm^{-2}·a^{-1}，乔木层在活生物量中占97.37%，远高于林下植被；而在死生物量中，剩余堆积物和倒落木质物分别占43.72%、56.28%，人为干扰相当于植被生长过程中的自然凋谢。死生物量与活生物量的比值33.93%即为活/死生物量转化率，可见每年大约1/3活生物量转化为死生物量，进而储存到土壤中。

表 9-2　落叶松林群落生产力状况

Table 9-2　Community productivity of other larch plantations

群落层次	年均净生产力 $(t \cdot hm^{-2} \cdot a^{-1})(\%)$	干物质累计速率	生物量年生产力 $(t \cdot hm^{-2} \cdot a^{-1})$
乔木层	4.931(72.70)	0.045	+5.064
林下植被	0.133(1.96)	0.100	
剩余堆积物	0.751(11.08)	0.100	-1.718
倒落木质物	0.967(14.26)	0.045	
合计	6.783	0.0489	+3.346

9.1.2　杉木、马尾松和毛竹林

表 9-3 显示了基于标准地和生物量调查数据计算的杉木、马尾松和毛竹林生物量的研究结果。首先，可知 3 种森林群落生物量均随林龄增加而增大，幼龄林最少，成熟林最大，而过熟林生物量比较成熟林明显降低。杉木和马尾松林群落生物量在各龄组差异均不大，竹林幼龄林阶段与它们相差不多，之后增长缓慢，中龄林、成熟林和过熟林则明显处于低水平。同时，在碳库层空间分布上，3 树种群落生物量均以乔木层为最大，杉木林残体层储量可观(占 13.34%)，林下植被层最小(占 2.75%)；马尾松林灌草生物量和残体大小相近，所占比例 3% 左右；竹林的林下植被生物量($4.02\ t \cdot hm^{-2}$)则明显大于残体($2.7\ t \cdot hm^{-2}$)，所占比例高近 5%。最后，3 树种间，马尾松林不同龄组的乔木层生物量均大于杉

表 9-3　不同龄组杉木、马尾松和毛竹林生物量及分配

Table 9-3　Biomass distribution of *Cunninghamia lanceolata*, *Pinus massoniana*, and *Phyllostachys pubescens* plantations at different stages

指标	森林类型	碳库层	幼龄林	中龄林	近熟林	成熟林	过熟林	平均
生物量 $(t \cdot hm^{-2})$	杉木林	乔木层	32.76	113.35	154.21	203.59	172.07	135.2
		林下植被层	4.46	4.43	4.22	4.42	4.61	4.43
		残体层	4.38	24.43	27.98	31.79	18.91	21.5
		合计	41.6	142.21	186.41	239.8	195.59	161.12
	马尾松林	乔木层	33.94	147.23	—	228.92	—	136.7
		林下植被层	5.91	6.06	—	2.38	—	4.78
		残体层	1.27	3.84	—	6.82	—	3.98
		合计	41.12	157.13	—	238.12	—	145.46
	毛竹林	乔木层	22.88	31.95	—	40.58	18.91	28.58
		林下植被层	2.69	5.35	—	3.36	4.7	4.02
		残体层	1.53	2.38	—	2.63	4.23	2.7
		合计	27.1	39.68	—	46.58	27.84	35.3

（续）

指标	森林类型	碳库层	幼龄林	中龄林	近熟林	成熟林	过熟林	平均
所占比例（%）	杉木林	乔木层	78.75	79.71	82.73	84.90	87.97	83.91
		林下植被层	10.72	3.12	2.26	1.84	2.36	2.75
		残体层	10.53	17.18	15.01	13.26	9.67	13.34
		合计	100	100	100	100	100	100
	马尾松林	乔木层	82.54	93.70	——	96.14	——	93.98
		林下植被层	14.37	3.86	——	1.00	——	3.29
		残体层	3.09	2.44	——	2.86	——	2.74
		合计	100	100	——	100	——	100
		乔木层	84.43	80.52	——	87.12	67.92	80.96
		林下植被层	9.93	13.48	——	7.21	16.88	11.39
		残体层	5.65	6.00	——	5.65	15.19	7.65
		合计	100	100	——	100	100	100

注：毛竹林的竹度 1、2、3 和 4 及以上，分别对应乔木林的幼龄林、中龄林、成熟林（包括近熟林）和过熟林 4 个龄组（下同）。

木林，成熟林时 228.92 t·hm^{-2} 明显大于杉木的 203.59 t·hm^{-2}，二者平均值基本相等。竹林乔木层一直处于较低水平，平均值仅约为马尾松和杉木林的 20%。杉木、马尾松和竹林三者的林下植被层生物量大小接近，在 4.5 t·hm^{-2} 左右。残体层明显以杉木林为最大，平均为 21.5 t·hm^{-2}，特别是由幼龄林发育至中龄林时增加了近 5 倍；马尾松林残体生物量 3.98 t·hm^{-2}，稍高于竹林 2.7 t·hm^{-2}。

　　利用两种遥感估测方法估算的杉木、马尾松和毛竹林生物量结果对比如表 9-4 所示。可见，利用多元回归分析法和人工神经网络法估测的将乐县森林生物量总量较为接近（2.9×10^7 t 和 3.2×10^7 t），单位平均生物量也相差不大（155.63 t·hm^{-2} 和 166.91 t·hm^{-2}），但是，各群落则明显不同。利用多元回归分析法估算的杉木、马尾松和竹林生物量分别是人工神经网络法的 1.7、3.3 和 2.4 倍，占森林面积三分之二的其他林分的生物量则仅为一半。可见，在遥感影像数据及其预处理程序基本一致的情况下，反映了两种遥感估测方法在建模方面存在的明显差异，导致了计算结果大为不同。分析认为，首先，单木生物量模型构建方面，Levenberg-Marquardt（LM）算法作为单木生物量 BP 网络模型的最优训练算法，保证了 BP 神经网络在单木生物量估测上的适用性。其次，BP 神经网络模型应用于森林生物量时，采用 LM 算法作为训练算法，构建 3 层 BP 神经网络模型，最后将主成分变换和归一化后的图像数据输入 BP 神经网络模型中进行运算，反归一化处理输出的结果，得到森林生物量及分布。另外，构建的多输入多输出的 BP 神经网络模型，可以在输入层同时引入多个调查因子作为输入变量，在输出层同时加入总生物量及其多个分量，一次性地估测出单木总生物量和各分量，在实际中将减少大量生物量的建模和计算工作。因此，认为基于遥感影像信息估测森林生物量时，人工神经网络模型的性能和精度较多元回归分析模型高。

表 9-4　　两种遥感估测方法对将乐县 2010 年森林生物量的估算结果对比

Table 9-4　　Estimation result of forest biomass by ANN method for Jiangle at 2010

森林类型	方法	面积		生物量		平均生物量 （t·hm^{-2}）
		数值（hm²）	比例（%）	数值（t）	比例（%）	
杉木林	多元回归	35092.26	18.59	10240286.20	34.87	291.81
	ANN			5977004.23	18.65	170.32
马尾松林	多元回归	25501.21	13.51	8332164.13	28.37	326.74
	ANN			2503215.03	7.81	98.16
毛竹林	多元回归	362.39	0.19	35114.36	0.12	96.90
	ANN			14737.16	0.05	40.67
其他	多元回归	127766.94	67.7	10762431.08	36.64	84.29
	ANN			23552776.48	73.49	184.34
合计	多元回归	188722.8	100	29369995.77	100	155.63
	ANN			32047732.90	100	169.81

一般认为，基于林分因子构建的回归模型是估算生物量的最有效途径。相对而言，该法估算的杉木、马尾松和竹林的生物量结果与人工神经网络法差异较小，而且其估算了林下植被和残体层生物量，因此有更好的全面性和准确性，可信度较高。

9.2　不同树种含碳率比较

含碳率是生物量转化为碳储量的中间系数，其测定精度直接关系到碳储量的准确性。以生物量为权重值，加权平均得到不同龄组的森林群落各层的含碳率。由表 9-5 可见，不同龄组间，杉木、马尾松、落叶松和竹林群落各层的含碳率不同，基本无明显的随龄林增大而增减的规律可循。群落不同层次间，含碳率基本以乔木层最大，林下植被层其次，而残体层最小。落叶松林含碳率大小排序稍有不同，依次为：乔木（47.6%）＞林下植被（44.1%）＞残体（41.2%）。群落各层中平均含碳率，乔木层大小依次为：马尾松林＞杉木林＞落叶松林＞竹林；林下植被层为：落叶松林＞杉木林＞竹林＞马尾松林；残体层为：马尾松林＞杉木林＞竹林＞落叶松林。群落整体而言，平均含碳率大小依次为：马尾松林＞杉木

林 > 落叶松林 > 竹林。

本研究所得杉木林和马尾松林乔木层含碳系数 50.3%（引用值）和 51.4%，与魏文俊等（2007）的相关研究的结果（杉木 50.2%、马尾松 50.1%）差异不大。落叶松乔木的加权平均含碳率为 47.6%，明显低于杉木和马尾松，但与 Zhang 等人（2009）测定的东北地区树种结果相比，落叶松含碳率较黄檗（55.1%）、红松（53.2%）、水曲柳（52.9%）、核桃楸（52.4%）低 4.6% ~ 6.8%，与蒙古栎（47.6%）相近，高于兴安落叶松（46.9%）、色木槭（46.4%）和白桦（46.1%）。同时，落叶松含碳率低于华北地区阔叶树的平均值（48.80%）和华北落叶松（51.58%）（马钦彦等，2002）。此外，毛竹林乔木层含碳率（42.9%）明显低于杉木和马尾松，低于桉树（48.8%）等树种（魏文俊等，2007），与浙江地区毛竹林（45.1% ~ 49.91%）（周国模等，2010）相比也偏小。

可见，不同森林类型群落各层及整体含碳率差异明显；而同一森林类型由于地理位置或气候带不同也有一定的差异。树种自身的生物学特性和生长规律也存在影响。

表 9-5　我国不同龄组典型森林群落各层含碳率

Table 9-5　Carbon concentrations of community layers of *Cunninghamia lanceolata*, *Pinus massoniana*, and *Phyllostachys pubescens* plantations at different stages

（单位：%）

森林类型	碳库层	幼龄林	中龄林	近熟林	成熟林	过熟林	平均
杉木林	乔木层	46.2	50.7	48.1	50.3	52.9	50.3
	林下植被	38.1	38.4	42.7	40.7	45.6	41.1
	残体层	45.7	42.2	42.2	41.8	42.3	42.2
	群落	45.2	48.8	47.1	49.0	51.7	49.0
马尾松林	乔木层	49.2	51.4	—	51.8	—	51.4
	林下植被	37.2	39.6		42.0	—	39.0
	残体层	47.2	41.7		42.5	—	42.7
	群落	47.4	50.7	—	51.4	—	50.8
落叶松林	乔木层	48.1	47.9	47.7	47.7	47.3	47.6
	林下植被	40.2	42.2	44.8	44.8	45.6	44.1
	残体层	39.8	40.5	41.1	41.5	41.4	41.2
	群落	44.1	46.4	46.1	46.0	45.7	45.9
毛竹林	乔木层	44.1	42.3	—	42.4	43.4	42.9
	林下植被	35.3	38.3		41.7	44.7	40.4
	残体层	45.8	39.9		41.8	42.6	42.2
	群落	43.4	41.6	—	42.3	43.5	42.5

9.3　不同树种碳储量比较

9.3.1　生态系统碳储量

综合上文杉木、马尾松、落叶松和毛竹林的乔木层、林下植被、残体层和土壤层生物量、含碳率和碳储量的研究结果，得到这 4 个树种不同龄组森林的各个碳库层储量分布情况（表 9-6，图 9-2）。

表 9-6　我国典型树种不同龄组森林碳储量

Table 9-6　Carbon storage and its distribution atdifferent stages of forestecosystems

（单位：t・hm^{-2}）

森林类型	碳库层	龄组					平均（%）	
		幼龄林	中龄林	近熟林	成熟林	过熟林	数值	比例
杉木林	乔木层	15.12	57.46	74.18	102.49	91.07	81.78	43.11
	林下植被	1.70	1.70	1.80	1.80	2.10	1.83	0.97
	残体层	2.00	10.30	11.80	13.30	8.00	10.80	5.69
	土壤	100.00	98.90	93.00	91.20	92.60	95.28	50.23
	合计	118.82	168.36	180.78	208.79	193.77	189.68	100
马尾松林	乔木层	16.60	50.30	—	73.00	—	58.15	36.14
	林下植被	2.20	2.40	—	1.00	—	2.07	1.29
	残体层	0.60	1.60	—	2.90	—	2.22	1.38
	土壤	87.80	98.60	—	107.10	—	98.47	61.20
	合计	107.20	152.90	—	184.00	—	160.91	100
落叶松林	乔木层	6.12	47.57	60.93	87.12	122.37	88.17	41.48
	林下植被	2.09	0.99	1.54	2.61	5.57	3.56	1.67
	残体层	2.86	9.22	16.29	28.07	38.70	27.79	13.07
	土壤	80.91	81.67	89.82	98.09	108.75	93.05	43.77
	合计	91.97	139.46	168.59	215.89	275.39	212.57	100
毛竹林	乔木层	10.10	13.50	—	17.20	8.20	13.21	11.76
	林下植被	0.95	2.05	—	1.40	2.10	1.77	1.57
	残体层	0.70	0.95	—	1.10	1.80	1.28	1.14
	土壤	100.00	98.90	—	92.10	92.60	96.03	85.52
	合计	111.75	115.40	—	111.80	104.70	112.29	100

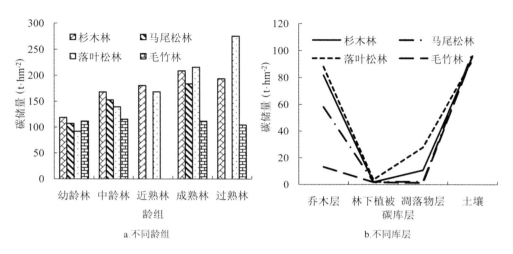

图 9-2　不同龄组、不同树种森林生态系统各库层碳储量分布
Fig. 9-2　Carbon distribution of different forest ecosystem at different stages and layers

对于森林生态系统碳储量的垂直分布，4 种森林类型中土壤均是最大的碳库层（93.05 ~ 98.47 tC·hm^{-2}），乔木层次之（13.21 ~ 88.17 tC·hm^{-2}），残体层基本较林下植被大（除马尾松林外），远小于土壤和乔木层。可见它们生态系统碳储量空间分布序列是：土壤 > 乔木层 > 残体层 > 林下植被，这与国内其他研究结果相似（方晰等，2003；康冰等，2006；杨艳霞，2010）。分配比例方面，首先，土壤是最大的碳库层，所占比例最低为 43.77%（落叶松），最高达 85.52%（竹林）。究其原因是植被的生长为土壤提供了持续的碳补充来源，不但通过地表的残体，地下根系分泌物也起到重要作用（Jobbagy & Jackson，2002）。例如落叶松林植被地下根系碳储量占整个生态系统的 4.67% 之多。由于流失或者被植被吸收利用，造林初期及幼龄林土壤中的碳处于稳定水平，无明显的消长变化（Jobbagy & Jackson et al.，2002；Trumbore et al.，2000）。值得一提的是，落叶松林土壤碳储量所占比例 43.77%，明显低于中纬度温带森林 63% 的参照值（陈遐林，2003），仍有巨大的碳储潜力可发挥。乔木碳储量在整个生态系统中占36.14% ~ 45.7%，与其他相关研究也较为接近（Birdsey & Lewis，2003；Drewry et al.，2008；Woodbury et al.，2007）。同时，残体碳储量大小变化与植被息息相关，特别是抚育间伐后大量残体剩余物转移到该层中来，所占比例相当于植被碳储量的 24.39%，是一个不可忽视的过渡层（Hudiburg et al.，2009；Jandl，R. et al.，2007）。与其他森林类型相比，落叶松林各库层碳储量所占比例与 Woodbury et al.（2007）对美国森林和 FAO（2010）对全球陆地植被生态系统的估计都非常接近。Dixon 等(1994)认为中纬度森林土壤碳储量所占比例为 62.9%，而植被和残体生物量碳储量占 37.1%，而陈遐林(2003)同样认为我国中纬度温带森林土壤碳储量所占比例应该达到 63%。可见东北落叶松林土壤有巨大的碳储潜力。此外，康冰等(2006)认为马尾松—杉木混交林土壤碳储量为 123.43 tC·hm^{-2}，明显大于本研究马尾松林 98.47 tC·hm^{-2}；而尉海东等(2007)发现的土壤层占中龄林阶段(20 年生)马尾松人工林生态系统碳储量的 64.5%，则与本研究的 61.2% 较为接近。

随着林龄增长，4 种树种森林类型的碳储量增长规律良好，保持持续增加。杉木和毛竹林在过熟林阶段(竹度为 4 及以上)降低，可能由于林分密度较低引起。作为森林生态系统的主要生产者，乔木等植被对于碳储量的累积起重要作用，促使各库层及生态系统碳储量随林龄增加而增大。这也同时说明了未成熟林分随着林木的生长能继续固定大气中的碳。可以认为，这些森林的碳储量动态变化趋势遵从"S"型曲线，这种现象也与其他研究相符(Adrien et al.，2006)。对于土壤，随着森林光照、郁闭度、凋落物的变化，在林分发育过程中，土壤有机质也随之而变化，从而土壤的有机碳含量也随之发生变化(王清奎等，2004)。一般在自然状态下，土壤有机碳随着林龄的增加而逐渐增大。但是，杉木林中，土壤有机碳含量在杉木人工林发育的早期高于晚期，这与吴志祥(2009)的研究结果一致，与王清奎(2004)的结果相反。这可能是由于随着林分发育，经过自然稀疏后，当地降雨量较多使得地表凋落物的流失加大，从而土壤的归还物较少，而降低了有机碳的含量；另一方面可能是因为抚育造成的。吴亚丛(2013)研究得到抚育后林分的土壤有机碳含量比对照林分的要低，林下植被的清除在一定程度上会降低土壤总有机碳的含量。

就某一林龄森林而言，以落叶松为例，由表 9-7 知，东北小兴安岭地区 37 年生落叶松林植被和残体碳储量均大于长白山地区生长的 36 年生林分，土壤碳储量几乎相等，而生态系统整体碳储量也较高。对此，我们认为是因为落叶松林经历过合理的人工经营管理，林分结构合理，生产力得到最大发挥，所以碳储量高于高林分密度、林内竞争激烈而造成生产力较低的长白山地区生长的落叶松林。与美国东北部生长的 35 年生枫树、榉树和桦树阔叶混交林(Smith et al.，2006)相比，二者同样存在显著差异。与周玉荣等(2000)估算的全国落叶松林相比，植被碳储量高，残体碳储量差异不大，土壤碳储量明显偏低，而且低于全国针叶林平均水平 105.8 tC·hm^{-2}(解宪丽等，2004)。

表 9-7 落叶松林生态系统碳储量与其他相关报道的比较

Table 9-7 Comparison of our estimates with previously published estimates of C stocks for C pools

碳库层	碳储量（tC·hm⁻²）				所占比例（%）		
	王春梅等（2010）	Smith 等（2006）	本研究（a）	周玉荣等（2000）	Woodbury 等（2007）	FAO（2010）	本研究（b）
植被	74.1	74.5	109.8	60.2	41	44	43
残体	11.3	33.2	29.5	20.1	11	11	13
土壤	101.8	69.6	101.6	166.5	48	45	44
生态系统	187.2	177.3	240.9	246.8	100	100	100

注：本研究（a）和（b）分别指 37 年生林分碳储量和所有林分平均碳储量所占比例。

4 种森林树种之间，落叶松林碳储量最大（212.57 t·hm⁻²），残体层明显大于南方 3 种森林，杉木林次之且相差较大，马尾松林更小，毛竹林因为自身生物量小而导致碳储量最小。

与其他森林类型相比：

（1）落叶松林　其生态系统碳储量远高于华北地区落叶松林的 91.847tC·hm⁻²，并且高于长白山天然林碳储量 51.73 tC·hm⁻² 的平均水平（邢艳秋等，2008）。同时，落叶松林由幼龄林到过熟林不同龄组植被的碳储量基本高于王效科（2000）估算的全国落叶松林的平均水平（分别为 29.59 tC·hm⁻²、37.84 tC·hm⁻²、73.52 tC·hm⁻²、66.39 tC·hm⁻² 和 80.82 tC·hm⁻²）。在地上碳储量方面，兴安落叶松对应龄组地上碳储量几乎为落叶松幼龄、中龄、近熟和成熟林这 4 个龄组的一半，分别仅为 15.98 tC·hm⁻²、28.39 tC·hm⁻²、39.4 tC·hm⁻² 和 43.15 tC·hm⁻²（周振宝，2006）。

（2）杉木林　比康冰等（2006）估算的马尾松—杉木混交林生态系统碳储量 178.83tC·hm⁻² 高，高于湖南地区 11 年生杉木林的 127.88 tC·hm⁻²（方晰等，2002），以及湖南 22 年生杉木—火力楠混交林 186.90 tC·hm⁻²（黄宇等，2005），但是远低于四川 13 年生柳杉林的 485.00 tC·hm⁻²（段文霞等，2007）。其乔木层平均碳储量为 88.17 t·hm⁻²，虽然高于全国杉木的平均水平 39.38 t·hm⁻²（李海奎，2010），高于河南信阳 20 年生杉木的 53.74 t·hm⁻²（邓华平等，2011），但是明显低于杨玉盛等（2005）对同地区杉木林碳储量的研究结果（131.204 t·hm⁻²），而稍高于江西大岗山 16 年生（77.12 t·hm⁻²）（潘勇军等，2013）和江西千烟洲 20 年生杉木乔木层碳储量（73.26 t·hm⁻²）（马泽清等，2008）。

（3）马尾松　与四川省泸县川南林科所马尾松人工林 140.010~150.130 tC·

hm^{-2}（张国庆等，2007）基本相当，低于中龄林阶段（20年生）马尾松人工林生态系统碳储量152.87 $tC \cdot hm^{-2}$（尉海东等，2007）。

（4）毛竹林　与四川25年生桤—柏混交林107.26 $tC \cdot hm^{-2}$ 和30年生纯柏林109.90 $tC \cdot hm^{-2}$（吴鹏飞等，2008）相当，但是稍低于广西尾巨桉短周期人工林生态系统碳储量127.645 $tC \cdot hm^{-2}$（梁宏温等，2009）。

整体而言，杉木和落叶松森林生态系统植被碳储量高于赵敏等（2004）估计的全国平均值41.32 $tC \cdot hm^{-2}$，马尾松偏低；但都低于世界平均水平86.00 $tC \cdot hm^{-2}$（Dixon，1994）。可见，研究的4种森林生态系统碳储量仍处于较低水平，特别是与一些混交林存在较大的碳储差距。

9.3.2　碳年均固定量

一般年固碳量指每年森林植物通过光合作用吸收二氧化碳而固定的碳量（减去了由于森林采伐造成的碳损失量）。简单地以不同树种各龄组的年数除碳储量，杉木、马尾松和落叶松每个龄组为10年，而毛竹林定为2年，据此计算乔木、林下植被和残体的年固碳量。鉴于土壤自身是陆地生态系统最大的碳储库层，基数大且固碳机理复杂，因而不包括森林土壤的年固碳量。碳库层年均固碳量为各龄组的加权平均。

由表9-8可见，毛竹林因为经营强度大、生长周期短和采伐更新快等因素，年均净固碳量最大，达到6.27 $tC \cdot hm^{-2} \cdot yr^{-1}$，处于较高的水平。乔木林中，杉木林年均净固碳量最大，为4.59 $tC \cdot hm^{-2} \cdot yr^{-1}$，高于湖南地区杉木人工林3.489 $tC \cdot hm^{-2} \cdot yr^{-1}$（方晰等，2002），稍高于楠木人工林4.254 $tC \cdot hm^{-2} \cdot yr^{-1}$（马明东等，2008），但远低于热带山地雨林的13.648 $tC \cdot hm^{-2} \cdot yr^{-1}$（李意德等，1998）。落叶松林植被年均净固碳量为4.26 $tC \cdot hm^{-2} \cdot yr^{-1}$，与长白落叶松天然林（吴刚等，1995）相当，低于日本落叶松人工林（沈作奎，2005）和兴安落叶松天然林（孙玉军等，2007），高于华北落叶松（杜红梅等，2009）和兴安落叶松林2.650 $tC \cdot hm^{-2} \cdot yr^{-1}$（蒋延玲等，2002），且高于北方柏树人工林（毕君等，2000）和阔叶红松人工林（刘强等，2004），但是低于暖温带落叶阔叶林（桑卫国等，2002）。其中乔木作为最主要的生产者，年均净固碳量为3.16 $tC \cdot hm^{-2} \cdot yr^{-1}$，与云杉天然林3.585 $tC \cdot hm^{-2} \cdot yr^{-1}$（马明东等，2007）接近。马尾松林年均净固碳量偏小，仅2.84 $tC \cdot hm^{-2} \cdot yr^{-1}$，低于广西大青山马尾松林的3.92 $tC \cdot hm^{-2} \cdot yr^{-1}$。

表 9-8 我国典型树种不同龄组森林碳年均固定量

Table 9-8 Distribution of annual net carbon incrementat different stages of forest ecosystems

（单位：t·hm^{-2}·a^{-1}）

森林类型	碳库层	龄组					平均(%)	
		幼龄林	中龄林	近熟林	成熟林	过熟林	数值	比例
杉木林	乔木层	4.42	2.54	2.14	3.97	4.91	3.92	85.30
	林下植被	0.17	0.17	0.01	0.05	0.03	0.14	3.12
	残体层	0.20	0.83	0.15	0.15	0.20	0.53	11.59
	合计	4.79	3.54	2.30	4.16	5.14	4.59	100
马尾松林	乔木层	1.66	3.37	—	1.83	—	2.54	89.76
	林下植被	0.22	0.02	—	0.05	—	0.18	6.24
	残体层	0.06	0.10	—	0.15	—	0.11	4.00
	合计	1.94	3.49	—	2.02	—	2.84	100
落叶松林	乔木层	0.61	4.15	1.34	2.62	3.53	3.16	74.01
	林下植被	0.21	0.10	0.06	0.11	0.30	0.20	4.76
	残体层	0.29	0.64	0.71	1.18	1.06	0.91	21.23
	合计	1.11	4.88	2.10	3.90	4.88	4.26	100
毛竹林	乔木层	5.05	3.38	—	2.87	1.03	3.75	59.74
	林下植被	0.85	0.43	—	0.30	0.26	0.58	9.21
	残体层	1.00	2.58	—	2.08	1.00	1.95	31.05
	合计	6.90	6.38	—	5.25	2.29	6.27	100

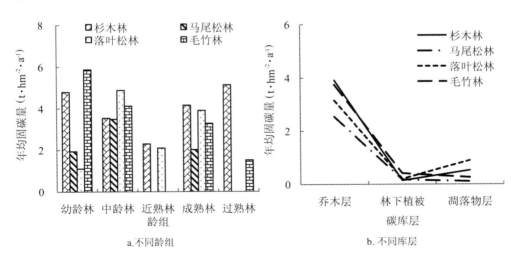

a.不同龄组   b.不同库层

图 9-3 不同树种森林生态系统的年均固碳量

Fig. 9-3 Annual net carbon increment of different forest ecosystem at

different stages and layers

　　由图 9-3 可见，4 种森林年均净固碳量的空间垂直分配结构均为：乔木层 >
残体 > 林下植被。杉木和马尾松林乔木层的固碳主体地位最为明显，所占比例高
于 85%。由于气候等原因，落叶松林内残体累积较多且不易分解，所占比例达
21.23%。而由于生长和更新快，毛竹林残体层所占比例高达 31.05%，是主要
的固碳库层。下面以杉木林为例，进一步说明乔木重大的固碳作用。由表 9-9 可
知，不同年龄杉木人工林的年净生产量在 4.293 ~ 9.814 t·hm^{-2}·a^{-1}），地上部
分是林分生产力分配的主体 3.626 ~ 8.077 t·hm^{-2}·a^{-1}，占乔木层的 71.28% ~
82.3%。不同年龄杉木林年均固定碳素在 2.142 ~ 4.906 tC·hm^{-2}之间，平均固
定碳素 3.544 tC·hm^{-2}。成熟林年均固定碳素为 4.906 tC·hm^{-2}，高于福建
南平 30 年生杉木的 3.441 tC·hm^{-2}，低于其他杉木（杨玉盛等，2006），接近于
杉木—火力楠混交林（黄宇等，2005），稍高于马尾松-杉木混交林（康冰等，
2006）。

表 9-9　不同年龄杉木林年净生产量和固定碳量

Table 9-9　Carbon sink function of *Cunninghamia lanceolata* plantationat different ages

龄组/年龄	组分	年净生产量		年固定碳量	
		量值 （t·hm^{-2}·a^{-1}）	所占比例 （%）	量值 （tC·hm^{-2}·a^{-1}）	所占比例 （%）
幼龄林 （6 年）	地上乔木	6.825	78.13	3.438	77.71
	乔木层	8.735	100	4.424	100
中龄林 （11 年）	地上乔木	3.626	71.28	1.827	71.90
	乔木层	5.087	100	2.541	100
近熟林 （20 年）	地上乔木	3.102	72.26	1.561	72.88
	乔木层	4.293	100	2.142	100
成熟林 （25 年）	地上乔木	6.37	80.14	3.201	80.73
	乔木层	7.949	100	3.965	100
过熟林 （33 年）	地上乔木	8.077	82.30	4.057	82.69
	乔木层	9.814	100	4.906	100

　　一般认为森林年均净固碳量大小分布在 1.483 ~ 6.402 tC·hm^{-2}·a^{-1}之间
（U.S. EPA 2005）。研究的 4 种森林类型的群落年均净固碳量处于中等水平，与
世界平均水平相比仍存在一定差距。特别是幼龄林和近熟林固碳能力较差，而成
过熟林则表现出较高的水平。可见，林龄是影响落叶松等森林的林木及群落碳储
量积累的主导因子之一。以落叶松林为例，由图 9-4 可知，群落碳素年固定量随
林龄起伏变化明显，中龄林及成过熟林高于幼龄林及近熟林。幼龄林处在幼树—
草丛阶段，碳储量的增加主要依靠幼木和草本层生长，生产力较低；中龄林为碳

储量增长迅速期，且持续较长一段时间，是林分管理的关键阶段；近熟林由于枯损率较高，林分结构及碳储量处于较低水平，应加强抚育管理。成过熟林经历了抚育及自疏加快了林木生长，生产力逐步回升。残体层碳素年固定量变化趋势与乔木相近。植被层碳素年固定量在幼龄林和低林分密度的过熟林阶段较高，之后受到乔木树冠抑制，碳素年固定量趋于平稳，呈"U"形变化规律。研究认为，自然稀疏和人工抚育管理促进林木生长，合理的经营保证了增长速度大于衰老和死亡的减少速度，成过熟林表现出较高的碳储水平。此外，考虑到这些树种的速生丰产特性，研究认为注重提升森林经营管理水平和经营管理的质量，在适合的经营管理下，它们有很大的生产发展空间，能够发挥巨大的固碳潜力。

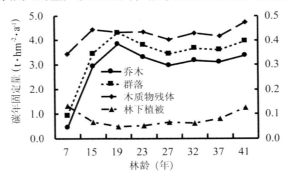

图 9-4　不同林龄群落各层次碳素年固定量

Fig. 9-4　Carbon immobilization of larch plantation at different layers

9.3.3　固碳释氧量

　　森林固碳量和释氧量是以森林植物生物量分别乘以森林植物的吸收二氧化碳系数（固碳系数）、释氧系数来计算的。本研究直接采用我国目前较常采用的固碳系数和释氧系数（分别为 1.6123 和 1.1724）计算。年吸收二氧化碳量指森林生态系统年固碳量换算的二氧化碳当量；年释氧量指每年森林植物通过光合作用释放的氧气总量。对于森林固定 CO_2 效益价值计算的货币化转换参数主要是指碳汇价格。目前较常用的计算固定 CO_2 价值的方法是造林成本法。它是根据所造林分吸收大气中的 CO_2 与造林的费用之间的关系来推算森林固定 CO_2 的价值（陈莉丽，2005）。中国的造林成本由于林分、年代和区域的差异，其经济价值各异。其中《中国生物多样性国情研究报告》研究指出，目前中国几种树的平均造林成本为 240.03 元/m^3，折合每吨碳 260.90 元（价格保持 90 年不变）（《中国生物多样性国情研究报告》编写组，1998）。本研究采用了这一比较合理的碳汇价格。森林所释放的 O_2 价值按现行工业制氧价格 0.4 元/kg 计算（李加林，2005）。

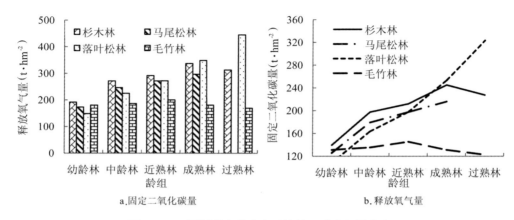

图9-5　　不同树种森林生态系统的固碳释氧量分布

Fig. 9-5　Carbon sequestration and oxygen emission of different forest ecosystem

　　依据森林资源调查资料显示的各森林类型面积，可计算总的碳储量，转化为固碳释氧量（图9-5）并折算经济效益。对于研究区的落叶松林，根据表9-10的核算结果可知，落叶松林碳储量可达40659.627t，可折算成固定CO_2价值3893.1729万元以及释放O_2价值3636.9183万元。同时，落叶松林共蓄积木材4555.4504m^3，以2010年落叶松木材价格850元/m^3的市场价格计算，总价值为387.2133万元人民币。通过比较发现，森林固碳释氧效益为木材采伐价值的19.447倍，说明固碳释氧生态服务价值远远大于蓄积木材的经济价值。其中，以近熟林的固碳释氧经济价值最高，占了总价值的53.38%，成熟林占35.99%。二者占了总量的89.36%，说明落叶松林的碳汇能力主要体现在近熟林和成熟林上，其余中龄林、过熟林和幼龄林所占比例约10%。同样，对于将乐县杉木林，由表9-11可知，其年吸收二氧化碳量以及经济效益以幼龄林和成过熟林为主。可见，照当前发展趋势，再经过一二十年左右，当中龄林和近熟林发育成熟时，杉木的固碳释氧经济效益将愈加显著。因此，长期保持合理的林分经营管理、科学的森林抚育管理措施，可以增强林分的质量，提升森林固碳和储碳能力，最终能够带来可观的经济效益。若能够建立森林生态效益补偿制度或者直接投入市场交易，还能再增加森林资源经营主体的收益。

表 9-10 不同林龄落叶松林固碳释氧价值评估结果

Table 9-10 Assessing economic value of carbon sequestration & oxygen release of *Larix* spp. plantationat different ages

龄组	面积 （hm²）	蓄积量 （m³）	碳储量 （t）	木材价值 （万元）	固碳价值 （万元）	释氧价值 （万元）
幼龄林	8	17.4504	52.68	1.4833	5.0441	3.3848
中龄林	42	282	2811.228	23.97	269.1762	252.924
近熟林	241	3113	21694.579	264.605	2077.2641	1941.496
成熟林	117	986	14636.993	83.81	1401.4959	1308.645
过熟林	9	157	1464.147	13.345	140.1926	130.4685
总计	417	4555.4504	40659.627	387.2133	3893.1729	3636.9183

表 9-11 不同年龄杉木人工林碳汇功能评价

Table 9-11 Assessing economic value of carbon sequestration & oxygen release of *Cunninghamia lanceolata* plantationat different ages

龄组/年龄	碳储量 （t）	年吸收 CO_2 量 （$tCO_2 \cdot hm^{-2} \cdot a^{-1}$）	折合成经济效益 （$ \cdot hm^{-2}$）	年收益 （$ \cdot hm^{-2} \cdot a^{-1}$）
幼龄林(6 年)	53281.94	16.221	3373	562
中龄林(11 年)	107565.2	9.315	3747	313
近熟林(20 年)	180452.5	7.852	5294	265
成熟林(25 年)	209526.2	14.539	12810	513
过熟林(33 年)	300255.2	17.989	21148	641

附件1 缩写语

AIC	Akaike information criterion	赤池信息准则
ANCI	Annual net carbon increment	年净固碳量
ANN	Artificial neural network	人工神经网络
BD	Bulk density (dry mass/ wet volume)	块密度
B/L	Branch/leaf	活枝与叶生物量之比
BEF	Biomass expansion factor	生物量换算因子
c	Carbon concentration	含碳系数
C/F	Assimilation organs/non − assimilating	光合作用器官与非同化器官比
CS	Carbon stock	碳储量
CWD	Coarse woody debris	粗木质残体
DDM	Down dead materials	倒落残体
DDW	Down dead wood	倒落木质物
DEM	Digital elevation model	数字高程模型
DN	Digital number	原始影像灰度值
DTM	Digital terrain model	数字地形模型
DWM	Dead woody materials	木质残体
DVI	Difference vegetation index	差值植被指数
FECS	Forest ecosystems C stock	森林生态系统碳储量
FF	Forest floor	地表凋落物层
FWD	Fine woody debris	细木质物残体
GAM	Generalized additive model	一般加法模型
GCP	Ground control point	地面控制点
GVI	Global vegetation index	全球植被指数
HM	Histogram matching	直方图匹配法
IR	Image regression	图像回归法
LAI	Leaf area index	叶面积指数
MLC	Maximum likelihood classification	最大似然法
MSAVI	Modified soil adjusted vegetation index	修正的土壤调节植被指数

NDVI	Normalized difference vegetation index	归一化植被指数
NPP	Net primary productivity	净第一性生产力
PIF	Pseudo invariant features	伪不变特征法
PVI	Perpendicular vegetation index	垂直植被指数
R	Root/shoot ratio	根系与树干生物量的根茎比
R/C	Root/crown	地下根系与树冠生物量之比
R/S	Root/shoot	地下根系与地上生物量之比
RVI	Ratio vegetation index	比值植被指数
SAR	Synthetic aperture radar	机载合成孔径雷达
SAVI	Soil adjustment ratio vegetation index	土壤调整比值植被指数
SCS	Soil carbon stock	土壤有机碳储量
SLC	Scan line corrector	扫描行校正器
SOC	Soil organic carbon	土壤有机碳含量
SOM	Soil organic matter	土壤有机质含量
SP	Slash pile	剩余堆积物
WMC	Weighted meanc	加权平均含碳率
TBM	Tree – based model	决策树模型
TM	Thematic mapper	主题成像传感器
VI	Vegetation index	植被指数

附件2 森林生物量和碳储量监测技术规程

前　言

本规程所指生物量碳储量调查设计与地面样地调查相对应，设计单元是一个具体样地。本规程包括相关附表、附图。

本规程由北京林业大学林学院森林经理学科起草提出。

支撑项目包括：

林业公益性行业科研专项经费（200904003-1）；

国家林业局948项目（2008-4-48）；

国家自然科学基金（30940014）；

国家自然科学基金（30571492）；

高等学校博士学科点专项科研基金（20060022009）。

1　范　　围

本规程包括森林生物量碳储量调查作业的设计单元、调查设计、野外调查的相关文本与附表、附图等。

本规程适用于我国杉木、马尾松、落叶松和毛竹等人工林森林生物量碳储量的调查作业，估测内容包括群落中乔木、林下植被（灌木和草本）、木质物残体（枯立木、剩余堆积物和粗细木质物）和土壤。

国内其他区域森林类型的生物量碳储量估测调查作业可参照本规程执行。

2　规范性引用文件

本规程引用的相关条款来自以下文件：

《国家森林资源连续清查技术规定》（2004）

《国家森林资源与生态监测主要技术规定》（2004）

《国家森林资源连续清查森林生物量模型建立暂行办法（试行）》

《国家森林资源连续清查森林生物量建模样本采集技术规定（草案）》

3　基本术语

3.1　森林群落生物量

在一定时空范围内，森林群落生物个体或群体的有机质量，包括乔木、林下植被和木质残体的生物量等，通常以单位面积或单位时间积累的干物质量或能量来表示。

3.2　森林生态系统碳储量

森林生态系统中，森林群落碳储量和土壤碳储量的总和。

3.3　乔木生物量

包括地上和地下根系生物量，一般指地上部分生物量（即树干、树冠的生物量总和）。

3.4　灌木生物量

高度小于2m的乔木幼木和灌木的主干、枝叶和根系生物量的总和。

3.5　草本生物量

草本地上和地下部分，即茎叶和根系的生物量总和。

3.6　林下植被层生物量

森林群落中，林下乔木幼木、灌木、草本的生物量的总和。

3.7　层外植物生物量

藤本、苔藓类等层外植物生物量。

3.8　林分生物量

相同森林类型下，上下层乔木、灌木层和草本等活地被物层以及层外植物的生物量总和。

3.9　地表枯落物

也称为凋落物或有机碎屑，一般只指灌木的枯叶、枯枝、落皮及繁殖器官，以及林下枯死的草本植物及枯死植物的根。

3.10　细木质物残体

林内地表长年累积散落的、直径小于2.5cm的乔木的枯枝等细小木质物形成细木质物残体（FWD，Fine Woody Debris）。

3.11　粗木质物残体

在森林中由于生物或者非生物因素引起整株林木或林木一部分死亡后形成的粗木质残体（CWD，Coarse Woody Debris）在林地的积累。我国学者多采用Harmoo的标准，把粗木质残体定义为"直径>2.5cm的木质物"，包括所有枯立木、倒木、大凋落枝、根桩（含伐桩）、露出地表的大死根和地下大死根。

3.12　剩余堆积物

剩余堆积物（RP，Residue Piles），经历人为抚育、自然干扰后，产生的人为堆积物、风积物等。

3.13　林下木质物残体

倒木、大枝、细枝叶等组成的细木质物、粗木质物和剩余堆积物。

3.14　平均生物量法

以调查数据为基础，通过模型模拟方法估计森林生物量和碳储量，建立生物量或相关变量的数据库，并对点或小面积上的碳估计数据进行空间扩展，实现对区域森林生态系统的碳储量的估计，是传统的估测方法。

3.15　生物量转换因子

一般指林木生物量与材积、林分生物量与蓄积之间的比值（Biomass Expansion Factor，*BEF*）。

3.16　生物量转换因子法

也称为材积源生物量法（Volume-Derived Biomass），是利用林分生物量与林木材积比值转换系数（*BEF*）的平均值（*Ē*）乘以该森林类型的总蓄积量得到该类型森林的总生物量的方法；或利用木材密度（一定鲜材积的烘干重）乘以*BEF*转换系数。

3.17　生物量转换因子连续函数法

将单一不变的生物量平均转换系数（BEF）改为分龄级的转换因子，是为克服生物量转换因子法将转换系数（BEF）作为常数的不足而提出的，能体现生物量和林龄等其他生物学特性及立地条件的密切相关性，从而更准确地估算国家或地区尺度的森林生物量。

3.18　模型模拟法

从包括全球、国家、地区等尺度上对不同类型的森林生态系统的碳储量进行评估，并将碳储量和诸多生态学过程和生态因子的变化相联系，建立了各种模型，如 TEM 模型、CASA 模型、CENTURY 模型、BIOME—BGC 模型等等。

3.19　遥感估测方法

利用遥感影像处理技术，通过提取遥感影像信息，构建估测模型以推演生物量碳储量的方法。

3.20　测树学方法

也称直接收获法，通过选设样地，测定包括乔木层、灌木层、草本层的地上和地下部分的生物量，是目前国内外用来估计森林碳储量及其长期变化的普遍方法。

3.21　皆伐法

将选取的典型标准地内的林木伐倒后测定其树干、枝、叶、果和根系等的干重，然后求和即为单株树木的生物量，然后在样地内对所有树木合计就得到林分的乔木层生物量。林下植物的生物量则在样方上采用此法。皆伐法的精度高，皆伐法工作量大，一般仅做为检验其他测定方法精度时才能使用。

3.22　平均木法

在样地内选取具有林分平均胸径和树高的样木做标准木，标准木伐倒后实测其生物量，作为该样地平均木的生物量，再乘以该林分密度，得到单位面积上林分乔木层的生物量。也可以分别不同径阶选取标准木，伐倒实测各径阶标准木的生物量，然后根据各径阶林木株数权重，合计得到整个样地的生物量。

3.23　维量分析法

在样地每木调查基础上，根据林木的各径级分配，分别径级选取标准木，伐倒后按器官称干重。再根据林木的各器官生物量与某一测树学指标之间的相关关系，利用数理统计方法，进行回归拟合，建立生物量与某一个或几个测树学指标的回归方程。最后以实测的测树学指标估算林分的生物量。一般采用胸径或树高作自变量推算林分的生物量。

3.24　"分层切割"法

对乔木地上部分，以 1m 或 2m 为区分段进行分层切割，测定每一区分段上各器官（干、枝、叶花果）的鲜重。

3.25　"分层挖掘"法

对乔木地下根系部分，通过分层（0～10cm、10～20cm、20～40cm、40cm 以下）、分级（<2mm 的细根、2～20mm 的中根、20～50mm 的粗根、>50mm 的大根、伐桩）测定鲜重。

3.26　干物质率

指样品中非水分物质所占百分率，即总体 1 减去含水率得到的值。

3. 27　含碳率

　　植物干有机物中碳所占的比重，是计算植物生物量转化为碳量的重要转换系数，国际上常用的转化率为 0.37、0.45 和 0.5。

3. 28　森林生物量碳储量动态变化

　　由林木生长状况发生变化所引起的反映，是森林数量的变化，包括森林生物量碳储量的空间分布及其随时间发生的动态变化过程等。

3. 29　森林生物量碳储量监测

　　对不同时空尺度上森林生物量碳储量的测定和分析，主要用于了解和监控区域内森林生物量碳储量的总体情况及动态变化。

4　总　则

　　第一条　为了规范森林生物量碳储量估测调查设计，规范操作程序，提高调查、估测质量，根据《中华人民共和国森林法实施条例》及其相关文件与规划设计的要求撰写本规程。

　　第二条　生物量碳储量调查设计按照样地调查基本程序，进一步细化，将样地调查与生物量碳储量等调查设计一同付诸实施，是一份可用于调查指导的技术性文件。

　　第三条　生物量碳储量估测调查设计的林种选择包括商品林和生态公益林，以当地森林分类经营方案为准。

　　第四条　生物量碳储量估测调查设计所调查林分内目的树种必须为优势树种，占据乔木优势地位，蓄积量占主导。

　　第五条　生物量碳储量的估测以乔木、土壤为主，兼顾林下植被和倒落木质物，采用点、线、面等多种抽样调查方法，体现全面、科学合理的原则。

　　第六条　本规程提倡建立固定标准地进行长期数据采集和动态监测。

5　依据和任务

5.1　依　据

　　——设置地面样地，在野外进行实测，是生物量估测中最为准确的方法。

　　——基于国内传统样地布设方法，进行生物量碳储量相关因子的调查和测定。

5.2　任　务

　　——设置矩形样地，获取现存生物量碳储量数据；

　　——采用空间代替时间的方法，设置幼龄林、中龄林、近熟林、成熟林和过熟林 5 个阶段的系列样地，以获取不同林龄生物量碳储量状况信息。

　　——基于野外地面调查和遥感影像，收集数据资料，建立乔木、灌木、草本等生物量和碳储量估算模型。

　　——每年组织复查上期固定样地各项指标，完善监测数据，最终建立数据库，以满足生物量碳储量动态监测的需要。

　　——承担外业调查、样本采集和实验分析任务的组织人员，应根据规范性引用文件和本规程制定出具体的试验方案和调查作业程序，完善每个调查流程的具体技术规定，落实年度生物量碳储量调查任务。

6 前期准备及安排

6.1 实验器材准备

6.1.1 标准地设置器材

标杆，罗盘仪，测绳，塑料绳，皮尺，坡度计，GPS 仪，计算器，标桩，油漆，笔刷，水泥桩，铁锹，砍刀。

6.1.2 林分调查仪器

胸径尺，钢卷尺，激光测高仪，树木标牌，铁钉，铁锤，锉子，粉笔，工兵铲，削刀，土壤铝盒，环刀，土钻，比色卡若干。

6.1.3 解析木及生物量用具

枝剪，剪刀，手锯，油锯，斧头，锄头，十字镐，细麻绳，电子台秤，电子秤，电池，烘箱，砂纸，游标卡尺，镊子。

6.1.4 室内分析仪器

有机元素分析仪、微型植物粉碎机、扫描仪、玻璃干燥器皿、铁架、金属针、烧杯、量筒、滴定管、镊子、筛子、纱布。

6.1.5 取样记录用品

整理箱，编织袋，记录夹，牛皮纸档案袋，牛皮纸信封，自封袋，塑料袋，标签，曲别针，大头针，尺子，大直尺，中性笔，记号笔，自动铅笔，裁纸刀，刀片，电脑。

6.1.6 劳保用品及医药品

手套，雨衣裤，塑料雨布，胶鞋，绑腿，外业服，蚊帽，防蚊油，花露水，风油精，蚊香，止泻药，感冒药，消炎药，创可贴，蛇药等必备药品。

6.2 基础资料准备

6.2.1 文献资料

收集并利用生物量碳储量的相关文献资料，以及树木志、植物志、植物图鉴等相关调查资料。

6.2.2 相关图表

6.2.2.1 图

——以林场为设计单元，包括试验林场的基本图、林相图、样地分布图等。

——以每一地面样地为单元，包括样地位置缩略图、样木分布图、灌木和草本样方设置图、粗木质物调查样线图等。

——所有图应通过 ArcMap、AutoCAD 等专业软件成图。

6.2.2.2 表

——以每一地面样地为单元，所用到的表格包括：

（1）矩形样地调查表格：《固定标准地基本调查表》《坡度校正表》《每木检尺调查表》《幼木调查表》《灌木调查表》《草本调查表》《采伐剩余物调查表》《粗木质物调查表》《细木质物调查表》《苔藓调查表》《土壤调查表》。

（2）解析木调查表：《解析木卡片》《解析木鉴定表》《生长过程分析表》《树干生长过程总表》。

（3）乔木生物量调查表格：《树干及树皮生物量表》《枝叶生物量表》《标准枝选定表》《根

系生物量表》《细根生物量表》《乔木生物量总表》。

（4）林下植被生物量调查表格：《灌木生物量调查表》《基茎—高—灌木生物量取样表》《冠幅—高—灌木生物量取样表》《草本生物量调查表》《草本生物量取样表》《苔藓生物量调查表》。

（5）林下地表生物量调查表格：《细木质物生物量表》《粗木质物生物量表》《采伐剩余堆积物生物量表》。

（6）固定样地乔木复查表：《样地每木复查表》。

——所有表格应认真填写表头，记录具体的起始、结束时间，调查人员及记录人员。

6.2.3　森林调查基础资料

——收集森林资源一类、二类调查成果及相关资料，以及立地指数表、抚育管理等资料。

——收集气温、年均温、年降水量、蒸发量、风、无霜期等气象气候资料以及气候图。

7　调查作业程序

7.1　样　　地

标准地地理位置的选取应依据林场经营管理方案、林相图、二类和三类清查资料等来选择合适的区域，具体应综合考虑地域分布（行政区域、中心区和边缘区）、林分起源、立地条件、龄组、密度等因素，确保所采集的样本具有充分的代表性。

7.1.1　前期踏查

——综合考虑试验地区林分的区域分布、立地条件、林分龄组结构等因素，先在室内按林相图初步选择，再到现地踏查，确保所选标准地具有充分的代表性。

——前期应踏查整个研究区域，初步确定林分状况、地类或小班界线是否变更、调查作业设计的内容是否合理。

——选择有代表性的一两个调查点，在现场应将初步确定位置用铅笔勾绘在林相图或地形图上，目测记载一些描述性因子，并及时进行 GPS 定位等。

7.1.2　基本信息

确定样地设置区域后，用表格以统一格式记录。

7.1.2.1　样地编号

——调查作业的样地以林场经营林班和小班为单元编制，原则上样地应在一个小班内。

——编号方法为："邮政编码"+"林场或村屯名的汉语拼音缩写（大写字母，双声母选第 1 个字母）"+"设置年份"（4 位数）+"－"+"林班号"（2 位数）+"大班号"（2 位数）+"小班号"（2 位数）+"－"+"标准地块数"（2 位数），不足位数补 0。

——为方便统计使用，可根据时间和样地块数直接命名，例如：2010071501，其中 20100715 表示设置日期为 2010 年 7 月 15 日，01 表示该林分内第一块样地。

——标准地编号记录于《固定标准地基本调查表》。

7.1.2.2　日　　期

完整填写调查年、月、日，填写到所有表格。

7.1.2.3　调查记录者

签署调查者、记录者个人姓名，填写到所有表格，不得签署 XX 调查组等不能确认调查者个人身份的名称。

7.1.2.4　位　置

记录省、市、区县、乡镇(林场、分场)、村屯(工区)、林班、小班,记录于《固定标准地基本调查表》。

7.1.2.5　权　属

记录标准地所在林分的权属。

7.1.2.6　立地及环境特征

调查标准地所在位置的地形地貌、地类、海拔高度、母岩、土壤、侵蚀切割程度、水文、小气候等,记录于《固定标准地基本调查表》《土壤调查表》。

7.1.2.7　植被特征

根据资料及现场目测,记录植被类型、组成结构、植被总盖度、各层平均盖度、主要植物种类(建群种、优势种)及其生活型、平均多度、平均盖度、平均高度等,记录于《固定标准地基本调查表》。

7.1.3　样地设置

设置矩形样地。

7.1.3.1　调查方法

——参照《国家森林资源连续清查技术规定》(2004),采用常规调查方法执行。

——用带镜罗盘仪和测绳量测,设置面积 20m×30m 矩形固定样地,应注意林缘、道路、调查线、坡度以及闭合差等,统一方法测定郁闭度、坡向等因子。

——样地面积可调整为 20m×20m、20m×50m 不等,经过坡度校正后,闭合差不大于 1/100。

——调查样地内立地、乔木等各项常规调查因子,填写《固定标准地基本调查表》。

7.1.3.2　调查内容

——每木检尺:通过布设网格进行每木检尺,网格调查路线为"S 型"、沿等高线进行,对每木进行定位、编号、挂牌,调查树种、胸径(油漆标记位置)、树高、枝下高、冠幅(东西南北)、优势度、层次、起源、损伤、干形质量、树龄和病虫害状况等,填写《每木检尺调查表》。经内业得到每木径阶整化、平均高、平均年龄(断面积加权平均法)、郁闭度(林冠投影法)、林分密度、林分密度指数等。

——幼苗幼木调查:标准地内每木检尺的同时调查幼木(直径<5cm)种类、树高、株数和病虫害状况,计算幼木更新密度和频度等,填写《幼木调查表》。标准地内每木检尺的同时调查幼木(直径<5cm)种类、树高、株数和病虫害状况,计算幼木更新密度和频度等。

——灌木调查:于标准地内四角及中心设置 5m×5m 样方,共计 5 个,调查灌木种类、高度 H、地径 D、冠幅 C、盖度 P、第一活枝高 h_1、活枝数 n、生长状况和分布状况等,内业计算获得灌木的各物种的平均高 H_p、平均冠幅,样方灌木平均高 H_y、总盖度 P_t、重要值、多样性指数等,填写《灌木调查表》。

——草本调查:在灌木样方内,取四角及中心 1m×1m 小样方调查草本,共计 25 个,调查草本的种类、高度、盖度、株数、生长状况和分布状况等,填写《草本调查表》。

——土壤调查:挖掘土壤剖面进行土壤调查,详见 7.3.7。

7.1.3.3　样地生物量样方

——在样地外四角设置 4 个大小为 5m×5m 的样方作为灌木、粗木质残体样方。

(1)全收获样方内灌木主干、枝叶、根系生物量,填写《灌木生物量调查表》《基茎—高灌木生物量取样表》《冠幅—高灌木生物量取样表》。

(2)调查枯倒木、残枝等粗木质残体直径、长度等因子,取样,填写《粗木质物生物量表》。

——在灌木样方内四角及中央设定 1m×1m 草本、细木质物、苔藓小样方。

(1)全收获草本地上及地下部分生物量,填写《草本生物量调查表》《草本生物量取样表》。

(2)在小样方内分段、分层全收获细木质物等凋落物,记录各层厚度、重量,取样,填写《细凋落物生物量表》。

(3)全收获样方内苔藓整株生物量,填写《苔藓生物量调查表》。

——在整个样地范围内调查采伐剩余堆积物生物量,估算其体积,用固定容器称取质量得到密度,填写《采伐剩余堆积物生物量表》。

7.1.4　林分抚育状况

——通过访谈、现地调查等,了解林分的抚育状况、经营习惯。

(1)抚育周期、抚育次数、时间与具体要求等。

(2)乔木的抚育,抚育间伐(上层疏伐、下层疏伐)、人工整枝等措施,以及杂木的伐除等。

(3)林下植被刈割方法,抚育时是否有目的地保留物种。

(4)幼龄林、中龄林等不同发育阶段林分的抚育措施区别。

(5)抚育剩余物的处理方法。

——林分抚育状况记录于《固定标准地基本调查表》。

7.1.5　标准地固定

——参照《国家森林资源连续清查技术规定》(2004),进行标准地固定工作。

——绘制标准地位置缩略图。

(1)标注指北方向,画出包括标准地基本形状、分布、偏向角度的缩略图。

(2)标注标准地附近道路、建筑等显著地物。

(3)记录标准地中心和相关引点、引物的 GPS 坐标及平面关系。

绘制标准地平面图。

(4)标注指北方向,画出包括标准地各边界、边界长度值、标桩编号、标桩 GPS 坐标、样方号、样线号、样方各边长度值、样线长度值等在内的标准地平面图。

——固定标准地设定水泥桩。

(1)于标准地 4 角或中心位置挖掘深 0.8m 的圆柱坑,放入底面边长均为 0.2m、长为 1.2m 的水泥桩,各水泥桩棱边相对。

(2)以西南角为起点,逆时针方向,分别在水泥桩上底面标注 A、B、C、D,并用红色油漆刷出明显的"帽"状,在每个侧面竖排写上完整的标准地编号。

(3)临时样地必须设定木制标桩,分别标注 A、B、C、D,顶上用红色油漆刷出明显的

"帽"状,以便下期复测。

　　——标记标准地范围。用红色或白色塑料绳标记标准地的边界,须保持直线、高出地面 0.5~1m 并平行。

7.1.6　标准地保护

　　——标准地及所在林分有专人专管,有合理的封禁规划和计划。

　　——有明确的封禁制度和相应的乡规民约,并做到家喻户晓。

　　——允许适当进行修枝、疏伐等抚育措施,无破坏林地事件发生。

7.1.7　辅助工程设计

　　——主要指防护设施、标牌等辅助项目的结构、规格、材料、数量、设置方法与位置。

　　——辅助工程不必做单项设计,但其位置要标示在标准地位置缩略图上。

7.1.8　社会、经济情况

　　条件允许下,可调查并采集社会、经济、交通状况等信息。

7.2　标准木

7.2.1　标准木选取

7.2.1.1　样本分布

　　——根据现有林分按幼苗、幼龄林、中龄林、近熟林、成熟林和过熟林各个龄组。

　　——或按 5 个以上径阶组(一般从最小径阶到最大径阶等距确定),选取均匀分布的标准木。

　　——每个选定龄组/径阶内的样本量要尽量按分别不同的树高级(分 3~5 个树高级,或优势木、平均木、被压木),根据目标树种不同径阶的高径比情况,来确定同一径阶样本单元数按不同树高级的分配要求。

　　——在确定取样分布的基础上,同时考虑冠幅、冠长等因子的差异,并落实到不同标准地。

7.2.1.2　基本状态

　　在标准地外选择 1~2 株必须是没有发生断梢、分叉、病虫害的生长正常的树木作标准木,且冠幅、冠长也基本具有代表性,原则上不选林缘木和孤立木。

7.2.2　标准木伐取

7.2.2.1　伐前准备

　　——用选定的标准木作解析木。

　　——记载标准木所处的立地条件、林分状况、冠幅长度及与邻近树木的位置关系,用坐标纸绘制树冠投影图、样地树木分布示意图。

　　——伐倒解析木前先确定根径位置、实测胸径、确定树干的南北方向,并用粉笔作出明显标志。

7.2.2.2　伐　倒

　　——为了不使 0 号圆盘受损和便于伐树,可在根颈以上 50cm 范围伐木,然后再在伐根上截取 0 号圆盘。

——伐倒后，先确定树干由根径到第一个活节和死节的长度，然后在全部树干上用粉笔标明正北方向，再测定树干全高和其 1/4、1/2、3/4 树高处的带皮和去皮直径，以计算各种形率，

——大径级样木的采伐应控制树干倒向，一方面要注意人员安全，另一方面应尽量不伤及样木周围的其他活立木。

——记录各种解析木调查因子，填写《解析木卡片》《解析木鉴定表》。

7.2.2.3　标　记

在测定树干全长的同时，标出各区分段中央断面积和梢头底断面积的位置，每个区分段长度为 2m，实际从根径起按每 1m 一直区分到顶端，顶端不足区分段长度的一段为梢头。

7.2.3　圆盘截取

——用手锯在每个区分段的上下两端各截取一个圆盘，上面的用于解析木，下面的圆盘作为树干的生物量样品。

——在截取圆盘时应该注意的几点：

(1)截取圆盘尽量与树干垂直，不可偏斜，截取圆盘应使断面平滑。

(2)圆盘相地的一面(即下面)应恰好在区分段的中央位置上，以此作为工作面，在梢头底直径的垃置也必须截取圆盘。

(3)圆盘不易过厚，依树干直径大小不同而不同，约以 2～5cm 为宜。直径大时可以厚点，直径小时可以薄点。

(4)在圆盘的非工作面上标明南北向，并以分式形式注记，分子为标准地号和解析木号，分母为圆盘号和断面高度，根颈处圆盘为 0 号盘，其他圆盘的编号应依次向上编号。在 0 号圆盘上应加注树种、采伐地点和时间等。

7.2.4　圆盘内业分析

解析木外业工作结束后，继续进行内业工作，主要包括：测定各龄级直径、确定各龄级的树高、绘制树干纵断面图、计算各龄级的材积、计算各龄级形数，以及计算树木各因子的平均生长量及连年生长量，并绘制生长曲线图。

7.2.5　林木生长过程分析

解析木内业工作完成后，填写《生长过程分析表》《树干生长过程总表》，图表分析林木生长过程。

7.3　野外样本采集

——野外样本采集主要包括乔木层、林下植被层和土壤，具体是由乔木、灌木、草本、细木质物、粗木质物、剩余堆积物和土壤这些建模单元组成。

——样本数量应满足建模的精度要求，原则上每个建模单元的样本数应不少于 100 个(含检验样本数)，否则应根据需要适当增加样本数量。

——每一个建模样本的具体构成应该根据当年设定标准地的情况综合确定。

7.3.1　乔　木

——结合解析木测定乔木生物量，伐倒标准木后精确测定胸径和树高，对于径级较大、必须分段称重的样木，一般以 1m 为区分段进行分层切割，测定标准木各器官(干、枝、叶花

果、根)的鲜重,对于小径阶样木,可以一次性称取整个树干的重量。

——原则上样品重量要求精确到 1%,样品鲜重要求在 100g 以上者(如木材),记载到 g;100g 以下者(如树皮),记载到 0.1g。

——样品质量有一定要求,不够时,则全部取样。

——标准木生物量测定步骤主要包括:

(1)分段称取干材、锯末、树皮、树叶(花、果)、树根以及细根的鲜重。

(2)分别取样,带回实验室进行烘干、再次称重,计算含水率等指标。

(3)分别换算出各部分的干重,最后相加得出总干重。

7.3.2　灌　木

——林下灌木、草本生物量数据应根据前期准备主要种列表(根据已有样地计算得到的重要值大小)分种采集。

——调查并记录灌木(包括藤本等)种类、生长状况、高度、地径、盖度等基本调查因子。

——建立生物量估测模型的样本原则上应按盖度、高度、基径、冠幅、疏密度等因子等级均匀分布。

——分物种、分级数 30 个重复进行灌木生物量调查,采用样方收获法,将样方内所有灌木挖出,分干、枝(含叶、花、果)、根称其鲜重。

——取样带回烘干,换算成各个部分生物量数据。

——建立该物种灌木估算模型,以用于估测该地区灌木生物量。

7.3.3　草　本

——样方的选取按高度和盖度两项因子进行控制,在林下选取符合样本建模要求的地段,设置边长 $1m \times 1m$ 的样方。

调查样方内草本的种、株数、高度(H)、盖度(P)、生长状况、分布状况等基本调查因子。

——模型样本原则上应按盖度、高度等因子等级均匀分布,取样出现频繁、株数多、盖度大的草本植物(一般上不超过 8 种,要考虑有足够的代表性)。

——采用全收获法,按地上部分与地下部分称重,剩下的按其余统一获得其地上地下生物量,并取样。

——样品重量都要保证在 500g 左右,一般不得少于 300g,填写《草本生物量表》。

——取样后计算其含水率等,并换算成总生物量。

——建立该物种灌木估算模型,以用于估测该地区灌木生物量。

7.3.4　细木质物

——细木质物层可分为未分解层、半分解层和分解层,其中分解层归入土壤的腐殖质层。

——测量样方或样线上细木质物层的平均厚度,测定每个小样方 4 个角及中央的厚度,或样线上等距的点上的厚度。临时样地可随机取 30 个样点,测定细木质物层厚度,填写《细木质物厚度记录表》。

——采用全收获法分层采集样方内细木质物。分种类进行计算,然后相加。

7.3.5　粗木质物

——粗木质残体种类主要分为倒落木、大枝及其他。

——腐朽等级 1～3 级的粗木质物，取大头、小头两端约 2～4cm 的圆盘，称取鲜重，并取样。

——腐朽等级为 4、5 级的粗木质物，收集一定体积（固定体积的容器）进行鲜重测量，并取样。部分破碎、腐烂严重的可归入细木质物层计算。

7.3.6　剩余堆积物

——根据实际情况，剩余堆积物可分为采伐剩余堆积物、抚育剩余堆积物、风积物 3 种。

——分别不同密度等级的剩余堆积物，收集一定体积（固定体积的容器）进行鲜重测量，并取样。

7.3.7　土　壤

——土壤剖面选点。要有典型性和代表性，注意避开交通线路、坟地、工地、水利工程、池塘、村庄等人为活动干扰影响较大的地段。

——土壤剖面挖掘。人工挖掘新鲜的土壤剖面，从地表向下直接挖掘到母质层（或潜水面）出露为止。

（1）一般首先在已选好点的地面上画个长方形，其规格大小为长 2m、宽 1m，对不同地区的不同土壤，应有不同的规格。

（2）对山地土壤土层较薄者，只需要挖掘到母岩或母质层即可。

（3）挖掘土坑时应注意将观察面留在向阳面，山区留在山坡上方。

（4）观察面要垂直于地平面。

（5）挖掘的土应堆放在土坑两测，而不应堆放在观察面上方地面上。

（6）不允许踩踏观察面上的地面，以免扰乱破坏土壤剖面土层的性态。

——土壤层次划定。根据土层颜色和致密程度划分土壤发生层，由上向下依次为覆盖层（O）、淋溶层（A）、淀积层（B）、母质层（C）和基岩层（R）几个大层次，观测与记载土层厚度等土壤调查因子。

——土壤形态特征调查。逐层将土壤的形态特征记录于《土壤调查表》，包括土壤颜色、土壤质地、砾石状况、土壤结构、松紧度、孔隙状况、土壤湿度。

——采集普通分析样品。

（1）按 0～10cm、10～20cm、20～40cm、40～60cm、60cm 以上（最大深度根据具体的土层厚度而定）的不同土深，分别使用环刀取样。

（2）仔细去除环刀内土样的植物根系和残体等。

（3）所有凋落物的分解层（即腐殖质层）应单独取样。

——土壤容重测定。

（1）及时称取每一环刀土壤湿重，用铝盒盛装，在铝盒外贴标签，注明标准地号、日期、采样深度、土壤名称、编号及采样人等。

（2）将铝盒内土壤称湿重后，转移至牛皮信封，在 105℃烘干 24 小时后，称重并计算土壤容重。

——土壤有机碳测定。

(1)每层土壤约采1kg左右,装入布袋或塑料袋中,并应填写一式三份标签,一份放于袋中,一份挂于袋外,一份存根备查。

(2)将同一剖面的土袋拴在一起,以免混乱。

(3)所采样品带回室内后,当天就要倒出风干,以免霉烂变质。

(4)新鲜土样去杂、过2mm钢筛后贮藏于4℃的冰箱内。

(5)采样结束后采用"外加热法-重铬酸钾氧化法"测定土壤有机质(土壤微生物量碳和水溶性有机碳),经校正系数1.1来校正未反应的有机碳的含量后,取常用的土壤有机质平均含碳率值0.58(Van Benmmelen换算因数)计算得到土壤有机碳含量 M_c(g·kg^{-1})。

7.4　内业和参数计算

7.4.1　数据预处理

7.4.1.1　原始数据录入

——野外调查当天即整理相关图表原始数据,并输入电脑。

——有疑问的数据应与调查人确认后填入。

——有误的数据应在条件允许下进行本期复测或标记后等待下期复测。

7.4.1.2　相关照片整理

对于样地林分状况、生物量数据获取以及其他外业活动过程都应及时拍照记录,按照样地、专题分类整理。

7.4.2　系数测定

7.4.2.1　含水率测定及干物质率计算

——将采集回来的每一个样品,分类别依次分批放入烘箱,先在105℃恒温下烘2小时,再在85℃恒温下烘5小时进行第一次称重。然后再在85℃恒温下继续烘烤,每隔2小时称重1次,依次记录。

——当最近两次重量相对误差=1.0%即至恒重时,就停止烘烤。

——将样品取出放入玻璃干燥器皿内冷却至室温再称其干重。

——计算每个样品的干物质率和含水率,精度要求达98%以上。

7.4.2.2　含碳系数测定

——含碳系数精度要求达98%以上。

——采用干烧法(高温电炉灼烧)测定含碳系数。

(1)先对所有取样样品使用微型植物粉碎机(FZ102型)粉碎,并过60目筛。

(2)选取5g左右,称取约6mg试样,放入有机元素分析仪(Vario EL Ⅲ,德国)测定中进行样品有机元素(C、H、O、N等)含量分析,测定其碳元素含量。

(3)每个样品2~3次重复,每次重复测定的误差控制在±0.1%以内。

(4)误差在±0.1%以内的2次测定结果的平均值作为样品的含碳系数。

7.4.3　生物量计量参数

7.4.3.1　生物量转换因子

一般指林木生物量与材积、林分生物量与蓄积之间的比值。

7.4.3.2　根径比(Root/Bhoot Ratio，R)

地下根系生物量与树干生物量之间的比值。

7.4.3.3　根冠比(Root/Crown，R/C)

地下根系生物量与树冠生物量之间的比值。

7.4.3.4　非同化器官与光合作用器官比(Non-assimilating/Assimilation Organs，C/F)

林木非同化器官(干、枝、根)生物量总和与光合作用器官(叶)生物量之间的比值。

7.5　动态监测

7.5.1　监测内容

——新增森林的估测，主要体现在林木胸径、树高生长上，可直接采用研究建立的时间序列相似性模式法反映森林植被和林木生长状况；

——森林转出分析，在抚育、间伐等监测结果基础上反映分布变化。

——复查已有标准地内主要指标，反映一定时间尺度内的动态，进一步完善标准地调查监测基础数据。

7.5.2　监测指标

——综合监测指标，包括遥感监测指标和地面调查指标。

——综合评估指标，包括生物量碳储量的时空分配等结构评价指标。

7.5.3　监测方法

——地面样地监测。

(1)对固定标准地内乔木进行复查，检查树牌，核实并重新编号有问题的树木，新进界木加挂树牌，测量胸径、树高、冠幅等，完成《样地每木复查表》。

(2)适当补充相关生物量调查。

——遥感宏观监测。

(1)基于 3S 技术支持，与地面典型调查相结合。

(2)处理并分析卫星遥感数据的变化。

(3)建立遥感定量反演模型，实现对森林植被的实时或准实时监测。

7.5.4　监测主要产出

——地面样地监测产出。

(1)固定样地内乔木的多期连续观测数据。

(2)变化的相关抚育经营管理措施。

——遥感宏观监测产出。

(1)森林资源的明显变化的数据。

(2)生物量碳储量分布和动态变化图。

(3)为地面调查提供其他数据依据。

8　统计与成图

8.1　数据处理与统计分析

——为了快速、准确地提供森林生物量碳储量现存状况及动态监测成果。

——根据数理统计原理，利用 Excel、Spss、ArcGIS 等统计分析软件。

——对野外采集和室内实验获取的数据进行目的性、全面性和科学性的信息提取、分析与评价。

8.2　成图类型与方法

——基础地理信息数据。包含林场界、林班界、小班界、样地、河流、道路、居民点等高线及注记等。相关编码可参照《国土基础信息数据分类与代码》中的有关规定。

——遥感影像图。包含低、中、高分辨率卫星影像图，按 1∶5 万及以上等比例尺标准图幅制作。

——专题图。

（1）森林资源专题图，按 1∶10 万编制。

（2）生物量碳储量专题图，按 1∶10 万编制。

8.3　监测数据库建立

监测数据库由属性数据文件（描述性数据）和空间数据（地图数据）二部分组成，用于管理、产出地面固定样地数据、影像数据、监测成果数据及相关统计图表，更新周期为一年。

8.3.1　属性数据库

——规范字段名、字符格式、字符长度等等，确保每一期产出数据的一致性和连续性。

——属性数据库类型。

（1）样地基本信息库。主要包括：样地号、样地面积、坡度、坡向、坡位、土壤厚度、海拔、GPS 定位、林龄、标准木胸径、标准木树高、优势木胸径、优势木树高、样地蓄积、郁闭度、活立木密度、枯立木密度、幼木密度、主要树种、主要灌木、主要草本、抚育描述。

（2）植被信息数据库。主要包括乔木每木检尺、灌木调查、草本调查数据库，产出物种多样性、空间分布等信息。

（3）土壤数据库。结合样地，建立包括林龄、土层厚度、土壤类型、立地质量、立地等级、层次变化描述、有机碳含量、氮含量等在内的土壤数据库。

（4）生物量数据库。主要包括林木、林下灌草、木质物残体生物量数据库，产出生物量垂直空间分配、年产量等信息。

（5）碳储量数据库。以生物量数据库为基础构建，产出生态系统碳储量时空分布格局、年际动态变化等信息。

8.3.2　模型数据库

——储存并更新样地和植被调查信息。

——专项统计分析。

（1）乔木等各维量特征因子相关性和相容性参数。

（2）模型的变量，线性和非线性、一元和多元等类型。

（3）模型拟合效果的检验和评价结果。

8.3.3　空间数据库

用于图像空间数据的管理，包括进行遥感图像处理、参数反演、森林植被信息的提取、分析与评价。

9　产出成果

9.1　主要成果

9.1.1　成果图

——森林资源专题图。

——生物量碳储量空间分布专题图。

——生物量碳储量动态变化专题图。

9.1.2　统计数据

——森林生长状况统计数据。

——生物量碳储量动态监测数据。

9.1.3　文本材料

——森林资源现状及监测报告。

——生物量碳储量监测与评估报告。

9.2　成果要求

9.2.1　成果报告

成果报告内容应包括周期及年际森林资源和生物量碳储量的动态情况、变化发生原因分析等。

9.2.2　精度要求

——以试验林场范围作为一个总体。

——采用同期开展的临时样地调查结果，对监测结果进行精度验证。

（1）林木因子调查精度 90% 以上。

（2）生物量碳储量总体精度 85% 以上。

10　质量控制

10.1　质量管理

——根据调查作业程序，建立完整的质量管理制度。

——加强森林生物量碳储量调查、建模的质量管理

——确保建模成果准确可靠。

10.2　质量检查

——前期准备工作检查内容包括对操作细则、工作方案的审核，对所用的调查表格、仪器工具等进行检查。

——样本采集检查包括样本地点、采集过程、数量和方法。

——参数测定检查包括所用仪器、测定方法和测定结果。

10.2.1　检查内容

——样木/样方及样品选择、采集方法与数量符合规定要求为合格项，否则为不合格项。

——样木直径（胸径、地径）测量允许误差在 ±1.5% 以下，树高、冠幅、冠长、枝下高等测量允许误差 ±3.0% 以下。测定值超过允许误差在 3 个以内（含 3 个）为合格项，超过 3 个的

为不合格项。

　　——干、枝、叶、根鲜重称量误差在 ±1.0% 以内，干重称量误差在 ±0.1% 以内。测定值超过允许误差在 3 个以内(含 3 个)为合格项，超过 3 个的为不合格项。

　　——遇有样品丢失情况，原则上应重新采集样本。

10.2.2　检查数量

　　——外业检查。承担样本采集的调查小组应对每株样木或每个样本的采集进行检查监督，复查 5% 以上。

　　——内业检查。承担样本采集的调查小组应对生物量外业采集记录表和已录入的数据进行全面检查，复查 3% 以上。

　　——实验检查。抽取 1% 的样品重复测定含水率和含碳系数，其测定结果与原测定结果对照，误差应在 ±1.0% 以内。

10.2.3　检查方法

　　——外业质量检查一般采用跟班作业的方法进行，主要检查外业人员对规范的掌握程度，并进行现场指导和检查监督，做到及时发现问题、解决问题。

　　——内业检查主要看调查数据是否严格按双轨制录入，数据是否完整，数据处理方法是否正确。

　　——实验检查采用同样的仪器和方法进行重复测定。

10.3　质量评定

10.3.1　外业质量评定

　　——根据外业检查内容和评定标准。

　　——对每个检查样本的质量做出是否合格的评定，并计算出外业采集样本的合格率。

　　——外业检查各项指标均达到合格要求的为合格样本；否则为不合格样本。

10.3.2　内业质量评定

　　——质量检查人员应对全部的调查记录表进行 100% 检查，对每个调查记录表的质量进行评定，并计算出调查记录表的合格率。

　　——调查记录表按以下标准评定为合格、不合格两类：

　　(1)合格。生物量野外采集记录完整无缺，调查记录表中各项记录明显错误在 3 处以下(含 3 处)，则评为合格。

　　(2)不合格。生物量调查记录不完整，调查记录表中各项记录明显错误在 3 处以上，则评为不合格。

　　——对外业不合格样本要求重新采集，对内业不合格的要求分析原因，更正错误；对无法内业解决的问题，须返回现地重新调查。

附录　制表要求
（规范性附录）

A.1　范　围

本附录确定了森林生物量碳储量调查作业附表的名称、内容与格式。

A.2　附表种类

森林生物量碳储量调查作业包括：野外调查记录表、建模类型记录表和实验分析记录表等。

A.3　附表内容与格式

A.3.1　野外调查记录表

表 1　野外调查记录表类型及主要属性因子

类型	表名	代表性属性因子
样地	固定标准地基本调查表	标准地号、面积、坡度、平均胸径、活地被物
	每木检尺调查表	样木编号、胸径、树高、第一活枝下高
	幼木调查表	幼木子样地号、树种、株数、高度、地径、冠幅、分布
	灌木调查表	灌木样方号、种名、株数、盖度、平均高度
	草本调查表	草本样方号、种名、盖度、平均高度、生长状况
	采伐剩余物调查表	样地号、面积、方位、形状、体积（长宽高）、
	粗木质物调查表	样方号、总长、小/大头直径、腐朽级、倒木方位、空心否
	细木质物调查表	样地号、子样方号、分解层度、厚度
	苔藓调查表	样方号、面积、种名、物候、盖度、生长状况
	土壤调查表	层次、厚度、质地、结构、湿度、石砾含量
解析木	解析木卡片	树种、起源、年龄、林分概况、与相邻木情况
	解析木鉴定表	林层、树高、第一活枝高、冠长、带皮直径、树干形数、伐根高、树干材积、树皮材积、树冠投影
	生长过程分析表	树种、胸径、树高、年龄、年轮数、断面高、带皮直径
	树干生长过程总表	树种、胸径、树高、胸径、总生长量、连年生长量、形数
乔木生物量	树干及树皮生物量表	区段、树干、鲜重、样本湿重、含水率、干重
	枝叶生物量表	区段、活死枝、花叶果、鲜重、含水率、干重
	标准枝选定表	区段、标准枝鲜重、基径、长度
	根系生物量表	土层厚度、伐桩、粗根、鲜重、数量、样本鲜重、含水率
	细根生物量表	土层厚度、活细根、数量、鲜重、样本鲜重、含水率
	乔木生物量总表	标准木编号、树种、树干、鲜重、干重、含水率

（续）

类型	表名	代表性属性因子
林下植被生物量	灌木生物量调查表	种名、冠幅、活枝高、主根长、枝干鲜重、含水率
	基茎-高—灌木生物量取样表	种名、基径、枝干鲜重、样本湿重、样本干重、含水率
	冠幅-高—灌木生物量取样表	种名、冠幅、枝干鲜重、样本湿重、样本干重、含水率
	草本生物量调查表	种名、株高、株数、生长状况、物候、盖度、含水率
	草本生物量取样表	种名、地上部分鲜重、样本湿重、样本干重、含水率
	苔藓生物量调查表	种名、鲜重、样本湿重、样本干重、含水率
林下地表生物量	细木质物生物量表	未分解层鲜重、样本湿重、样本干重、含水率
	粗木质物生物量表	鲜重、样本湿重、样本干重、含水率
	采伐剩余堆积物生物量表	鲜重、样本湿重、样本干重、含水率
样地复查	样地每木复查表	胸径、树高、第一活枝高

A.3.2　建模类型记录表

表 2　乔木树种生物量模型建模单元

序号	龄阶	林龄	径阶	样地数	样木数	植被类型	类型
1							
2							

注：采集样木的胸径 8cm 以下径阶控制在取样径阶 ±0.5cm 范围内，12cm 以上径阶控制在取样径阶 ±1cm 范围内；每株样木做地下部分生物量调查。

表 3　灌木生物量模型建模种

序号	植物名	基径径级	树高	冠幅
1				
2				

表 4　草本生物量模型建模种

序号	植物名	平均高	盖度
1			
2			

表 5　细木质物生物量模型建模类型

序号	样地号	厚度等级	含水率	
1				
2				

表 6　粗木质物生物量模型建模种

序号	植物名	大头直径	小头直径	长度	材积
1					
2					

表 7　剩余堆积物生物量模型建模类型

序号	样地号	腐朽等级	密度级	蓄积
1				
2				

表 8　土壤碳储量模型建模类型

序号	样地号	立地条件	有机碳含量	氮含量
1				
2				

A.3.3　实验分析记录表

表 9　含水率测定记录表

样品编号	类型	部位	鲜重(g)	首次干重(0.1g)	每2小时1次干重测定记录(0.1g)						最后干重(0.1g)	含水率(%)
					1	2	3	4	5	6		

　　注：类型的填写要求：乔木按"木材、树皮、树枝、树叶、死枝、树根"填写，竹类按"主干、枝叶、根系"填写，灌木按"主灌、丛灌"填写，草本填"草本"；部位的填写参见前面的有关要求；鲜重按 g 取整数（或 1 位小数），干重按 g 取 1 位小数。

表 10　树种含碳率分析记录表

测定样品编号记录表——共计　　　份										
年龄	样木	树干	树皮	根桩	大根	粗根	中根	细根	活枝	死枝	叶等

表 11　主要灌木种含碳率分析记录表

灌木含碳率测定样品记录表——共计　　份

样地名	种名	枝样品编号	叶等样品编号	根样品编号

表 12　主要草本种含碳率分析记录表

草本含碳率测定样品记录表——共计　　份

样地号	种名	地上部分样品编号	地下部分样品编号

表 13　细木质物含碳率分析记录表

细木质物含碳率测定样品记录表——共计　　份

样地号	未分解样品编号	半分解样品编号

表 14　主要粗木质物含碳率分析记录表

粗木质物含碳率测定样品记录表——共计　　份

样地号	树种名	粗木质物样品编号

表 15　土壤含碳率分析记录表

土壤含碳率测定样品记录表——共计　　份

样地号	0~5cm 层	5~10cm 层	10~20cm 层

参考文献

1. 鲍晨光，范文义，李明泽，等．地形校正对森林生物量遥感估测的影响［J］．应用生态学报，2009，20（11）：2750-2756.

2. 鲍显诚，陈灵芝，陈清朗，等．栓皮栎林的生物量［J］．植物生态学与地植物学丛刊，1984，10（8）：313-320.

3. 毕君，马增旺，许云龙，等．人工侧柏群落结构及生物量［J］．东北林业大学学报，2000，28（1）：13-15.

4. 常庆瑞，蒋平安，周勇，等．遥感技术导论［M］．北京：科学出版社，2004.

5. 常学礼，鲁春霞，高玉葆．科尔沁沙地不同沙漠化阶段植物种多样性与沙地草场地上生物量关系研究［J］．自然资源学报，2003，18（4）：475-482.

6. 车少辉，张建国，段爱国，等．杉木人工林胸径生长神经网络建模研究［J］．西北农林科技大学学报（自然科学版），2012，40（3）：84-92.

7. 陈楚莹．改善杉木人工林质量和提高生产力的研究［J］．应用生态学报，1990，1（2）：97-106.

8. 陈传国，朱俊凤．东北主要林木生物量手册［M］．北京：中国林业出版社，1989.

9. 陈亮中．三峡库区主要森林植被类型土壤有机碳研究［D］．北京：北京林业大学，2010.

10. 陈莉丽．小陇山林业实验局森林生态效益计量评价的研究［D］．北京：北京林业大学，2005.

11. 陈灵芝，任继凯，鲍显诚，等．北京西山（卧佛寺附近）人工油松林群落学特性及生物量的研究［J］．植物生态学与地植物学丛刊，1984，7（8）：173-181.

12. 陈绍栓．因地制宜发展多树种造林［J］．福建林业科技，1999，26（S1）：93-96.

13. 陈遐林．华北主要森林类型的碳汇功能研究［D］．北京：北京林业大学，2003.

14. 陈先刚，张一平，詹卉．云南退耕还林工程林木生物质碳汇潜力［J］．林业科学，2008，44（5）：24-30.

15. 程堂仁，冯菁，马钦彦，等．甘肃小陇山锐齿栎林生物量及其碳库研究［J］．北京林业大学学报，2007，29（S2）：209-215.

16. 程堂仁，冯菁，马钦彦，等．基于森林资源清查资料的林分生物量相容性线性模型［J］．北京林业大学学报，2007，29（5）：110-113.

17. 程堂仁．甘肃小陇山森林生物量及碳储量研究［D］．北京：北京林业大学，2007.

18. 邓华平，李树战，何明山，等．豫南不同年龄杉木林生态系统碳贮量及其空间动态特征［J］．中南林业科技大学学报，2011，31（8）：83-95.

19. 丁贵杰，王鹏程．马尾松人工林生物量及生产力变化规律研究Ⅱ不同林龄生物量及生产力［J］．林业科学研究，2001，15（1）：54-60.

20. 丁丽霞，周斌，王人潮．遥感监测中 5 种相对辐射校正方法研究［J］．浙江大学学报，2005，31（3）：269-276.

21. 董利虎，李凤日，贾炜玮．东北林区天然白桦相容性生物量模型［J］．林业科学．2013，49（7）：75-85.

22. 董宇．基于遥感信息估测森林生物量［D］．北京：北京林业大学，2012.

23. 杜红梅，王超，高红真．华北落叶松人工林碳汇功能的研究［J］．中国生态农业学报，2009，17（4）：756-759.

24. 段文霞，朱波，刘锐．退耕还林中柳杉林生态系统的碳储量动态研究［J］．北京林业大学学报，2007，29（2）：55-59.

25. 范渭亮，杜华强，周国模，等．大气校正对毛竹林生物量遥感估算的影响［J］．应用生态学报，2010，21（1）：1-8.

26. 范文义，张海玉，于颖，等．三种森林生物量估测模型的比较分析［J］．植物生态学报，2011，35（4）：402-410.

27. 方海波，田大伦，康文星．杉木人工林间伐后林下植被生物量的研究［J］．中南林学院学报，1998，18（1）：5-9.

28. 方海波，田大伦，康文星．杉木人工林间伐后林下植被养分动态的研究［J］．中南林学院学报，1998，18（2）：1-5.

29. 方红亮，张健挺，刘卫国，等．ERDAS 遥感图像处理教程［R］．北京：中国科学院地理研究所资源与环境信息系统国家重点实验室，1998，9：12-40.

30. 方华军，杨学明，张晓平．农田土壤有机碳动态研究进展［J］．土壤通报，2003，34（6）：562-568.

31. 方精云，陈安平．中国森林生物量的估算：对 Fang 等 Science 一文（Science，2001，291：2320-2322）的若干说明［J］．植物生态学报，2002，26（2）243-249.

32. 方精云，陈安平．中国森林植被碳库的动态变化及其意义［J］．植物学报，2001，43（9）：967-973.

33. 方精云，刘国华，徐嵩龄．我国森林植被的生物量和净生产量［J］．生态学报，1996.16（5）：497-508.

34. 方精云，刘国华，徐嵩龄．中国陆地生态系统碳库．现代生态学的热点问题研究（上册）［M］．北京：中国科学技术出版社，1996，251-277.

35. 方精云．北半球中高纬度的森林碳库可能远小于目前的估计［J］．植物生态学报，2000，24（5）：635-638.

36. 方精云．中国森林生产力及其对全球气候变化的响应［J］．植物生态学报，2000，24（5）：513-517.

37. 方奇．杉木连栽对土壤肥力及其生长的影响［J］．林业科学，1987，23（4）：389-397.

38. 方晰，田大伦，项文化．不同密度湿地松人工林碳积累与分配的研究［J］．浙江林学院学报，2003，20（4）：374-379.

39. 方晰，田大伦，项文化．杉木人工林凋落物量及其分解过程中碳的释放率［J］．中南林学院学报，2005，25（6）：12-16.

40. 方晰，田大伦，项文化. 速生阶段杉木人工林碳素密度、贮量和分布［J］. 林业科学，2002，38（3）：14-19.

41. 方晰，田大伦，项文化，等. 不同密度湿地松人工林中碳的积累与分配［J］. 浙江林学院学报，2003，（4）：24-26.

42. 方晰，田大伦，胥辉，马尾松人工林生产与碳素动态［J］. 中南林学院学报，2003，23（2）：11-13.

43. 方运霆，莫江明. 鼎湖山马尾松林生态系统碳素分配和贮量的研究［J］. 广西植物，2002，22（4）：305-310.

44. 冯露，岳德鹏，郭祥. 植被指数的应用研究综述［J］. 林业调查规划，2009，34（2）：48-52.

45. 冯瑞芳，杨万勤，张健. 人工林经营与全球变化减缓［J］. 生态学报，2006，26（11）：3870-3877.

46. 傅荟璇，赵红. MATLAB 神经网络应用设计［M］. 北京：机械工业出版社，2010.

47. 甘敬，朱建刚，张国祯，等. 基于 BP 神经网络确立森林健康快速评价指标［J］. 林业科学，2007，43（12）：1-7.

48. 葛忠强. 基于 RS 和 GIS 的城市郊区生态质量综合评价研究［D］. 北京：北京林业大学，2006.

49. 郭家新. 杉木火力楠混交林与杉木纯林土壤碳氮库研究［J］. 福建林业科技，2008，35（3）：5-9.

50. 郭铌. 植被指数及其研究进展［J］. 干旱气象，2003，21（4）：71-75.

51. 郭艳芬，刘志红，谢明元. 基于植被物候特征与监督分类的青南高原信息提取［J］. 遥感技术与应用，2009，24（2）：223-229.

52. 国家环保总局. 生态功能区划暂行规程［R］. 2002.

53. 国家林业局. 国家森林资源连续清查技术规定［R］. 2004.

54. 国家林业局. 森林生态系统服务功能评估规范（LY/T1721-2008）［R］. 2008.

55. 国庆喜，张锋. 基于遥感信息估测森林的生物量［J］. 东北林业大学学报，2003，31（2）：13-16.

56. 郭志华，彭少麟，王伯荪. 利用 TM 数据提取粤西地区的森林生物量［J］. 生态学报，2002，22（11）：1832-1839.

57. 韩爱慧. 森林生物量及碳储量遥感监测方法研究［D］. 北京：北京林业大学，2009.

58. 韩爱慧，王庆杰，孙向然. CBERS-02 星 CCD 数据在林业资源监测中的应用评价［J］. 国土资源遥感，2004，60（6）：61-65.

59. 韩汉鹏. 试验统计引论［M］. 北京：中国林业出版社，2006.

60. 何东进，洪伟，吴承祯，等. 武夷山毛竹天然林生物量与能量分配规律及其人工林的比较研究［J］. 西北植物学报，2003，23（2）：291-296.

61. 洪伟，吴承祯，彭赛芬. 福建省森林植被潜在生产力的估算及其分析［M］. 闽江流域森林生态研究，厦门：厦门大学出版社．2000：58-63.

62. 侯平，潘存德．森林生态系统中的粗死木质残体及其功能[J]．应用生态学报，2001，12（2）：309-308.

63. 胡会峰，刘国华．森林管理在全球 CO_2 减排中的作用[J]．应用生态学报，2006，17(4)：709-714.

64. 胡上序，焦力成．人工神经元计算导论[M]．北京：科学出版社，1994.

65. 黄从德，张健，杨万勤，等．四川森林植被碳储量的时空变化[J]．应用生态学报，2007，18(12)：2687-2692.

66. 黄林水，陈礼光，郑郁善．木荷、马尾松混交林生物量与生产力的研究[J]．江西农业大学学报，2001，23(2)：244-247.

67. 黄宇，冯宗炜，汪思龙，等．杉木、火力楠纯林及其混交林生态系统 C、N 贮量[J]．生态学报，2005，25(12)：3146-3154.

68. 贾炜玮．樟子松人工林枝条生长及节子大小预测模型的研究[D]．哈尔滨：东北林业大学，2006.

69. 蒋延玲，周广胜．兴安落叶松林碳平衡及管理活动影响研究[J]．植物生态学报，2002.26(3)：317-322.

70. 蒋有绪．世界森林生态系统结构与功能研究简述[A]//中国森林生态系统结构与功能规律研究[C]．北京：中国林业出版社．1996.

71. 蒋志刚，李春旺，曾岩．生物实验设计与数据分析[M]．北京：高等教育出版社，2003.

72. 解宪丽，孙波，周慧珍等．中国土壤有机碳密度和贮量的估算与空间分布分析[J]．土壤学报，2004，41(1)：35-43.

73. 康冰，刘世荣，张广军，等．广西大青山南亚热带马尾松、杉木混交林生态系统碳素积累和分配特征[J]．生态学报，2006，26(5)：1320-1329.

74. 李粉玲，李京忠，张琦翔．DEM 提取坡度、坡向算法的对比研究[J]．安徽农业科学，2008，37(7)：7355-7357.

75. 李高飞，任海．中国不同气候带各类型森林的生物量和净第一性生产力[J]．热带地理，2004，24(4)：306-310.

76. 李海奎，雷渊才．中国森林植被生物量和碳储量评估[M]．北京：中国林业出版社，2010：12-48.

77. 李海英，彭红春，王启基．高寒矮嵩草草甸不同退化演替阶段植物群落地上生物量分析[J]．草业学报，2004，13(5)：26-32.

78. 李加林，许继琴，张殿发，等．杭州湾南岸互花米草盐沼生态系统服务价值评估[J]．地域研究与开发，2005，24(5)：58-52.

79. 李净，王建．利用 TM 数据估算山丹军马场的植被生物量[J]．遥感技术与应用，2004，19(5)：343-347.

80. 李克让，王绍强，曹明奎．中国植被和土壤碳贮量[J]．中国科学(D 辑)，2003，33(7)：71-79.

81. 李铭红，于明坚，陈启常，等．青冈常绿阔叶林的碳素动态[J]．生态学报，1996，16（6）：645-651．

82. 李意德，吴仲民，曾庆波，等．尖峰岭热带山地雨林群落生产和二氧化碳同化率净增量的初步研究[J]．植物生态学报．1998，22（2）：127-134．

83. 李意德．我国热带天然林植被 C 贮存量的估算[J]．林业科学研究，1998，11（2）：156-162．

84. 李永慈，唐守正．带度量误差的全林整体模型参数估计研究[J]．北京林业大学学报，2006，28（1）：23-27．

85. 梁宏温，温远光，温琳华，等．连栽对尾巨桉短周期人工林碳贮量的影响[J]．生态学报，2009，29（8）：4242-4250．

86. 梁长秀，冯仲科，郎南军，等．森林资源调查数据的稳健估计及分析[J]．北京林业大学学报，2001，23（6）：10-12．

87. 林开敏，郭玉硕，俞新妥，等．老龄杉木林下植物成分结构特征[J]．福建林学院学报，1999，19（2）：124-128．

88. 林开敏，洪伟，俞新妥，等．杉木成熟林林下植被生物量及其取样技术研究[J]．福建林学院学报，2001，21（1）：28-31．

89. 林开敏，洪伟，俞新妥，等．杉木人工林林下植物生物量的动态特征和预测模型[J]．林业科学，2001，37（S1）：99-105．

90. 林开敏，俞新妥，黄宝龙，等．杉木人工林林下植物物种多样性的动态特征[J]．应用与环境生物学报，2001，7（1）：13-19．

91. 林平．三明市森林资源结构调整[J]．福建林业科技，2001，28（3）：55-58．

92. 刘灿然，马克平．生物群落多样性的测度方法[J]．生态学报，1997，17（6）：601-610．

93. 刘国华，傅伯杰，方精云．中国森林碳动态及其对全球碳平衡的贡献[J]．生态学报，2000，20（5）：733-740．

94. 刘华，雷瑞德．我国森林生态系统碳储量和碳平衡的研究方法及进展[J]．西北植物学报，2005，25（4）：835-843．

95. 刘强，王金波．阔叶红松人工林群落的生物生产力[J]．东北林业大学学报，2004，32（2）：13-15．

96. 刘卫国，吕光辉，高炜，等．阜康绿洲生态系统生物量空间格局分析[J]．中国沙漠，2006，26（5）：809-813．

97. 刘蔚秋．广东黑石顶森林植被生物量及其遥感估算[D]．广东：中山大学，2003．

98. 刘艳辉．黄土区影响土壤侵蚀的林地植被因子研究[D]．北京：北京林业大学，2007．

99. 刘志刚，马钦彦，潘向丽．兴安落叶松天然林生物量及生产力的研究[J]．植物生态学报，1994，18（4）：328-337．

100. 刘志刚．华北落叶松人工林生物量及生产力的研究[J]．北京林业大学学报，1992，（S5）：114-123．

101. 罗亚，徐建华，岳文泽．基于遥感影像的植被指数研究方法述评[J]．生态科学，2005，

24(1)：75-79.

102. 罗云建，张小全，侯振宏，等．我国落叶松林生物量碳计量参数的初步研究[J]．植物生态学报，2007，31(6)：1111-1118.

103. 罗云建，张小全，王效科，等．华北落叶松人工林生物量及其分配模式[J]．北京林业大学学报，2009，31(1)：13-18.

104. 骆期邦，曾伟生，贺东北，等．立木地上部分生物量模型的建立及其应用研究[J]．自然资源学报，1999，14(3)：271-277.

105. 马蔼乃．遥感信息模型[M]．北京：北京大学出版社，1997.

106. 马明东，江洪，刘跃建．楠木人工林生态系统生物量、碳含量、碳贮量及其分布[J]．林业科学，2008，44(3)：34-39.

107. 马明东，江洪，罗承德，等．四川西北部亚高山云杉天然林生态系统碳密度、净生产量和碳贮量的初步研究[J]．植物生态学报，2007，31(2)：305-312.

108. 马钦彦，陈遐林，王娟，等．华北主要森林类型建群种的含碳率分析[J]．北京林业大学学报，2002，24(5/6)：96-100.

109. 马瑞金，张继贤，洪钢．用于影像几何纠正的图形图像控制点[J]．测绘科学，1999，2：21-24.

110. 马炜，孙玉军，郭孝玉，等．不同林龄长白落叶松人工林碳储量[J]．生态学报，2010，30(17)：4659-4667.

111. 马炜．长白落叶松人工林生态系统碳密度测定与预估[D]．北京：北京林业大学，2013.

112. 马泽清，刘琪璟，徐雯佳，等．基于TM遥感影像的湿地松林生物量研究[J]．自然资源学报，2008，5(23)：467-478.

113. 马增旺，毕君，孟祥书，等．人工侧柏林单株生物量研究[J]．河北林业科技，2006，3：1-3.

114. 孟宪宇．测树学(第3版)[M]．北京：中国林业出版社，2006.

115. 闵志强，孙玉军．长白落叶松林生物量的模拟估测[J]．应用生态学报，2010，(6)：1359-1366.

116. 闵志强．长白落叶松生物量估测模型研究[D]．北京：北京林业大学，2010.

117. 潘家华．碳汇：林业长足发展的机遇与挑战[OL]．http：//www.gdf.gov.cn/index.php?controller=front&action=view&id=10013071.

118. 潘攀，牟长城，孙志虎．长白落叶松人工林灌丛生物量的调查与分析[J]．东北林业大学学报，2007，35(4)：1-2，6.

119. 潘勇军，王兵，陈步峰，等．江西大岗山杉木人工林生态系统碳汇功能研究[J]．中南林业科技大学学报，2013，33(10)：120-125.

120. 彭少麟，刘强．森林凋落物动态及其对全球变暖的响应[J]．生态学报，2002，22(9)：1534-1544.

121. 彭小勇．闽北杉木人工林地上部分生物量模型的研究[D]．福州：福建农林大学，2007.

122. 秦武明，何斌，覃世赢．厚荚相思人工林生物量和生产力的研究[J]．西北林学院学报，

2008，23（2）：17-20.

123. 秦武明，何斌，余浩光，等．马占相思人工林不同年龄阶段的生物生产力[J]．东北林业大学学报，2007，35（1）：22-24.

124. 阮宏华，姜志林，高苏铭．苏南丘陵主要森林类型碳循环研究：含量与分布规律[J]．生态学杂志．1997，16（6）：17-21.

125. 桑卫国，苏宏新，陈灵芝．东灵山暖温带落叶阔叶林生物量和能量密度研究[J]．植物生态学报，2002，26（S）：88-92.

126. 邵鸿飞，孔庆欣．遥感图像几何校正的实现[J]．气象，2000，26（2）：41-44.

127. 沈清，胡德文，时春．神经网络应用技术[M]．长沙：国防科技大学出版社，1995.

128. 沈文清，马钦彦，刘允芬．森林生态系统碳收支状况研究进展[J]．江西农业大学学报，2006，28（2）：312-317.

129. 沈作奎，鲁胜平，艾训儒．日本落叶松人工林生物量及生产力的研究[J]．湖北民族学院学报（自然科学版），2005，23（3）：289-292.

130. 盛炜彤，范少辉．人工林长期生产力保持机制研究的背景、现状和趋势[J]．林业科学研究，2004，17（1）：106-115.

131. 盛炜彤．不同密度杉木人工林林下植被发育与演替的定位研究[J]．林业科学研究，2001，14（5）：463-471.

132. 史军，刘纪远，高志强，等．造林对陆地碳汇影响的研究进展[J]．地理科学进展，2004，23（2）：58-67.

133. 舒清态，唐守正．国际森林资源监测的现状与发展趋势[J]．世界林业研究，2005，18（3）：33-37.

134. 孙玉军，张俊，韩爱慧，等．兴安落叶松（*Larixgmelini*）幼中龄林的生物量与碳汇功能[J]．生态学报，2007，27（5）：1756-1762.

135. 唐建维，张建侯，宋启示，等．西双版纳热带次生林生物量的初步研究[J]．植物生态学报，1998，22（6）：489-498.

136. 唐守正，郎奎建，李海奎．统计和生物数学模型计算（ForStat教程）[M]．北京：科学出版社，2008.

137. 唐守正，李勇．生物数学模型的统计学基础[M]．北京：科学出版社，2002.

138. 唐守正，张会儒，胥辉．相容性生物量模型的建立及其估计方法研究[J]．林业科学，2000，36（专刊1）：19-27.

139. 田庆久，闵祥军．植被指数研究进展[J]．地球科学进展，1998，8（4）：327-331.

140. 王春梅，邵彬，王汝南．东北地区两种主要造林树种生态系统固碳潜力[J]．生态学报，2010，30（7）：1764-1772.

141. 王光华．北京森林植被固碳能力研究[D]．北京：北京林业大学，2013.

142. 王国杰，汪诗平，郝彦宾，等．水分梯度上放牧对内蒙古主要草原群落功能群多样性与生产力关系的影响[J]．生态学报，2005，25（7）：1649-1656.

143. 王立海，邢艳秋．基于人工神经网络的天然林生物量遥感估测[J]．应用生态学报，

2008，（2）：261-266.

144. 王清奎，汪思龙，冯宗炜，等．土壤活性有机质及其与土壤质量的关系[J]．生态学报．2005（3）：513-519.

145. 王淑君，管东生．神经网络模型森林生物量遥感估测方法的研究[J]．生态环境，2007，（1）：108-111.

146. 王天博．福建将乐马尾松人工林单木生物量模型研究[D]．北京林业大学，2012.

147. 王效科，冯宗炜，欧阳志云．中国森林生态系统的植物碳储量和碳密度研究[J]．应用生态学报，2001，12（1）：13-16.

148. 王效科，冯宗炜．中国森林生态系统中植物固定大气碳的潜力[J]．生态学杂志，2000，19（4）：72-74.

149. 王秀云．不同年龄长白落叶松人工林碳储量分布特征[D]．北京林业大学，2011.

150. 王轶夫，孙玉军．马尾松生物量模型的对比研究[J]．中南林业科技大学学报，2012，32（10）：29-33.

151. 王玉辉，周广胜，蒋延玲，等．基于森林资源清查资料的落叶松林生物量和净生长量估算模式[J]．植物生态学报，2001，28（4）：420-425.

152. 王正兴，刘闯，AlfredoHUETE．植被指数研究进展：从 AVHRR-NDVI 到 MODIS-EVI[J]．生态学报，2003，23（5）：979-987.

153. 王仲锋，冯仲科．林木生物量参数的非线性最小二乘解法研究[J]．吉林农业大学学报，2006，28（3）：261-264.

154. 王仲锋，冯仲科．森林蓄积量与生物量转换的 CVD 模型研究[J]．北华大学学报（自然科学版），2006，7（3）：265-268.

155. 韦玉春，黄家柱．Landsat5 图像的增益、偏置取值及其对行星反射率计算分析[J]．地球信息科学，2006，8（1）：111-113.

156. 尉海东，马祥庆．不同发育阶段马尾松人工林生态系统碳贮量研究[J]．西北农林科技大学学报（自然科学版），2007，35（1）：171-174.

157. 魏文俊，王兵，李少宁，等．江西省森林植被乔木层碳储量与碳密度研究[J]．江西农业大学学报，2007，（5）：681-687.

158. 魏晓慧，森林多功能经营技术与利用模式研究[D]．北京林业大学，2013.

159. 魏亚伟，于大炮，王清君，等．东北林区主要森林类型土壤有机碳密度及其影响因素[J]．应用生态学报，2013，24（12）：3333-3340.

160. 温远光，刘世荣，陈放，等．桉树工业人工林植物物种多样性及动态研究[J]．北京林业大学学报，2005，27（4）：17-22.

161. 吴刚，冯宗炜．中国寒温带温带落叶松林群落生物量的研究概述[J]．东北林业大学学报，1995，23（1）：95-101.

162. 吴家兵，张玉书，关德新．森林生态系统 CO_2 通量研究方法与进展[J]．东北林业大学学报，2003，31（6）：49-51.

163. 吴鹏飞，朱波，刘世荣，等．不同林龄桤-柏混交林生态系统的碳储量及其分配[J]．应用生态学报，2008，19(7)：1419-1424.

164. 吴亚丛，李正才，程彩芳，等．林下植被抚育对樟树人工林土壤活性有机碳库的影响 [J]．应用生态学报，2013，24(12)：3341-3346.

165. 吴展波，郑炜，刘胜祥，等．利用3S技术估算鹿门寺林场马尾松林生物量[J]．西北林 学院学报，2007，(6)：196-199.

166. 吴志祥，谢贵水，陶忠良，等．海南儋州不同林龄橡胶林土壤碳和全氮特征[J]．生态环 境学报2009，18(4)：1484-1491.

167. 吴仲民，李意德，曾庆波，等．尖峰岭热带山地雨林C素库及皆伐影响的初步研究[J]．应用生态学报，1998，9(4)：341-344.

168. 邢艳秋，王立海．基于森林生物量相容性模型长白山天然林生物量估测[J]．森林工程，2008，24(2)：1-4.

169. 邢艳秋，王立海．基于森林调查数据的长白山天然林森林生物量相容性模型[J]．应用生态学报，2007，18(1)：1-8.

170. 邢艳秋．基于RS和GIS东北天然林区域森林生物量及碳贮量估测研究[D]．哈尔滨：东北林业大学，2005.

171. 胥辉，张会儒．林木生物量模型研究[M]．昆明：云南科技出版社，2002.

172. 胥辉．两种生物量模型的比较[J]．西南林学院学报，2003，23(2)：36-39.

173. 胥辉．林分生物量模型研究评述[J]．林业资源管理，1997，(5)：33-36.

174. 徐涵秋．Landsat7ETM+影像的融合和自动分类研究[J]．遥感学报，2005，9(2)：186-194.

175. 徐天蜀，张王菲，岳彩荣．基于PCA的森林生物量遥感信息模型研究[J]．生态环境，2007，16(6)：1759-1762.

176. 徐小军，杜华强，周国模，等．基于遥感植被生物量估算模型自变量相关性分析综述 [J]．遥感技术与应用，2008，23(2)：239-237.

177. 徐新良，曹明奎．森林生物量遥感估算与应用分析[J]．地球信息科学，2006，8(4)：122-128.

178. 许俊利，何学凯．林木生物量模型研究概述[J]．河北林果研究，2009，(2)：141-144.

179. 许俊利．东折稜河落叶松生物量模型研究及生物量估算[D]．北京：北京林业大学，2009.

180. 许榕峰，徐涵秋．ETM+全色波段及其多光谱波段图像的融合应用[J]．地球信息科学，2004，6(1)：99-102.

181. 续珊珊，姚顺波．基于生物量转换因子法的我国森林碳储量区域差异分析[J]．北京林业大学学报(社会科学版)，2009，(3)：109-114.

182. 杨承栋，焦如珍，屠星南，等．发育林下植被是恢复杉木人工林地力的重要途径[J]．林业科学，1995，31(3)：276-283.

183. 杨承栋，焦如珍，屠星南，等．杉木林下植被对5-15cm土壤性质的改良[J]．林业科学研究，1995，8(5)：514-519.

184. 杨昆，管东生．林下植被的生物量分布特征及其作用[J]．生态学杂志，2006，25（10）：1252-1256.

185. 杨利民，周广胜，李建东．松嫩平原草地群落物种多样性与生产力关系的研究[J]．植物生态学报，2002，26（5）：589-593.

186. 杨艳霞．福建主要人工林生态系统碳贮量研究[D]．福州：福建农林大学．2010.

187. 杨玉盛，陈光水，王义祥，等．格氏栲人工林和杉木人工林碳库及分配[J]．林业科学，2006，42（10）：43-47.

188. 杨再鸿，杨小波，余雪标．人工林下植被及桉树林生态问题的研究进展[J]．海南大学学报：自然科学版，2003，21（3）：278-282.

189. 姚东和，杨民胜，李志辉．林分密度对巨尾桉生物产量及生产力的影响[J]．中南林学院学报，2000，20（3）：291-296.

190. 姚茂和，盛炜彤，熊有强．杉木林下植被及其生物量的研究[J]．林业科学，1991，27（6）：644-648.

191. 姚茂和，熊有强．林下植被对杉木林地力影响的研究[J]．林业科学研究，1991，4（3）：246-252.

192. 姚迎九，康文星，田大伦．18年生樟树人工林生物量的结构与分布[J]．中南林学院学报，2003，23（1）：1-5.

193. 于晓梅，屈红军．东北林区落叶松人工林群落演替趋势[J]．东北林业大学学报，2009，37（6）：18-22.

194. 俞新妥．杉木人工林地力和养分循环研究进展[J]．福建林学院学报，1992，12（3）：264-276.

195. 袁渭阳．短轮伐期巨桉人工林土壤碳转移研究[D]．雅安：四川农业大学，2008.

196. 曾伟生，唐守正．东北落叶松和南方马尾松地下生物量模型研建[J]．北京林业大学学报，2011，33（2）：1-6.

197. 曾伟生，唐守正．国外立木生物量模型研究现状与展望[J]．世界林业研究，2010，（4）：30-35.

198. 曾伟生，唐守正．立木生物量方程的优度评价和精度分析[J]．林业科学，2011，47（11）：106-113.

199. 曾伟生，唐守正．利用度量误差模型方法建立相容性立木生物量方程系统[J]．林业科学研究，2010，23（6）：797-802.

200. 曾伟生，唐守正．利用混合模型方法建立全国和区域相容性立木生物量方程[J]．中南林业调查规划，2010，29（4）：1-6.

201. 曾伟生，夏忠胜，朱松，等．贵州人工杉木相容性立木材积和地上生物量方程的建立[J]．北京林业大学学报，2011，33（4）：1-6.

202. 曾伟生，肖前辉，胡觉，等．中国南方马尾松立木生物量模型研建[J]．中南林业科技大学学报，2010，30（5）：50-56.

203. 曾伟生．立木生物量建模样本数据采集方法研究[J]．中南林业调查规划，2010，（2）：

1-6.

204. 曾伟生. 全国立木生物量方程建模方法研究[D]. 北京：中国林业科学研究院. 2011.

205. 张国庆，黄从德，郭恒，等. 不同密度马尾松人工林生态系统碳储量空间分布格局[J]. 浙江林业科技，2007，27(6)：10-14.

206. 张会儒，唐守正，王奉瑜. 与材积兼容的生物量模型的建立及其估计方法研究[J]. 林业科学研究，1999，12(1)：53-59.

207. 张会儒，唐守正. 关于生物量模型中的异方差问题[J]. 林业资源管理，1999，(1)：46-49.

208. 张会儒，赵有贤，王学力，等. 应用线性联立方程组方法建立相容性生物量模型研究[J]. 林业资源管理，1999，(6)：63-67.

209. 张慧芳，张晓丽，黄瑜. 遥感技术支持下的森林生物量研究进展[J]. 世界林业研究，2007，20(4)：30-34.

210. 张佳华，符淙斌. 生物量估测模型中遥感信息与植被光合参数的关系研究[J]. 测绘学报，1999，28(2)：128-129.

211. 张俊. 兴安落叶松人工林群落结构、生物量与碳储量研究[D]. 北京：北京林业大学，2008.

212. 张俊红. 中国林业百科[M]. 长春：吉林电子出版社，2004.

213. 张志东，臧润国. 基于植被指数的海南岛霸王岭热带森林地上生物量空间分布模拟[J]. 植物生态学报，2009，33(5)：833-841.

214. 赵敏，周广胜. 基于森林资源清查资料的生物量估算模式及其发展趋势[J]. 应用生态学报，2004a，15(8)：1468-1472.

215. 赵敏，周广胜. 中国森林生态系统的植物碳贮量及其影响因子分析[J]. 地理科学，2004(1)：50-54.

216. 查同刚. 北京大兴杨树人工林生态系统碳平衡的研究[D]. 北京：北京林业大学，2007.

217. 郑伟，曾志远. 遥感图像大气校正的黑暗像元法[J]. 国土资源遥感，2005，63(1)：8-11.

218. 郑元润，周广胜. 基于NDVI的中国天然森林植被净第一性生产力模型[J]. 植物生态学报，2000，24(1)：9-12.

219.《中国生物多样性国情研究报告》编写组. 中国生物多样性国情研究报告[M]. 北京：中国环境出版社，1998.

220. 中华人民共和国标准局. GB7859—87. 森林土壤pH值的测定[S]. 1987.

221. 周国模，姜培坤，徐秋芳. 竹林生态系统中碳的固定与转化[M]. 北京：科学出版社，2010.

222. 周群英，陈少雄，韩斐扬，等. 不同林龄尾细桉人工林的生物量和能量分配[J]. 应用生态学报，2010，21(1)：16-22.

223. 周玉荣，于振良，赵士洞. 我国主要森林生态系统碳贮量和碳平衡[J]. 植物生态学报，2000，24(5)：518-522.

224. 周振宝. 大兴安岭主要可燃物类型生物量与碳储量的研究[D]. 哈尔滨：东北林业大学, 2006.

225. 朱慧, 洪伟, 吴承祯, 等. 天然更新的檫木林根系生物量的研究[J]. 植物资源与环境学报, 2003, 12(3)：31-35.

226. 朱志诚. 黄土高原森林草原的基本特征[J]. 地理科学, 1994, 14(2)：152-155.

227. Adrien C F, David J P, Evan H D, et al. Progressive Nitrogen Limitation of Ecosystem Processes Under Elevated CO_2 in a Warm-Temperature Forest [J]. Ecology, 2006. 87(1)：15-25.

228. ARDO, J. Volume quantification of coniferous forest compartments using spectral radiance record by Landsat Thematic Mapper [J]. International Journal of Remote Sensing, 1992, 13, pp. 1779-1786.

229. Asrar G. Estimating absorbed photosynthetic ration and leaf area index feom spectral reflectance in wheat [J]. Agronomic Journal, 1984, (76)：300-306.

230. Baccini A, Fried M A, Woodcock C E, et al. Forest biomass estimation over regional scales using muhisource data [J]. Geophysical Research Letters, 2004, (31)：105-101.

231. Baker D. Reassessing carbon sinks [J]. Science, 2008, (317)：1708-1709.

232. Benchalli S S, Prajapati RC. Biomass prediction through remote sensing [J]. Indian Forester, 2004. (130)：599 – 604.

233. Bert D, Danjon F. Carbon concentration variations in the roots, stem and crown of mature Pinus pinaster (Ait.) [J]. Forest Ecology and Management, 2006. (222)：279-295.

234. Birdsey R A. Carbon storage and accumulation in United States forest ecosystems [R]. United States Department of Agriculture Forest Service, 1992, General Technical Report W0-59.

235. Birdsey R A, Lewis G M. Current and historical trends in use, management, and disturbance of U. S. forestlands [J]. In：Kimble, J. M., Heath, L. S., Birdsey, R. A., Lal, R. (Eds.), The Potential of U. S. Forest Soils to Sequester Carbon and Mitigate the Greenhouse Effect [M]. CRC Press, New York, 2003, pp. 15-34.

236. Brown S L, P E Schroeder. Spatial patterns of aboveground production and mortality of woody biomass for eastern U. S. forests [J]. Ecological Applications, 1999, (9)：968-980.

237. Brown S, Lugo A E. Aboveground biomass estimates for tropical moist forests of Brazilian Amazon [J]. Interciencia, 1992, (17)：8-18.

238. Brown S, Lugo A E. Biomass of tropical forests：a new estimate based on forest volumes [J]. Science, 1984, (223)：1290-1293.

239. Brown S L. Schroeder P., Kern J. S. Spatial distribution of biomass in forests of the eastern USA [J]. For-Ecol Man, 1999, (123)：81-90.

240. Brown S. Present and potential roles of foersts in the global climate change debate [J]. Unasylval 85, 1996, (47)：3-10.

241. Bunker D E, DeClerck F, Bradford J C, Colwell R K, Perfecto I, Phillips O L, Sankaran M, Naeem S. Species loss and aboveground carbon storage in a tropical forest [J]. Science, 2005,

310(5750): 1029-1031.

242. Businger J A, Oncley S P. Flux measurement with conditionalsampling [J]. Atmosph Ocean Teeh, 1990, (7): 349-352.

243. Carolina M R, Belén F S. Natural revegetation on topsoiled mining-spoils according to the exposure [J]. Acta Oecologica, 2005. (28): 231-238.

244. Caselles V, Garcia L. An alternative simple approach to estimate atmospheric correction in multi-temporal studies [J]. International Journal of Remote Sensing, 1989, (10): 1127-1134.

245. Catharina J E, Schulp G N, Peter H. V, et al. Effect of tree species on carbon stocks in forest floor and mineral soil and implications for soil carbon inventories [J]. Forest Ecology and Management, 2008. (256): 482-490.

246. Chastain Jr R A, Currie W S, Townsend P A. Carben sequestration and nutrient cycling implications of the evergreen understory layer inAppalachian forests [J]. Forest Ecology and Management, 2006, (231): 63-77.

247. Chojnacky D C. Allometric Scaling Theory Applied to FIA Biomass Estimation [J]. In: Proceedings of the Third Annual Forest Inventory and Analysis Symposium [R], GTR NC-230, North Central Research Station, Forest Service USDA, 2002, 96-102.

248. Ciais P, Tans P P. A large northern hem isphere terrestrial CO_2 sink indicated by the 13 C / 12 C ratio of atmospheric CO_2 [J]. Science, 1995, (269): 1098-1102.

249. Colwell J E. Vegetation canopy reflectance [J]. Remote Sensing of Environment, 1974, (3): 175-183.

250. Cower S T, Vogel J G. Norman J. M. , et al. Carbon distribution and aboveground net primary production in aspen, jack pine, and black spruce stands in Saskatchewan and Manitoba, Canada [J]. Joumal of Geophysical Research, 1997, 102(D24): 29-41.

251. David C, Linda S. Estimating down deadwood from FIA forest inventory variables in Maine [J]. Environmental Pollution, 2002, 116(S1): 525-530.

252. David M S. The Practice of Silviculture: Applied Forest Ecology [M]. John Wiley & Sons, Inc. , New York, NY, 1997.

253. DeGryze S, Six J, Paustian K, et al. Soil organic carbon pool changes following land-use conversions [J]. Global Change Biology, 2004, (10): 1120-1132.

254. DeWit H, Kvindesland S. Carbon Stocks in Norwegian Forest Soils and Effects of Forest Management on Carbon Storage. Rapportfra skogforskningen-Supplement [J]. 1999. Forest Research Institute, As, Norway.

255. D. ixon R K, Brown S, Houghton R A, et al. Carbon pool and flux of global forest ecosystems [J]. Science, 1994, (263): 185-190.

256. Dixon R K, Winjum J, Andrasko K, et al. Integrated systems: assessment of promising agroforest alternative land – use practices to enhance carbon conservation and sequestration [J]. Climatic Change, 1994, (30): 1-23.

257. Drewry J J, Cameron K C, Buchan G D. Pasture yield and soil physical property responses to soil compaction from treading and grazing – a review [J]. Aust J Soil Res, 2008, (46): 237-56.

258. Fang J Y, Chen A P, Peng C H, et al. Changes in Forest Biomass Carbon Storage in China Between 1949 and 1998 [J]. Science, 2001, (292): 2320-2322.

259. Fang J Y, Piao S L, Zhao S Q. The carbon sink: The role of the middle and high latitudes terrestrial ecosystems in the northern hemisphere [J]. Acta Phytoecologica Sinica, 2001, 25(5): 594-602.

260. Fang J Y, Wang Z M. Forest biomass estimation at regionaland global levels, with special reference to China's forest biomass [J]. Ecological Research, 2001, (16): 587-592.

261. FAO.. Global forest resources assessment 2010 [R]. FAO Forestry Paper 163. FAO, Rome, 2010.

262. Fazakas Z, Nilsson M H O. Regional forest biomass and wood volume estimation using satellite data and ancillary data [J]. Agricultural and Forest Meteorology, 1999, (98): 417-425.

263. Foody G M, Cutler M E, Mcmorrow J, et al. Mapping the biomass of Bornean tropical rain forest from remotely sensed data [J]. Global Ecology and Biogeography, 2001, (10): 379-387.

264. Garkoti S S. Estimates of biomass and primary productivity in a high altitude maple forest of the west central Himalayas [J]. Ecological Research, 2008, 23(1): 41-49.

265. Gorte, R. W. 2009. Carbon Sequestration in Forests. Congressional Research Service [OL] [viewed on September 12, 2011]. Available on the Internet: < http: //www. fas. org/sgp/crs/misc/RL31432. pdf >.

266. Hagedorn F, Spinnler D, Bundt M, et al. The input and fate of new C in two forest soils under elevated CO_2 [J]. Global Change Biology, 2003, (9): 862-872.

267. Hame T, Salli A, Andersson K, et al. A New methodology for the Estimation of Biomass of Conifer-Dominated Boreal Forest Using NOAA AVHRR Data [J]. Remote Sensing, 1997, 18(15): 3211-3243.

268. Haripriya G S. Estimates of biomass in Indian forests [J]. Biomass and Bioenergy, 2000, (19): 245-258.

269. Heather R, Mats N, Per S, et al. Applications using estimates of forest parameters derived from satellite and forest inventory data [J]. Computers and Electronics in Agriculture, 2002, (37): 37-55.

270. HectorA, Schmid B, Beierkuhnlein C, et al. Plant diversity and productivity experiments in European grasslands [J]. Science, 1999, 286(5442): 1123-1127.

271. Hooker T D, Compton J E. Forest ecosystem carbon and nitrogen accumulation during the first century after agricultural abandonment [J]. Ecological Applications, 2003, (13), 299-313.

272. Hooper D U, Vitousek P M. Effects of plant composition and diversity on nutrient cycling [J]. Ecological Monograph, 1998, 68(1): 121-149.

273. Hooper D U, Vitousek P M. The effects of plant composition and diversity on ecosystem processes

[J]. Science, 1997, 277(5530): 1302-1305.

274. Houghton R A, Lawrenee K I, Hackler, et al. The spatial distribution of forest biomass in the Brazilian Amazon: A comparison of estimates [J]. Global Change Biology, 2001, (7): 731-746.

275. Houhgton R A, Skole D L, Nober C A, et al. Annual fluexs of carbon from deforestation and regrowth in the Brazilian Amazon [J]. Nature, 2000, (403): 301-304.

276. Hudiburg T, Law B, Turner D P, et al. Carbon dynamics of Oregon and Northern California forests and potential land-based carbon storage [J]. Ecological Applications, 2009, 19(1): 163-180.

277. Huete A, Didan K, Miura T, et al. Overview of the radiometric and biophysical performance of the MODIS vegetation indexes [J]. Remote Sensing of Environment, 2002, 83(3): 195-213.

278. Huete R. A Soil Adjusted Vegetation Index (SAVI) [J]. Remote Sense Environ, 1988, (25): 295-309.

279. Hussin A. Advanced Remote Sensing [D]. ITC: Lecture, 2003.

280. Hussin Y A. The Effeets of polarization and Incidence angle on Radar backscatter from forest Cover [D]. Colorado: Colorado State University, 1990.

281. Idol T W, Figler R A, Pope P E, Ponder Jr, G. Characterization of coarse woody debris across a 100 year chronosequence of upland oak-hickory forests [J]. For. Eco. and Mang, 2001, (149): 153-161.

282. IPCC. Guidelines for National Greenhouse Gas Inventory(www. ipcc-nggip. iges. or. jp/public/2006gl/index. html) [Online]. IPCC/IGES, ISBN, Hayama, Japan, 2006.

283. IPCC. Climate change 2001: the Scientific basis contribution of working group third assessment report of the IPCC [R]. Cambridge Univ. Press, In: Houghton J T, Ding Y, Griggs D J, et al. eds, Cambridge, 2001.

284. IPCC. Climate change 2001-the third assessment report of the IPCC [R]. IPCC, 2002.

285. Iverson L R, Brown S, Prasad A, et al. Use of GIS for estimating potential and actual forest biomass for continental south and southeast Asia [R]. Effects of Land Use Change on Atmospheric CO_2 Concentrations: South and Southeast Asia as a Case Study, Dal e, V. H. (ed). Springer-Verlag, New York, 1994.

286. Jandl R, Lindner M, Vesterdal, L, et al. How strongly can forest management influence soil carbon sequestration [J] Geoderma, 2007, (137): 253-268.

287. Jenkins J C, Chojnacky D C, Heath L S, et al. National-scale biomass estimation for United States tree species [J]. Forest Sci, 2003, 49(1): 12-35.

288. Jensen R. Introductory digital image processing: a remote sensing perspective 3rd edition [M]. New Jersey: Prentice-Hall, 2004.

289. Jobbagy E G, Jackson R B. The vertical distribution of soil organic carbon and its relation to climate and vegetation [J]. Ecological Applications, 2002, 10(2): 423-436.

290. Johansson T. Biomass production and allometric above - and below - ground relations for young birch stands planted at four spacings on abandoned farmland [J]. Forestry, 2007, 80(1): 41-52.

291. John P B, Paul E S. Association of ring shake in eastern hemlock with tree attributes[J]. Forest Products Journal, 2006, 56(10): 31-36.

292. Johnson M G, Kern J S, 2003. Quantifying the organic carbon held in forested soils of the United States and Puerto Rico [R]. In: Kimble, J. M., Heath, L. S., Birdsey, R. A., Lal, R. (Eds.), The Potential of U. S. Forest Soils to Sequester Carbon and Mitigate the Greenhouse Effect. CRC Press, Boca Raton, FL, pp. 47-72.

293. King J S, Giardina C P, Pregitzer K S, et al. Biomass partitioning in red pine (Pinus resinosa) along a chronosequence in the Upper Peninsula of Michigan [J]. Canadian Journal of Forest Research, 2007, 37(1): 93-106.

294. Lal R. Forest soils and carbon sequestration [J]. Forestry Ecology & Management, 2005, (220): 242-258.

295. Martin P H, Nabuurs G J, Aubinet M, et al. Carbon sinks in temperate forests [J]. Ann. Rev. Energy Environ, 2001, (26): 435-465.

296. Parresol B R. Additivity of Nonlinear Biomass Equations [J]. Can J For Res, 2001, (31): 865-878.

297. Parresol B R. Assessing Tree and Stand Biomass: A Review with Examples and, Critical Comparisons [J]. Forest Science, 1999, 45(4): 573-593.

298. Paul C, Van D. Forest inventory estimation with mapped plots [J]. Canadian Journal of Forest Resesrch, 2004, 34, 2: pg. 493.

299. Peri P L, Gargaglione V, Pastur G M. Dynamics of above - and below - ground biomass and nutrient accumulation in an age sequence of Nothofagus antarctica forest of Southern Patagonia [J]. Forest Ecology and Management, 2006, (233): 85-99.

300. Phua M H, Satio H. Estimation of biomass of a mountainous tropical forest using Landsat TM data [J]. Canadian Journal of Remote Sensing, 2003, (29): 429-440.

301. Pitt D. G, Bell F. W. Effects of stand tending on the estimation of aboveground biomass of planted juvenile white spruce [J]. Canadian Journal of Forest Research, 2004, 34(3): 649-658.

302. Potter C, Klooster S, Myneni R, et al. Continental-scale comparisons of terrestrial carbon sinks estimated from satellite data and ecosystem modeling 1982 – 1998 [J]. Global Planetary Change. 2003, (39): 201-213.

303. Richardson J, Björheden R, Hakkila P, et al. (Eds.). Bioenergy from Sustainable Forestry: Guiding Principles and Practices [R]. Kluwer Academic, Dordrecht, The Netherlands, 2002.

304. Robert C M, Douglas G F. A Review of the Role of Temperate Forests in the Global CO2 Balance [J]. Journal of the Air and Waste Management Association, 1991, 41(6): 798-807.

305. Schmitt M D C. Generalized Biomass Estimation EquationFor Betula Papyrifera Marsh. Can [J].

For. Res. , 1981, (11): 837-840.

306. Schroeder P, Brown S, Mo J, Birdsey R, et al. Biomass estimation for temperate broadleaf forests of the United States using inventory data [J]. For. Sci. 1997, (43): 424-434.

307. Shvidekno AZ, Nilsson S, Rojikov V A, et al. Carbon budget of the Russian boreal forests: a systems analysis approach to uncertainty [J]. In: Apps MJ, Price D. T. eds. Forest Eocsystmes, Forest Management and the Global Carbon Cyele. Berlin Heidelberg: Springer-verlag, 1996, 145-162.

308. Silver W L, Kueppers L M, Lugo A E, et al. Carbon sequestration and plant community dynamics following reforestation of tropical pasture [J]. Ecological Applications, 2004, 14 (4): 1115-1127.

309. Smith J E, Heath L S, Jenkins J C. Forest Volume-to-Biomass Models and Estimates of Mass for Live and Standing Dead Trees of U. S. Forests [R]. USDA Forest Service, Northeastern Research Station, NE-GTR-298, Newtown Square, PA, 2003.

310. Smith J E, Heath L S, Skog K E, et al. Methods for calculating forest ecosystem and harvested carbon with standard estimates for forest types of the United States [R]. Gen. Tech. Rep. NE-343. Newtown Square, PA: U. S. Department of Agriculture, Forest Service, Northeastern Research Station. 216 p, 2006.

311. Song C, Woodcock E, Seto C, et al. Classification and change detection using Landsat TM data: when and how to correct atmospheric affects [J]. Remote Sensing of Environment, 2001, (75): 230-244.

312. Sternberg M, Gutman M, Perevolotsky A, et al. Vegetation response to grazing management in a Mediterranean herbaceous community: a functional group approach [J]. Journal of Applied Ecology, 2000, 37(2): 224-237.

313. Steven M J, Edzer J P. Aboveground biomass assessment of Mediterranean forests using airborne imaging spectrometry [J]. International Journal of Remote Sensing, 2003, 7(24): 1505-1520.

314. Tang S Z, Li Y, Wang Y H. Simultaneous Equations, Error-in-Variable Models, and Model Integration in Systems Ecology [J]. Ecological Modelling, 2001, (142): 285-294.

315. Tang S Z, Wang Y H. A Parameter Estimation Program for the Error-in-Variable Model [J]. Ecological Modelling, 2002, (156): 225-236.

316. Tans P P, Fung I, Takahasi T. Observational constra ints on the global atm ospheric carbon budget [J]. Science, 1990, (247): 1431-1438.

317. Tilman D, Reich P B, Knops J, et al. Diversity and productivity in a long-term grassland experiment [J]. Science, 2001, 294(5543): 843-845.

318. Tolunay D. Carbon concentrations of tree components, forest floor and understorey in young Pinus sylvestris stands in north-western Turkey [J]. Scandinavian Journal of Forest Research, 2009, 24(5): 394-402.

319. Trumbore S. Age of soil organic matter and soil respiration: radiocarbon constraints on below-

ground C dynamics [J]. Ecological Applications, 2000, (10)399-410.

320. U. S. Environmental Protection Agency, Office of Atmospheric Programs, Greenhouse Gas Mitigation Potential in U. S. forestry and Agriculture [R]. EPA 430-R-05-006, Washington, DC, November 2005, http：//www. epa. gov/sequestration/pdf/greenhousegas 2005. pdf.

321. USDA Forest Service, North Central Research Station, St. Paul, MN. US EPA, 2005. Inventory of U. S. Greenhouse gas emissions and sinks：1990 – 2003 [R]. EPA 430-R-05-003. Available at http：//yosemite. epa. gov/ oar/globalwarming. nsf/content/ ResourceCenterPublications GHG EmissionsUSEmissionsInventory2005. html (01 Nov. 2008.

322. Wilsey B J, Potvin C. Biodiversity and ecosystem function：the importance of species evenness in an old field [J]. Ecology, 2000, (81)：887-892.

323. Woodall C W, Heath L S, Smith J E. National inventories of down and dead woody material forest carbon stocks in the United States：Challenges and opportunities [J]. Forest Ecology and Management, 2008, (256)：221-228.

324. Woodall C W, Williams M S. Sampling, estimation, and analysis procedures for the down woody materials indicator [J]. Gen. Tech. Rep. , 2005. NC-256.

325. Woodbury P B, Smith J E, Heath L S. Carbon sequestration in the U. S. forest sector from 1990 to 2010 [J]. Forest Ecology and Management, 2007, (241)：14-27.

326. Xiang W, Liu S, Deng X, et al. General allometric equations and biomass allocation of Pinus massoniana trees on a regional scale in southern China [J] . The Ecological Society of Japan, 2011.

327. Xiao C W, Ceulemans R. Allometric relationships for below-and above-ground biomass of young Scots pines [J]. Forest Ecology and Management, 2004, (203)：177-186.

328. Zhang Q Z, Wang C K. Carbon concentration variability of 10 Chinese temperate tree species [J]. Forest Ecology and Management, 2009, 258(5)：722-727.

329. Zheng D, Rademacher J, Chen J, et al. Estimating aboveground biomass using Landsat 7 ETM + data across a managed landscape in northern Wisconsin. USA [J]. Remote Sensing of Environment, 2004, (93)：402-411.